Kapitel 1

Allgemeine Grundlagen

Die Grundlagen bilden das Fundament der Formelsammlung:
Wichtige Einheiten, besondere Einheiten mit Bezug zur Veranstaltungstechnik und mathematische Zeichen werden durch Informationen zu Zahlensystemen und zur Umrechnung ergänzt.

SI-Basiseinheiten (*Système international d'unités)*

Das SI-Einheitensystem ist ein metrisches, dezimales und kohärentes *(folgerichtig zusammenhängendes)* Einheitensystem mit folgenden Basiseinheiten:

Dimension	Formelzeichen	Einheit	Einheitenzeichen
Länge (L)	l	Meter	m
Masse (M)	m	Kilogramm	kg
Zeit (T)	t	Sekunde	s
Stromstärke (I)	I oder i	Ampère	A
Temperatur (θ)	T	Kelvin	K
Stoffmenge (N)	n	Mol	mol
Lichtstärke (J)	I_v	Candela	cd

Vorsätze vor Einheiten

Wert	*	Symbol/Name	Bezeichnung
1000000000000000000	10^{18}	E - Exa	Trillion
1000000000000000	10^{15}	P - Peta	Billiarde
1000000000000	10^{12}	T - Tera	Billion
1000000000	10^{9}	G - Giga	Milliarde
1000000	10^{6}	M - Mega	Million
1000	10^{3}	k - Kilo	Tausend
100	10^{2}	h - Hekto	Hundert
10	10^{1}	da - Deka	Zehn
1	10^{0}		
0,1	10^{-1}	d - Dezi	Zehntel
0,01	10^{-2}	c - Zenti	Hundertstel
0,001	10^{-3}	m - Milli	Tausendstel
0,000001	10^{-6}	μ - Mikro	Millionstel
0,000000001	10^{-9}	n - Nano	Milliardstel
0,000000000001	10^{-12}	p - Piko	Billionstel
0,000000000000001	10^{-15}	f - Femto	Billiardstel
0,000000000000000001	10^{-18}	a - Atto	Trillionstel

Das internationale Einheitensystem (SI) wurde 1960 eingeführt. Dieses metrische Einheitensystem ist heute weltweit am weitesten verbreitet. Eine SI-Basisgröße kann definitionsgemäß nicht durch eine andere Basisgröße ausgedrückt werden. Beispiel für die Darstellung von Einheiten: l = 1000 m (Größe = Zahlenwert Einheit)
*10er Potenz

Cay Grossigk
Petra Krienelke

Veranstaltungstechnik

Formeln und Tabellen

7. Auflage

xEMP
EXTRA ENTERTAINMENT MEDIA PUBLISHING

Veranstaltungstechnik. Formeln und Tabellen

Bibliografische Information der Deutschen Bibliothek: Die Deutsche Bibliothek verzeichnet diese Publikation in der Deutschen Nationalbibliografie; detaillierte bibliografische Daten sind im Internet über http://dnb.ddb.de abrufbar.
Die Deutsche Bibliothek stellt auf Anfrage einen Titeldatensatz für diese Publikation zur Verfügung.

7. Auflage 2019

ISBN 3-938862-26-2
ISBN 9783938862261

xEMP EXTRA ENTERTAINMENT MEDIA PUBLISHING oHG ist ein Fachverlag für Publikationen aus den Bereichen Veranstaltungstechnik, -Management und -Sicherheit.

Die sechste und die siebte Auflage können nebeneinander eingesetzt werden.

Bearbeitung Kapitel Elektrotechnik: Sven Kubin

Redaktion: Harald Scherer, Christian A. Buschhoff, Jan Wegner
Redaktionelle Beratung: Ansgar Biedermann, Manfred Pütz, Stefan Held

Titelgestaltung, Layout und Satz: adfacts . integrierte Kommunikation KG
Zeichnungen: Sigrid Münzberg, Christian A. Buschhoff, Harald Scherer, Stefanie Scherer, Seiten 141, 144 und 147 mit freundlicher Genehmigung der ABB STOTZ - KONTAKT GmbH

Herstellung: Digital Business and Printing GmbH

Printed in Germany 2019

Vorwort zur 7. Auflage

Im Jahr 2019 feiert die Formel- und Tabellensammlung ihr 20-jähriges Jubiläum. Daher hat das Redaktionsteam die Gelegenheit genutzt, um in dieser siebten Auflage aktuelle Änderungen und Anpassungen vorzunehmen, ohne das Werk grundlegend zu verändern. Diese Ausgabe ist mit der sechsten Auflage parallel verwendbar.

Wir sind stolz darauf, seit zwei Jahrzehnten einen konstruktiven Beitrag zur Aus- und Weiterbildung in der Eventbranche zu leisten. In dieser Zeit hat sich die Branche massiv verändert. Neben Reformen der Ausbildungen haben sich die Rahmenbedingungen in der Branche verschoben.

Wir freuen uns daher, angehenden Fachkräften und alten Hasen gleichermaßen eine Hilfestellung und einen Orientierungspunkt zu bieten. Gerne freuen wir uns über Anregungen und sonstige Rückmeldung zu dieser Pubilkaktion. Wir wünschen allen Leserinnen und Lesern viel Freude bei der Arbeit mit der Formel- und Tabellensammlung.

Berlin, im April 2019
Petra Krienelke, Cay Grossigk und das Redaktionsteam von xEMP

Vorwort zur 6. Auflage

Die bewährte Formel- und Tabellensammlung liegt nun in der sechsten Auflage vor. Seit der vierten Auflage 2008 ist das Werk vollständig neu aufgebaut und begleitet in seiner jetzigen Form Auszubildende, angehende Meister und Praktiker der Veranstaltungstechnik.

Das Redaktionsteam hat die Anregungen und Hinweise von Lesern und Anwendern gesichtet und umgesetzt, soweit es möglich war. Das Werk muss zugleich in Prüfungen einsetzbar sein und bei der täglichen Arbeit wertvolle Praxishinweise geben. Somit können nicht alle Wünsche berücksichtigt werden; wir hoffen dennoch, die richtige Balance gefunden zu haben.

Wir wünschen allen Lesern und Anwendern viel Erfolg mit diesem Buch und bitten weiterhin um Ergänzungs- und Änderungsvorschläge.

Berlin, im September 2013
Petra Krienelke, Cay Grossigk und das Redaktionsteam von xEMP

Längeneinheit Meter - m

	mm	cm	dm	m	km
1 mm	1	10^{-1}	10^{-2}	10^{-3}	10^{-6}
1 cm	10	1	10^{-1}	10^{-2}	10^{-5}
1 dm	10^{2}	10	1	10^{-1}	10^{-4}
1 m	10^{3}	10^{2}	10	1	10^{-3}
1 km	10^{6}	10^{5}	10^{4}	10^{3}	1

Flächeneinheit Quadratmeter - m^2

	mm^2	cm^2	dm^2	m^2	km^2
1 mm^2	1	10^{-2}	10^{-4}	10^{-6}	10^{-12}
1 cm^2	10^{2}	1	10^{-2}	10^{-4}	10^{-10}
1 dm^2	10^{4}	10^{2}	1	10^{-2}	10^{-8}
1 m^2	10^{6}	10^{4}	10^{2}	1	10^{-6}
1 km^2	10^{12}	10^{10}	10^{8}	10^{6}	1

Volumeneinheit Kubikmeter - m^3

	mm^3	cm^3	dm^3	m^3
1 mm^3	1	10^{-3}	10^{-6}	10^{-9}
1 cm^3	10^{3}	1	10^{-3}	10^{-6}
1 dm^3	10^{6}	10^{3}	1	10^{-3}
1 m^3	10^{9}	10^{6}	10^{3}	1

Masseneinheit Kilogramm - kg

	mg	g	kg	t
1 mg	1	10^{-3}	10^{-6}	10^{-9}
1 g	10^{3}	1	10^{-3}	10^{-6}
1 kg	10^{6}	10^{3}	1	10^{-3}
1 t	10^{9}	10^{6}	10^{3}	1

Zeiteinheit Sekunde - s

Bezeichnung	Einheitenwert		
Tag	86.400 s	24 h	1 d
Stunde	3.600 s	60·60 s	1 h
Minute	60 s	1·60 s	1 min
Sekunde	1 s		1 s
Millisekunde	0,001 s	$1 \cdot 10^{-3}$ s	1 ms
Mikrosekunde	0,000001 s	$1 \cdot 10^{-6}$ s	1 μs
Nanosekunde	0,000000001 s	$1 \cdot 10^{-9}$ s	1 ns

Stromstärke Ampère - A

Bezeichnung	Einheitenwert		
Ampère	1 A		1 A
Milliampère	0,001 A	$1 \cdot 10^{-3}$ A	1 mA
Mikroampère	0,000001 A	$1 \cdot 10^{-6}$ A	1 μA

Temperatur Kelvin - K, Fahrenheit - °F und Celsius - °C

Kelvin		Celsius	Fahrenheit
5778 K	mittlere Oberflächentemperatur Sonne	5505 °C	9941 °F
1808 K	Schmelzpunkt Eisen	1535 °C	2795 °F
373,15 K	Siedepunkt Wasser	100 °C	212 °F
273,15 K	Gefrierpunkt Wasser	0 °C	32 °F
158,75 K	Gefrierpunkt Alkohol	-114,4 °C	-173,92 °F
77,4 K	Siedepunkt Stickstoff	-196 °C	-320,44 °F
0 K	absoluter Nullpunkt T_0	-273,15 °C	-459,67 °F

Temperatur Umrechnung		
$T_{Kelvin} = T_C + 273{,}15$	$T_{Celsius} = T_K - 273{,}15$	$T_{Fahrenheit} = T_C \cdot 1{,}8 + 32$
$T_{Kelvin} = (T_F + 459{,}67)/1{,}8$	$T_{Celsius} = (T_F - 32)/1{,}8$	$T_{Fahrenheit} = T_K \cdot 1{,}8 - 459{,}67$

Im gesamten Buch werden die auf der jeweiligen Seite verwendeten Einheiten in der Fußzeile erläutert: z.B. T = Temperatur [T] = K oder °C oder °F, wobei die eckige Klammer ein Hinweis auf die Dimension ist. Lies also [T] als "Einheit der Temperatur" = Kelvin (K) oder Grad Celsius (°C) oder Grad Fahrenheit (°F).

Abgeleitete SI-Einheiten mit besonderen Namen

Dimension	Formel-zeichen	Einheit	Einheiten-zeichen	in SI-Einheiten	
Frequenz	f	Hertz	Hz	$\frac{1}{s}$	s^{-1}
Kraft	F	Newton	N	$\frac{m \cdot kg}{s^2}$	$m \cdot kg \cdot s^{-2}$
Druck	p	Pascal	Pa	$\frac{N}{m^2}$	$\frac{kg}{m \cdot s^2}$
Arbeit	W	Joule	J	$N \cdot m$	$\frac{kg \cdot m^2}{s^2}$
Leistung	P	Watt	W	$\frac{J}{s}$	$\frac{kg \cdot m^2}{s^3}$
elektrische Ladung*	Q	Coulomb	C		$A \cdot s$
elektrische Spannung	U	Volt	V	$\frac{W}{A}$	$\frac{m^2 \cdot kg}{s^3 \cdot A}$
elektrische Kapazität	C	Farad	F	$\frac{C}{V}$	$\frac{A^2 \cdot s^4}{m^2 \cdot kg}$
elektrischer Widerstand	R	Ohm	Ω	$\frac{V}{A}$	$\frac{m^2 \cdot kg}{s^3 \cdot A^2}$
elektrischer Leitwert	G	Siemens	S	$\frac{1}{\Omega}$	$\frac{s^3 \cdot A^2}{m^2 \cdot kg}$
magnetischer Fluss	Φ	Weber	Wb	$V \cdot s = \frac{J}{A}$	$\frac{m^2 \cdot kg}{s^2 \cdot A}$
Induktion	B	Tesla	T	$\frac{Wb}{m^2}$	$\frac{kg}{s^2 \cdot A}$
Induktivität	L	Henry	H	$\frac{Wb}{A}$	$\frac{m^2 \cdot kg}{s^2 \cdot A^2}$
Raumwinkel	Ω	Steradiant	sr		$\frac{m^2}{m^2} = 1$
Radiant	–	–	rad		$\frac{m}{m} = 1$
Lichtstrom	Φ_v	Lumen	lm		cd
Beleuchtungs-stärke	E_v	Lux	lx	$\frac{lm}{m^2}$	$\frac{cd}{m^2}$

*Elementarladung [C] = $1{,}6 \cdot 10^{-19}$ C (Ladung 1 Elektron)

Umrechnung zwischen den angloamerikanischen Einheiten Zoll (inch), Fuß (food), Yard und der SI Einheit Meter

Dimension	Formelzeichen	Einheit	Einheitenzeichen	Definition der Einheit
Länge	*l*	Zoll (inch)	in (")	1 in = 0,0254 m = 1"
Länge	*l*	Fuß (foot)	ft (')	1 ft = 0,3048 m = 1'
Länge	*l*	Yard	yd	1 yd = 0,9144 m

1 Fuß = 12 Zoll
1 Yard = 3 Fuß = 36 Zoll

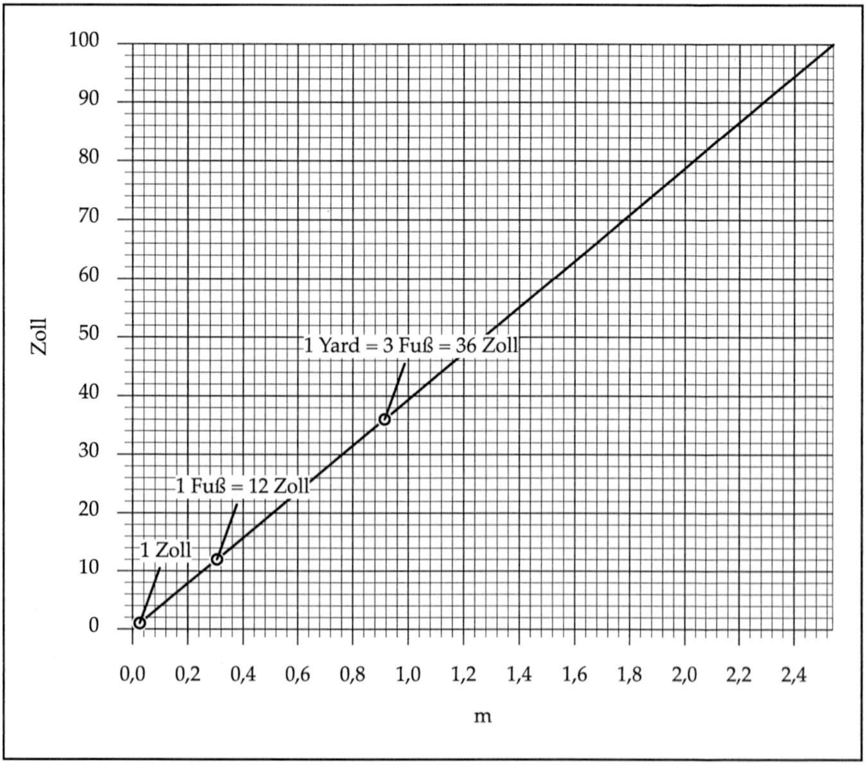

Mathematische Zeichen

Zeichen	Name	Definition
+	plus	Operator Addition
-	minus	Operator Subtraktion, negatives Vorzeichen
· , x	mal	Operator Multiplikation
: , /	geteilt durch	Operator Division
=	gleich	
≈	ungefähr gleich	annähernd gleich
≙	entspricht	z.B. 1 cm ≙ 100 N (etwa in Diagrammen)
≠	ungleich	nicht gleich
<	kleiner als	
>	größer als	
≤	kleiner gleich	
≥	größer gleich	
| |	Absolutbetrag	positive reelle Zahl
√	Quadratwurzel	
a^n	Potenz	
∑	Summe	Zusammenfassung von Additionen
±	plusminus	sowohl positiv als auch negativ

Griechisches Alphabet*

Α	α	Alpha
Β	β	Beta
Γ	γ	Gamma
Δ	δ	Delta
Ε	ε	Epsilon
Ζ	ζ	Zeta
Η	η	Eta
Θ	θ	Theta
Ι	ι	Iota
Κ	κ	Kappa
Λ	λ	Lambda
Μ	μ	My

Ν	ν	Ny
Ξ	ξ	Xi
Ο	ο	Omikron
Π	π	Pi
Ρ	ρ	Rho
Σ	σ	Sigma
Τ	τ	Tau
Υ	υ	Ypsilon
Φ	φ	Phi
Χ	χ	Chi
Ψ	ψ	Psi
Ω	ω	Omega

* In der Tabelle enthält die vordere Spalte die Großbuchstaben und die folgende Spalte die Kleinbuchstaben.

Zahlensysteme

Neben dem gebräuchlichen **Dezimalsystem** (vom lateinischen „dezimus“, der Zehnte), das die zehn Ziffern von 0 („Null“) bis 9 zur Darstellung von Zahlen nutzt, existieren noch weitere Zahlensysteme.
Beim **Hexadezimalsystem** ergänzen die Buchstaben A bis F die zehn Ziffern, sodass insgesamt 16 Zeichen verwendet werden.

I	1
V	5
X	10
L	50
C	100
D	500
M	1000

Im sogenannten **Dualsystem** (lateinisch „dualis“, zwei enthaltend) oder Binärsystem werden alle Zahlen durch zwei Ziffern dargestellt, wobei die 0 („Null“) und die 1 dafür zur Anwendung kommen. Größere Zahlen als Null oder Eins werden durch Kombination der beiden Basisziffern erzeugt.
Das auf den **Römischen Ziffern** beruhende Zahlensystem stellt positive ganze Zahlen in einem Additionssytem zur Basis 10 unter Ergänzung einer Hilfsbasis 5 dar. Ein Zeichen für die Null existiert nicht.

Zahlensysteme - Umrechnung

Dezimalsystem	Dualsyst.	Hexadez.	Römisches Zahlensyst.*
0	0	0	- (keine Null gebräuchlich)
1	1	1	I
2	0010	2	II
3	0011	3	III
4	0100	4	IV
5	0101	5	V
6	0110	6	VI
7	0111	7	VII
8	1000	8	VIII
9	1001	9	IX
10	1010	A	X
11	1011	B	XI
12	1100	C	XII
13	1101	D	XIII
14	1110	E	XIV
15	1111	F	XV

* Durch die Substraktionsregel werden die nächstkleineren Zahlen im Römischen Zahlensystem durch Voranstellen der abzuziehenden Zahl abgebildet, z.B. die 9 durch IX oder die 40 durch XL. Diese Subtraktion ist für die Zeichen I (eins), X (zehn) und C (hundert) erlaubt.

Kapitel 2

Mathematik

Die Mathematik ist der Kern der Formelsammlung:
In gebotener Kürze werden hier einfache Operationen, wie etwa die Grundrechenarten erklärt. Algebra und Funktionenlehre runden das Kapitel ab.

Rechenoperationen

Grundrechenarten

Addieren	Multiplizieren
$3+6=9$	$4\cdot 6=24$
1. Summand plus 2. Summand gleich Summenwert	Multiplikator mal Multiplikator gleich Produktwert
Subtrahieren	**Dividieren**
$35-6=29$	$24\div 3=8$
Minuend minus Subtrahend gleich Differenzwert	Dividend durch Divisor gleich Quotientwert

Bruchrechnen

Arten von Brüchen

Echter Bruch	Unechter Bruch	Gemischte Zahl	Gleichnamige Brüche	Ungleichnamige Brüche
$\frac{3}{5}$	$\frac{9}{6}$	$3\frac{2}{5}$	$\frac{2}{7};\frac{3}{7};\frac{5}{7}$	$\frac{3}{5};\frac{4}{9};\frac{2}{7}$
Zähler kleiner als Nenner	Zähler größer als Nenner	Ganze Zahl und Bruch	Nenner alle gleich	Nenner verschieden

Umwandlung einer gemischten Zahl in einen unechten Bruch:

$$4\frac{5}{7}=\frac{4\cdot 7}{7}+\frac{5}{7}=\frac{28}{7}+\frac{5}{7}=\frac{33}{7}$$

Umwandlung eines echten Bruchs in einen Dezimalbruch:

$$\frac{7}{9}=7\div 9=0,\overline{7}\approx 0,77777$$

Umwandlung eines Dezimalbruchs in einen echten Bruch und kürzen:

$$0,875=\frac{875}{1000}=\frac{7\cdot 125}{8\cdot 125}=\frac{7}{8}$$

Erweitern eines Bruches:

$$\frac{3}{4}=\frac{3\cdot 8}{4\cdot 8}=\frac{24}{32}$$

Addieren und Subtrahieren der Brüche

Ungleichnamige Brüche müssen zunächst gleichnamig gemacht werden: (Hauptnenner bilden)

$$\frac{2}{4}+\frac{3}{8}=\frac{4}{8}+\frac{3}{8}=\frac{7}{8}$$

Gleichnamige Brüche: Zähler addieren oder subtrahieren

$$\frac{4}{5}+\frac{2}{5}-\frac{3}{5}=\frac{3}{5}$$

Bilden des Hauptnenners

$$\frac{a}{b}+\frac{c}{d}=\frac{ad}{bd}+\frac{cb}{db}=\frac{ad+cb}{bd}$$

Bruchrechnen

Multiplizieren und Dividieren der Brüche

Ganze Zahl mit Bruch multiplizieren: (Zähler mal ganze Zahl)	Bruch durch ganze Zahl dividieren: (Nenner mal ganze Zahl)
$\frac{2}{4} \cdot 3 = \frac{6}{4}$	$\frac{4}{5} \div 6 = \frac{4}{5 \cdot 6} = \frac{4}{30} = \frac{2}{15}$
Bruch mit Bruch multiplizieren: (Zähler mal Zähler, Nenner mal Nenner)	Bruch durch Bruch dividieren: (Zählerbruch mal Kehrwert des Nennerbruchs)
$\frac{2}{3} \cdot \frac{4}{8} = \frac{2 \cdot 4}{3 \cdot 8} = \frac{8}{24}$	$\frac{3}{7} \div \frac{4}{8} = \frac{3}{7} \cdot \frac{8}{4} = \frac{24}{28}$

Prozentrechnung

„Prozent" (%) heißt „von Hundert". Die Gesamtmenge wird dabei immer gleich hundert gesetzt, so dass die Teilmenge als „Teile von Hundert" (Prozentsatz) erscheint.

$$\frac{1}{100}\ \textit{des Grundwerts} \mathrel{\hat{=}} 1\ \textit{Prozent} = 1\%$$

$$\textit{Prozentwert} = \frac{\textit{Prozentsatz} \cdot \textit{Grundwert}}{100\%}$$

$$W = \frac{p \cdot G}{100}$$

5€	sind	2,5%	von	200€
Prozentwert		Prozentsatz		Grundwert

Algebra

Addition

Kommutativgesetz: In der Summe dürfen die Summanden vertauscht werden.	$a + b = b + a$	**Assoziativgesetz:** Die Summanden lassen sich zu Teilsummen zusammenfassen.	$(a + b) + c = a + (b + c)$

Subtraktion

Gleichartige Zahlen werden subtrahiert, indem die Beizahlen voneinander subtrahiert werden	$6a - 2a = (6 - 2) \cdot a = 4a$	Nur gleichartige Zahlen lassen sich voneinander subtrahieren.	$6a - 3b - 2a = 4a - 3b$

Addition und Subtraktion

Sind Rechenzeichen und Vorzeichen gleich, so wird der absolute Betrag der Zahlen addiert.	$6a + (2a) = 6a + 2a = 8a$ $6a - (-2a) = 6a + 2a = 8a$	Sind Rechenzeichen und Vorzeichen ungleich, so wird der absolute Betrag der Zahl subtrahiert.	$6a + (-2a) = 6a - 2a = 4a$ $6a - (2a) = 6a - 2a = 4a$

Klammern

Eine Klammer, vor der das Zeichen + steht, darf man weglassen.	$a+(b-c)=a+b-c$	Steht vor einer Klammer das Zeichen -, so kehren sich beim Weglassen alle Vorzeichen in der Klammer um.	$a-(b-c)=a-b+c$
Bei mehreren Klammern von innen nach außen auflösen.	$a-[b+(c-d)]$ $=a-[b+c-d]$ $=a-b-c+d$		

Multiplikation

Kommutativgesetz: In einem Produkt lassen sich die Faktoren vertauschen.	$b\cdot a\cdot c=a\cdot b\cdot c=abc$	**Distributivgesetz:** Eine Summe wird mit einem Faktor multipliziert, indem jedes Glied der Summe mit dem Faktor multipliziert wird.	$a\cdot(b-c)=a\cdot b-a\cdot c=ab-ac$
Assoziativgesetz: Beim Multiplizieren dürfen Faktoren vertauscht und zu Teilprodukten zusammengefasst werden	$(a\cdot b)\cdot c$ $=a\cdot(b\cdot c)$ $=a\cdot b\cdot c$		
Das Produkt zweier Zahlen mit gleichem Vorzeichen ist positiv, das Produkt zweier Zahlen mit verschiedenen Vorzeichen ist negativ	$(a)\cdot(b)=(ab)$ $(-a)\cdot(-b)=(ab)$ $(a)\cdot(-b)=-(ab)$ $(-a)\cdot(b)=-(ab)$	Algebraische Summen werden miteinander multipliziert, indem jedes Glied der einen Summe mit jedem Glied der anderen Summe multipliziert wird	$(a+b)\cdot(c+d)=ac+ad+bc+bd$ $(a+b)\cdot(c-d)=ac-ad+bc-bd$ $(a-b)\cdot(c+d)=ac+ad-bc-bd$ $(a-b)\cdot(c-d)=ac-ad-bc+bd$
Haben mehrere Glieder einer Summe einen gemeinsamen Faktor, so lässt er sich ausklammern	$ax+bx+cx=$ $x(a+b+c)$	**Binomische Formeln** $(a+b)^2=(a+b)\cdot(a+b)=a^2+2ab+b^2$ $(a-b)^2=(a-b)\cdot(a-b)=a^2-2ab+b^2$ $(a+b)\cdot(a-b)=a^2-b^2$	

Division

Der Quotient zweier Zahlen mit gleichem Vorzeichen ist positiv, der Quotient zweier Zahlen mit ungleichem Vorzeichen ist negativ.	$a\div b=(a\div b)$ $-a\div -b=(a\div b)$ $-a\div b=-(a\div b)$ $a\div -b=-(a\div b)$	Eine Summe wird durch eine Zahl dividiert, indem jeder Summand durch die Zahl dividiert wird.	$\frac{a+b}{c}=\frac{a}{c}+\frac{b}{c}$

Potenzieren

Ein Produkt aus gleichen Faktoren kann als Potenz geschrieben werden. **a** Basis oder Grundzahl **n** Exponent oder Hochzahl an Potenz **c** Potenzwert	$a \cdot a \cdot a = a^3$ $a^n = c$	Potenzen mit gleichen Basen werden dividiert, indem die Basis mit der Differenz der Exponenten potenziert wird.	$\frac{a^m}{a^n} = a^{m-n}$
Addieren und Subtrahieren lassen sich nur Potenzen mit gleichen Basen und Exponenten.	$3a^3 + 2a^2 + 6a^3$ $= 3a^3 + 6a^3 + 2a^2$ $= 9a^3 + 2a^2$	Potenzen mit gleichen Exponenten werden dividiert, indem der Quotient der Basen mit dem gemeinsamen Exponenten potenziert wird.	$\frac{a^n}{b^n} = \left(\frac{a}{b}\right)^n$
Potenzen mit gleichen Basen werden multipliziert, indem die Exponenten addiert werden.	$a^m \cdot a^n = a^{m+n}$	Eine Potenz mit negativem Exponenten ist gleich dem Kehrwert der gleichen Potenz mit positivem Exponenten.	$a^{-b} = \frac{1}{a^b}$
Potenzen mit gleichen Exponeten werden miteinander multipliziert, indem das Produkt der Basis mit dem gemeinsamen Exponenten potenziert wird.	$a^n \cdot b^n = (ab)^n$	Eine Potenz wird potenziert, indem die Basis mit dem Produkt der Exponenten potenziert wird.	$(a^m)^n = a^{m \cdot n}$

Radizieren

Die Wurzelrechnung ist eine Umkehr der Potenzrechnung. **a** Radikand **n** Wurzelexponent **x** Wurzelwert	$\sqrt[n]{a} = x$	Eine Potenz wird radiziert, indem die Wurzel aus der Basis gezogen wird und der Wurzelwert mit dem Exponenten der Basis potenziert wird.	$\sqrt[n]{a^x} = (\sqrt[n]{a})^x$
Ein Produkt wird radiziert, indem jeder Faktor radiziert wird und die Wurzelwerte miteinander multipliziert werden.	$\sqrt[n]{a \cdot b} = \sqrt[n]{a} \cdot \sqrt[n]{b}$	Jede Wurzel läßt sich in eine Potenz mit Bruchzahlen als Exponenten umwandeln. Der Wurzelexponent steht im Nenner des Potenzexponenten.	$\sqrt[n]{a^x} = a^{\frac{x}{n}}$
Ein Faktor vor dem Wurzelzeichen wird unter der Wurzel mit dem Wurzelexponenten potenziert.	$a \cdot \sqrt[n]{b} = \sqrt[n]{a^n \cdot b}$	Eine Wurzel wird radiziert, indem die Wurzelexponenten multipliziert werden und mit dem neuen Exponenten aus der Basis die Wurzel gezogen.	$\sqrt[n]{\sqrt[x]{a}} = \sqrt[n \cdot x]{a}$ $\sqrt[n]{\sqrt[x]{a}} = \sqrt[x]{\sqrt[n]{a}}$
Ein Bruch wird radiziert, indem die Wurzel des Zählers durch die Wurzel des Nenners dividiert wird.	$\sqrt[n]{\frac{a}{b}} = \frac{\sqrt[n]{a}}{\sqrt[n]{b}}$		

Logarithmieren

Jede positive Zahl b (außer 0) ist als Potenz einer beliebigen positiven Basis a (außer 0) in der Form $a^n = b$ darstellbar.

Die eindeutig bestimmte Lösung dieser Gleichung heißt Logarithmus $\log_a b = n$

Logarithmensysteme			Rechenregeln		
Basis	**Bezeichnung**	**Kennzeichen**	**Rechenart**	**Wird zurückgeführt auf**	**Regeln**
e = 2,71828... 2 10	natürliche Logarithmen binäre Logarithmen dekadische Logarithmen	ln lb lg	Multiplizieren	Addieren	$\lg(a \cdot b) = \lg a + \lg b$
Beispiele: $\lg 1000 = 3$ *da* $10^3 = 1000$ $\lg 100 = 2$ *da* $10^2 = 100$ $\lg 10 = 1$ *da* $10^1 = 10$ $\lg 1 = 0$ *da* $10^0 = 1$ $\lg 0{,}1 = -1$ *da* $10^{-1} = 0{,}1$ $\lg 0{,}01 = -2$ *da* $10^{-2} = 0{,}01$ $\lg 0{,}001 = -3$ *da* $10^{-3} = 0{,}001$			Dividieren	Subtrahieren	$\lg \frac{a}{b} = \lg a - \lg b$
			Potenzieren	Multiplizieren	$\lg a^n = n \cdot \lg a$
			Radizieren	Dividieren	$\lg \sqrt[n]{a} = \frac{1}{n} \cdot \lg a$
Basiswechsel Umrechnung von der Basis a in die Basis b			$\log_b(x) = \frac{\log_a(x)}{\log_a(b)}$		

Bestimmungs- und Funktionsgleichungen

Gleichung 1. Grades mit einer Unbekannten („Formelumstellen")

Bestimmungsgleichungen enthalten bekannte und unbekannte Größen (Variable); sie sind gelöst, wenn anstelle der Unbekannten eine Zahl eingesetzt werden kann. Zur Lösung darf auf beiden Seiten der Gleichung die gleiche Rechenoperation mit der gleichen Zahl durchgeführt werden.	$x + 5 = 10 \quad \vert -5$ $x + 5 - 5 = 10 - 5$ $x = 5$	$\frac{36}{x} = 9 \quad \vert \cdot x$ $\frac{36}{x} \cdot x = 9 \cdot x \quad \vert :9$ $\frac{36}{9} = \frac{9 \cdot x}{9}$ $x = 4$
Für das Umstellen physikalischer Formeln gelten gleiche Gesetzmäßigkeiten wie für das Lösen von Gleichungen; das Formelzeichen der gesuchten Größe ist dabei die Unbekannte und die Formel ist nach dieser Größe hin umzustellen. Dann sind die bekannten Größen (Zahlenwert und Einheit) einzusetzen und die Unbekannte lässt sich errechnen.	$R_1 + R_2 = R_{ges} \quad \vert -R_2$ $R_1 + R_2 - R_2 = R_{ges} - R_2$ $R_1 = R_{ges} - R_2$	$\frac{U}{I} = R \quad \vert \cdot I$ $\frac{U}{I} \cdot I = R \cdot I$ $U = R \cdot I$

Gleichungen 1. Grades mit zwei Unbekannten

Zwei Unbekannte lassen sich nur dann eindeutig bestimmen, wenn zwei verschiedene Gleichungen (I und II) gegeben sind. Bei der Auflösung stellt man aus ihnen eine dritte Gleichung mit nur einer Unbekannten her. Die zweite Unbekannte erhält man dann aus Einsetzen der Lösung in eine der beiden Gleichungen.

Gleichsetzungsmethode:

$$\text{I}\quad 3x + 2y = 18 \quad \Rightarrow y = \frac{(18 - 3x)}{2}$$

$$\text{II}\quad 4x + y = 19 \quad \Rightarrow y = 19 - 4x$$

$$\frac{(18 - 3x)}{2} = 19 - 4x$$

$$18 - 3x = (19 - 4x) \cdot 2$$

$$18 - 3x = 38 - 8x$$

$$8x - 3x = 38 - 18$$

$$5x = 20$$

$$x = 4$$

Einsetzungsmethode:

$$\text{I}\quad 3x + 2y = 18$$

$$\text{II}\quad 4x + y = 19 \quad \Rightarrow y = 19 - 4x$$

$$3x + 2(19 - 4x) = 18$$

$$3x + 38 - 8x = 18$$

$$-5x = -20$$

$$x = 4$$

Additions- bzw. Subtraktionsmethode:

$$I\; 3x + 2y = 18$$

$$II\; 4x + y = 19 \quad \Rightarrow \cdot 2 \Rightarrow \; 8x + 2y = 38$$

Erweiterete Gleichung II in I abziehen:

$$3x - 8x + 2y - 2y = 18 - 38$$

$$-5x = -20$$

$$x = 4$$

Gleichungen 2. Grades (quadratische Gleichungen)

Bei rein-quadratischen Gleichungen kommt die Unbekannte nur in der 2. Potenz (z.B x^2) vor.
Diese Gleichungen sind durch Wurzelziehen zu lösen, wobei sich immer zwei Werte (positiv und negativ) ergeben.

Beispiel:

$$x^2 = 25$$
$$\sqrt{x^2} = \sqrt{25}$$
$$x = \pm\sqrt{25}$$
$$x = \pm 5 \quad (da\, 5 \cdot 5 = 25\, und\, -5 \cdot -5 = 25)$$

$$15 + 3x^2 = x^2 + 47$$
$$3x^2 - x^2 = 47 - 15$$
$$2x^2 = 32$$
$$x^2 = 16$$
$$\sqrt{x^2} = \sqrt{16}$$
$$x = \pm 4$$

Bei gemischt-quadratischen Gleichungen kommt die Unbekannte in der 1. und der 2. Potenz vor (x und x^2).

Gegebene Gleichung: $x^2 + ax = -b$

Man bringt sie auf die Normalform $x^2 + ax + b = 0$

und löst sie nach der Formel $x = -\frac{a}{2} \pm \sqrt{\left(\frac{a}{2}\right)^2 - b}$

Für a und b sind die Zahlenwerte einzusetzen.

Beispiel: $2x^2 + x + 13 = x^2 - 5x + 40$

$$2x^2 - x^2 + x + 5x = 40 - 13$$

Normalform:

$$x^2 + 6x - 27 = 0 \quad (a = 6, b = -27)$$

eingesetzt:

$$x_{1,2} = -3 \pm \sqrt{(3)^2 - (-27)}$$

$$x_1 = -3 + \sqrt{36} = -3 + 6 = 3; x_1 = 3$$
$$x_2 = -3 - \sqrt{36} = -3 - 6 = -9; x_2 = -9$$

Graphische Darstellung von linearen Funktionen

euklidisches Koordinatensystem

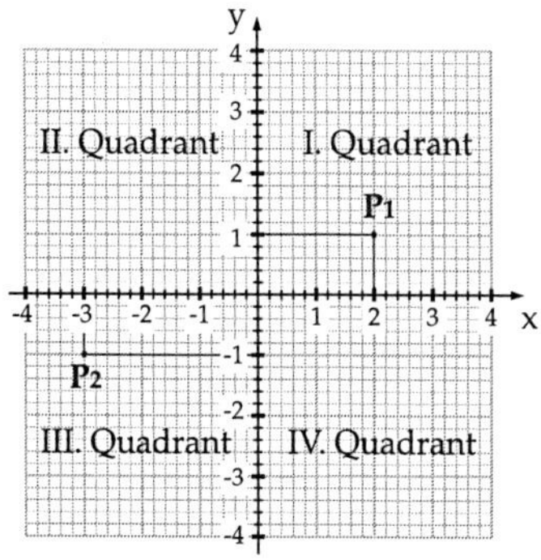

- Die horizontale Achse heißt Abszissenachse oder x-Achse
- Die vertikale Achse heißt Ordinatenachse oder y-Achse
- Der Schnittpunkt heißt Nullpunkt
- Auf den Achsen werden die Zahlen oder Einheiten abgetragen
- Jeder Punkt im Kreuz hat immer zwei Werte (Koordinaten), einen x- und einen y-Wert
- Die zwischen den Achsen liegenden Felder nennt man Quadranten

Funktion durch den Nullpunkt

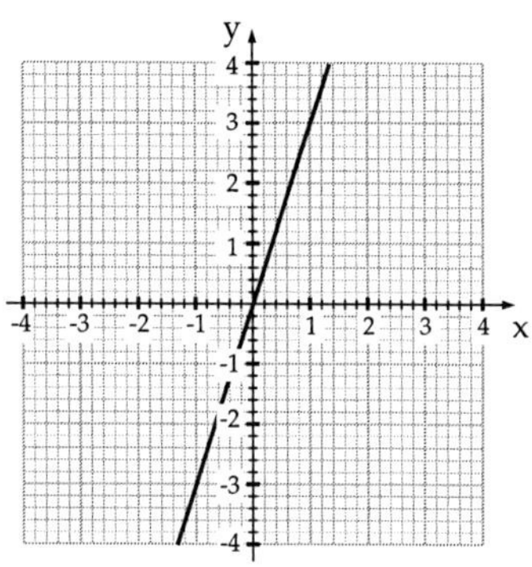

Jede Funktionsgleichung der Form

$$y = m \cdot x$$

stellt graphisch eine gerade Linie dar, die durch den Nullpunkt geht.

Normalform

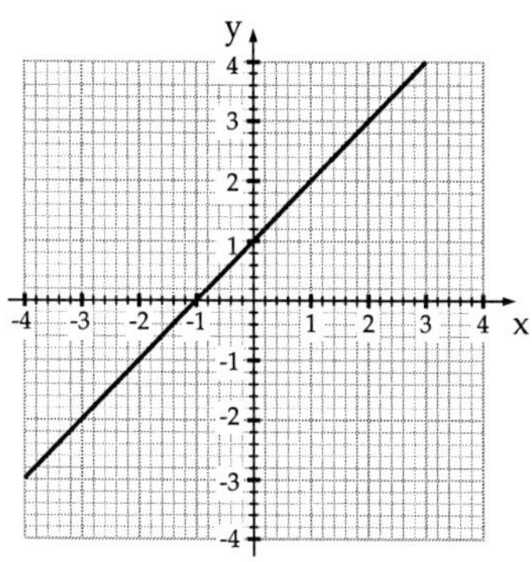

Jede Funktionsgleichung der Form

$$y = m \cdot x + b$$

stellt graphisch eine gerade Linie dar, welche beliebig im Koordinatensystem liegen kann (lineare Funktion).

m: Steigung

b: Schnittpunkt mit der y-Achse

Bestimmung einer linearen Funktion

Steigungsdreieck

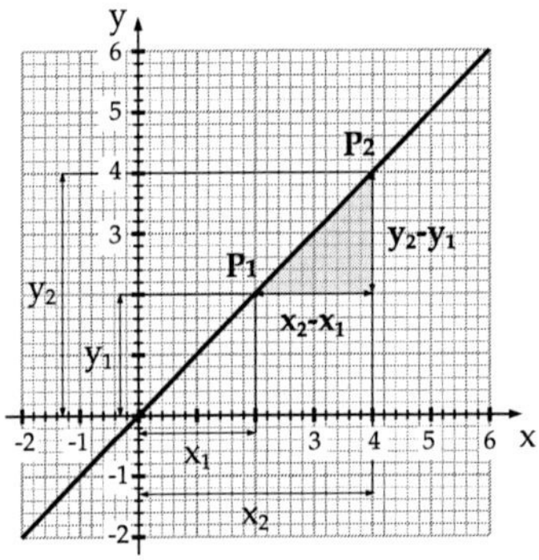

Die Steigung der Strecke $\overline{P_1P_2}$ wird ausgedrückt durch das Verhältnis der Seiten

$y_2 - y_1$ und $x_2 - x_1$

Der Steigungsfaktor hat also den Wert

$$m = \frac{y_2 - y_1}{x_2 - x_1}$$

Da die Gerade durch den Nullpunkt geht, ist der Parameter b der Funktionsgleichung

$$y = m \cdot x + b$$

gleich Null. Für die gezeichnete Gerade lautet dann die Funktionsgleichung

$$y = m \cdot x$$

Steigungsformel für Schrägen

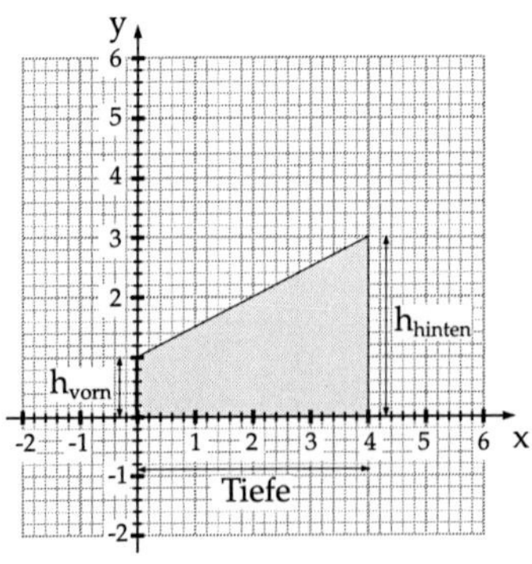

$$\text{Steigung} = \frac{h_{\text{hinten}} - h_{\text{vorne}}}{\text{Tiefe}} \cdot 100\%$$

Kapitel 3
Geometrie

Das Kapitel beinhaltet Geometrie in der Ebene (zweidimensional) und Geometrie im Raum (dreidimensional).
Neben den Grundlagen zur Trigonometrie werden für verschiedenste Flächen und Körper Berechnungsformeln etwa für Flächeninhalte und Volumina dargestellt.

Geometrie in der Ebene

1. - 3. Strahlensatz - V-förmig

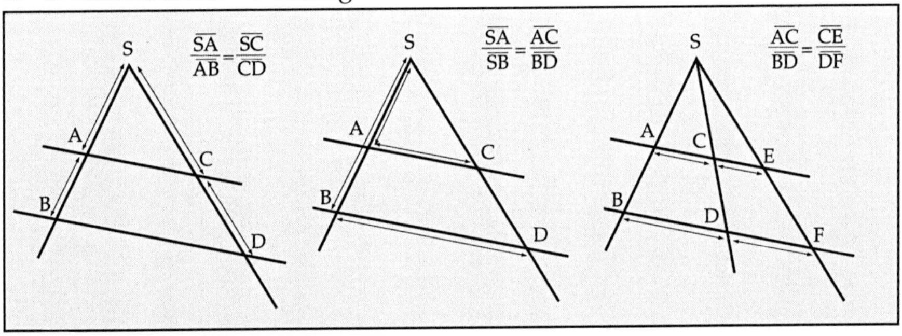

1. - 3. Strahlensatz - X-förmig

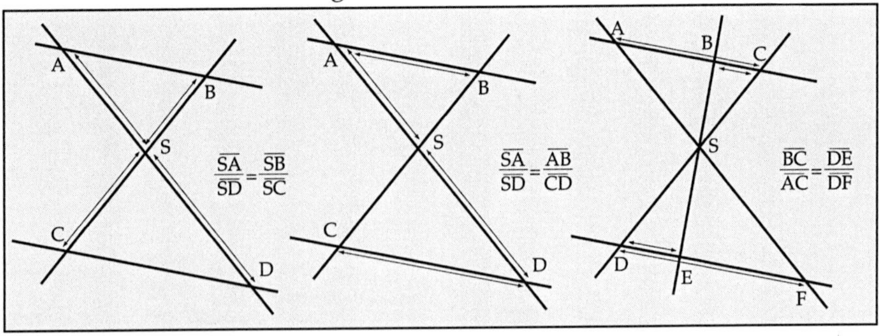

Strahlensätze befassen sich mit Streckenverhältnissen und ermöglichen, unbekannte Streckenlängen auszurechnen. Voraussetzung sind zwei durch einen Punkt (Scheitel S) verlaufende Strahlen, die von zwei parallelen Geraden geschnitten werden. In Abhängigkeit der Lage der Parallelen unterscheidet man „V-Form" bzw. „X-Form".

1. **Strahlensatz:** Je zwei Abschnitte auf dem einen Strahl verhalten sich wie die entsprechenden Abschnitte auf dem anderen Strahl.

2. **Strahlensatz:** Die ausgeschnittenen Strecken auf den Parallelen verhalten sich wie die entsprechenden vom Scheitel aus gemessenen Strecken auf den Strahlen.

3. **Strahlensatz:** Je zwei Abschnitte auf den Parallelen, die einander entsprechen, stehen in gleichem Verhältnis zueinander.

Winkel

Nebenwinkel

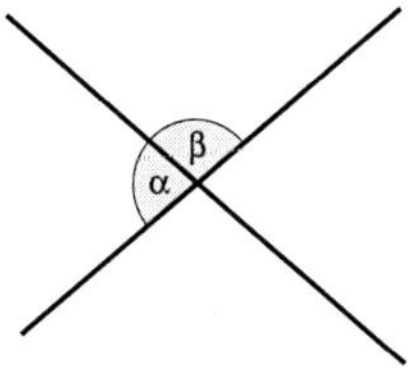

Nebenwinkel betragen zusammen 180°

$\alpha + \beta = 180°$

Scheitelwinkel

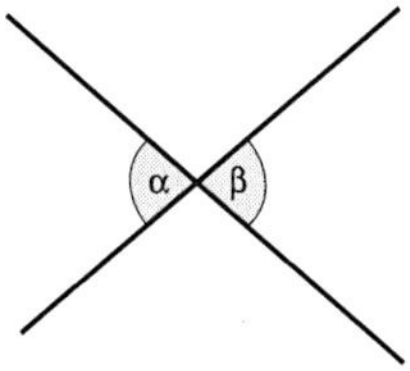

Scheitelwinkel sind gleich groß

$\alpha = \beta$

Stufenwinkel

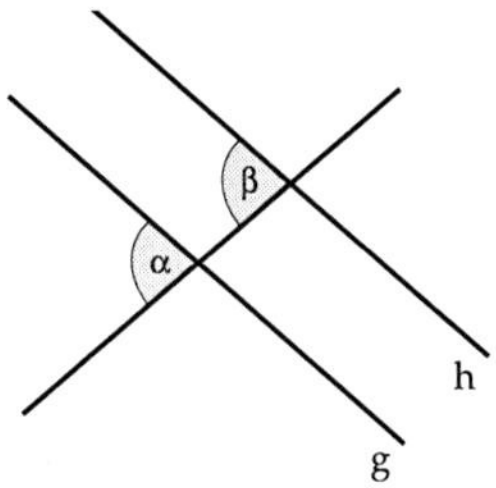

Stufenwinkel an geschnittenen Parallelen sind gleich groß

$\alpha = \beta$

Wechselwinkel

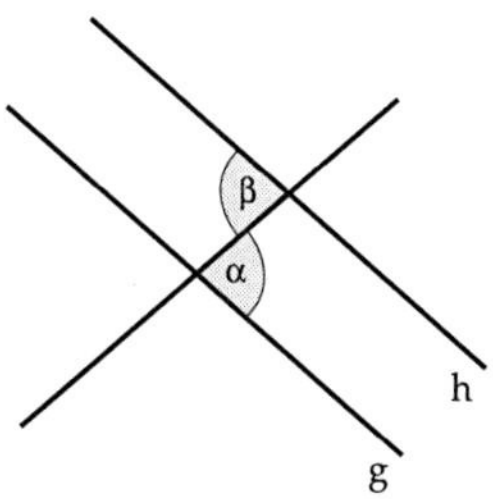

Wechselwinkel an geschnittenen Parallelen sind gleich groß.

$\alpha = \beta$

Winkel im Dreieck

Innenwinkel Außenwinkel

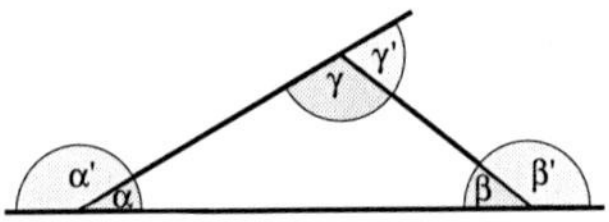

Im Dreieck ist die Summe der Innenwinkel 180°

Ein Außenwinkel entspricht der Summe der beiden nichtanliegenden Innenwinkel.

$$\alpha + \beta + \gamma = 180°$$
$$\alpha' = \beta + \gamma$$
$$\beta' = \alpha + \gamma$$
$$\gamma' = \alpha + \beta$$

Winkelhalbierende / Inkreis im Dreieck

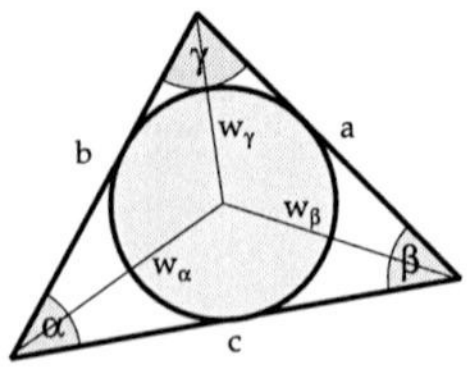

Der INKREIS eines Dreiecks berührt alle drei Seiten des gegebenen Dreiecks, ist also der größte Kreis, der im Inneren des Dreiecks liegt. Der Mittelpunkt des Inkreises liegt auf allen drei WINKELHALBIERENDEN der Innenwinkel.

Mittelsenkrechte / Umkreis im Dreieck

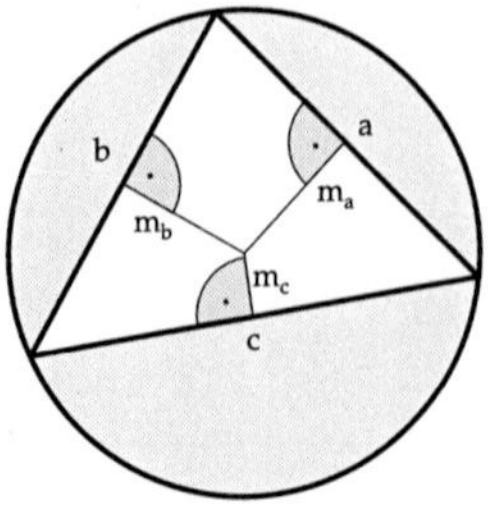

Der UMKREIS eines Dreiecks geht durch alle drei Ecken des gegebenen Dreiecks. Sein Mittelpunkt liegt auf allen drei MITTELSENKRECHTEN.

A = Flächeninhalt, a,b,c = Strecke, α,β,γ = Winkel, m = Mittelsenkrechte, w = Winkelhalbierende

Dreieck

beliebig

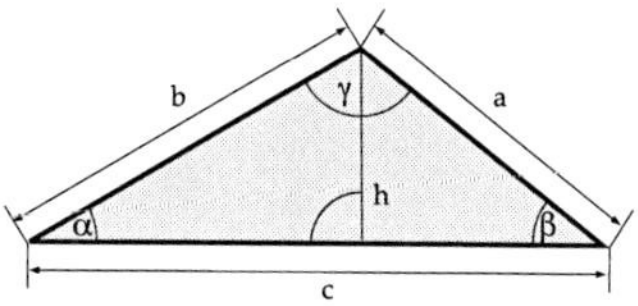

$$A = \frac{c \cdot h}{2}$$

$$U = a + b + c$$

$$\alpha + \beta + \gamma = 180°$$

gleichschenklig

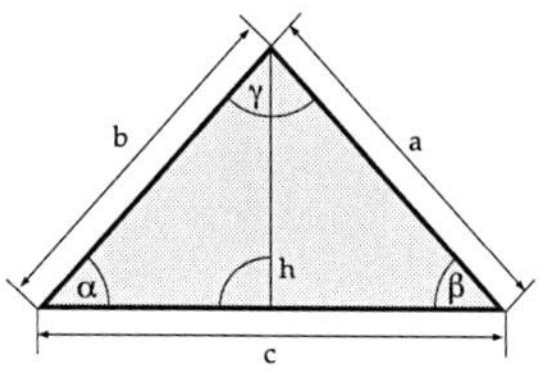

$$A = \frac{1}{2} \cdot c \cdot h$$

$$\alpha = \beta$$

$$h = \sqrt{a^2 - \left(\frac{c}{2}\right)^2}$$

$$U = a + b + c = 2 \cdot a + c = 2 \cdot b + c$$

gleichseitig

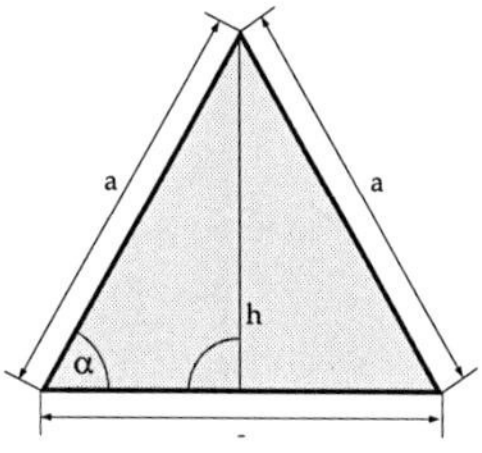

$$A = \frac{a^2}{4} \cdot \sqrt{3} \qquad h = \frac{a}{2} \cdot \sqrt{3}$$

$$U = 3 \cdot a \qquad \alpha = \beta = \gamma = 60°$$

rechtwinklig

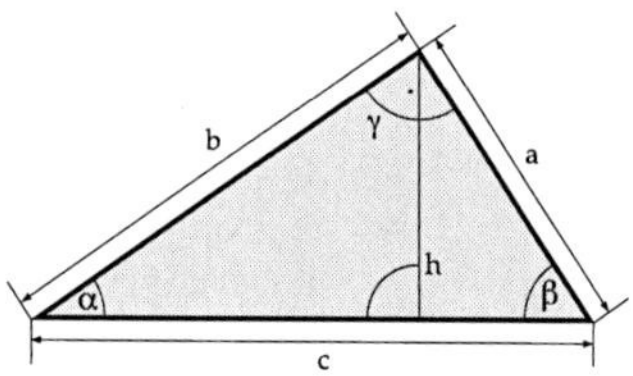

$$\gamma = 90° \text{ (rechter Winkel)}$$

$$A = \frac{a \cdot b}{2}$$

$$U = a + b + c$$

$$\alpha + \beta = 90°$$

A = Flächeninhalt, a,b,c = Strecke, α,β,γ = Winkel, h = Höhe, U = Umfang

Winkelfunktionen

Ankathete und Gegenkathete bezogen auf Winkel α

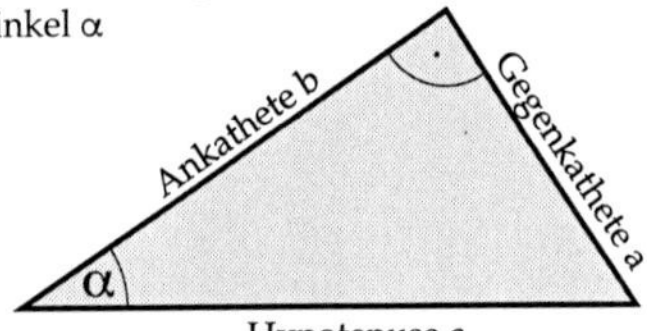

Winkelfunktionen

Ankathete und Gegenkathete bezogen auf Winkel β

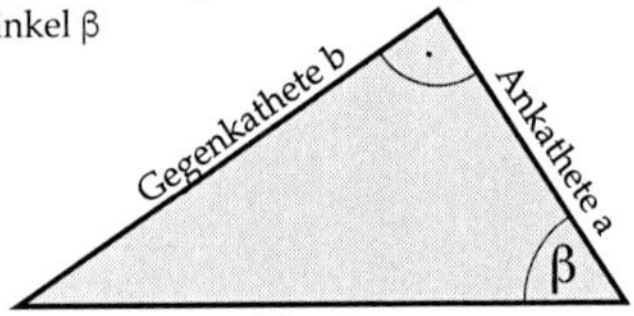

Winkelfunktionen im rechtwinkligen Dreieck

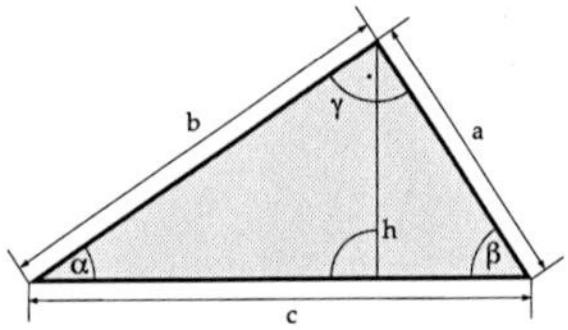	Sinus eines Winkels = $\frac{\text{Gegenkathete}}{\text{Hypotenuse}}$ $\sin\alpha = \frac{a}{c}$; $\sin\beta = \frac{b}{c}$
	Cosinus eines Winkels = $\frac{\text{Ankathete}}{\text{Hypotenuse}}$ $\cos\alpha = \frac{b}{c}$; $\cos\beta = \frac{a}{c}$
	Tangens eines Winkels = $\frac{\text{Gegenkathete}}{\text{Ankathete}}$ $\tan\alpha = \frac{a}{b}$; $\tan\beta = \frac{b}{a}$
	Cotangens eines Winkels = $\frac{\text{Ankathete}}{\text{Gegenkathete}}$ $\cot\alpha = \frac{b}{a}$; $\cot\beta = \frac{a}{b}$

Winkelfunktionen im beliebigen Dreieck

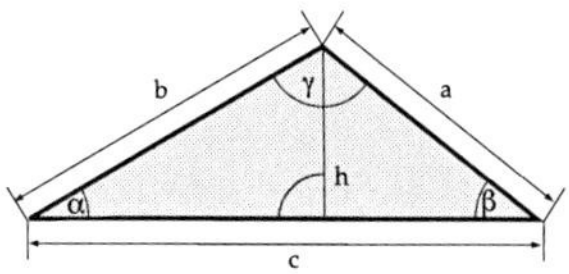

Sinus-Satz

$$\sin\alpha \div \sin\beta \div \sin\gamma = a \div b \div c$$

$$a = \frac{b}{\sin\beta}\cdot\sin\alpha = \frac{c}{\sin\gamma}\cdot\sin\alpha$$

$$b = \frac{a}{\sin\alpha}\cdot\sin\beta = \frac{c}{\sin\gamma}\cdot\sin\beta$$

$$c = \frac{a}{\sin\alpha}\cdot\sin\gamma = \frac{b}{\sin\beta}\cdot\sin\gamma$$

$$\frac{a}{\sin\alpha} = \frac{b}{\sin\beta} = \frac{c}{\sin\gamma}$$

Cosinus-Satz

$$a^2 = b^2 + c^2 - 2bc\cdot\cos\alpha$$

$$b^2 = a^2 + c^2 - 2ac\cdot\cos\beta$$

$$c^2 = a^2 + b^2 - 2ab\cdot\cos\gamma$$

Tangens-Satz

$$\frac{a+b}{a-b} = \frac{\tan\frac{1}{2}(\alpha+\beta)}{\tan\frac{1}{2}(\alpha-\beta)}$$

Winkelfunktionen

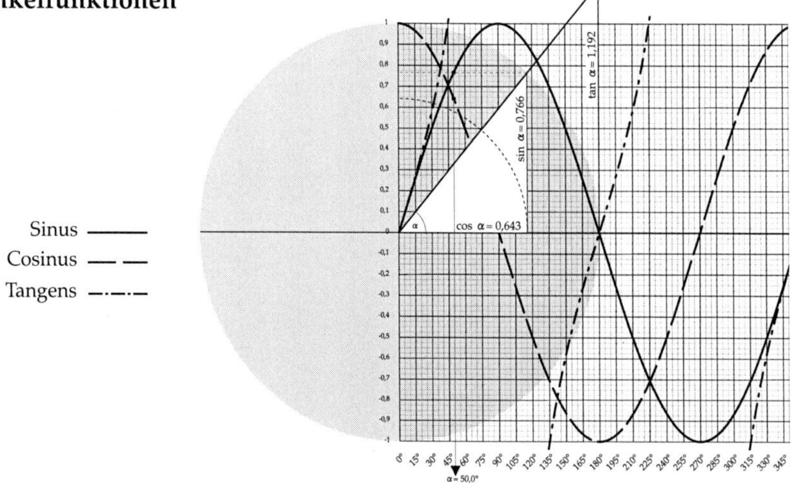

Dreieck

Satz des Pythagoras

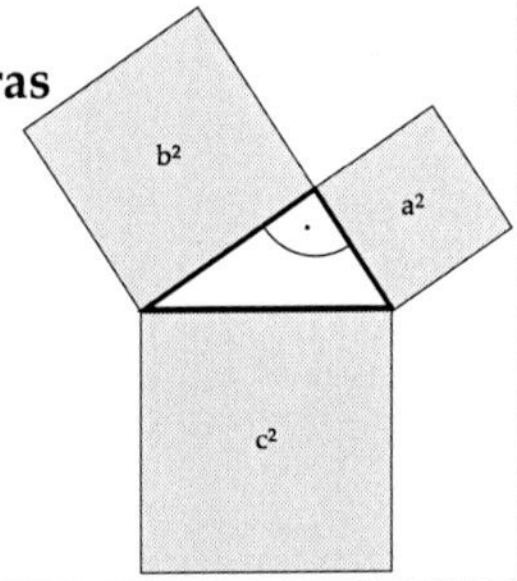

$$a^2 + b^2 = c^2$$

$$c = \sqrt{a^2 + b^2}$$

Der Satz des Pythagoras besagt, dass in allen ebenen rechtwinkligen Dreiecken die Summe der Flächeninhalte der Kathetenquadrate gleich dem Flächeninhalt des Hypotenusenquadrates ist.

Satz des Euklid

Kathetensatz

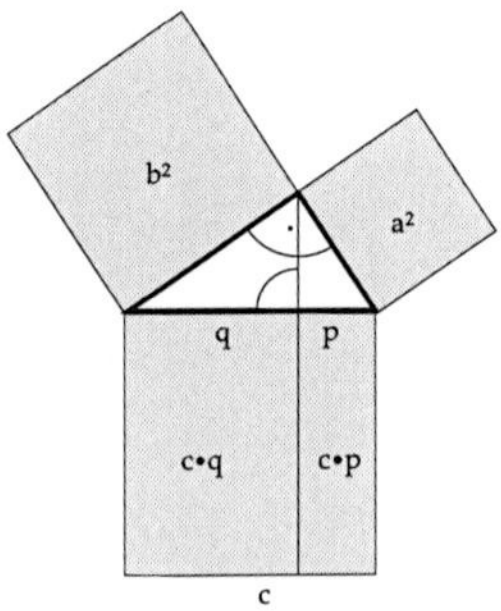

$$a^2 = c \cdot p$$

$$b^2 = c \cdot q$$

$$a^2 + b^2 = c \cdot (p + q) = c^2$$

Der Lehrsatz des Euklid besagt, dass in allen ebenen rechtwinkligen Dreiecken das Quadrat über einer Kathete gleich dem Rechteck aus der Hypotenuse und dem anliegendem Hypotenusenabschnitt ist.

Höhensatz

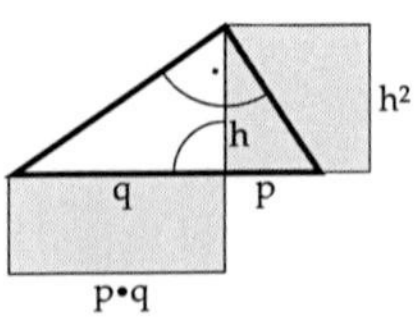

$$h^2 = p \cdot q$$

Im rechtwinkligen Dreieck ist das Quadrat über der Höhe gleich dem Rechteck, das aus den beiden Höhenabschnitten gebildet wird.
Der Höhensatz kann bewiesen werden, indem die Lehrsätze des Pythagoras und des Euklid gleichgesetzt werden.

a,b = Kathete, c = Hypotenuse, q,p = Hypotenusenabschnitt, h = Höhe

Viereck

Rechteck

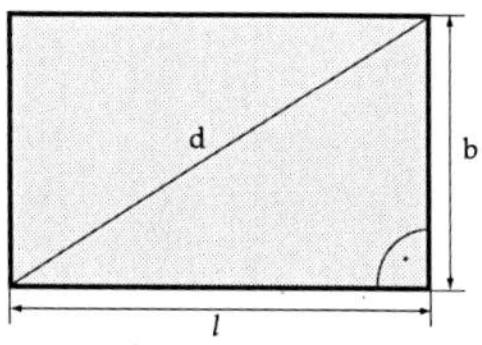

$$A = l \cdot b$$

$$d = \sqrt{l^2 + b^2}$$

$$U = 2 \cdot (l + b)$$

Quadrat

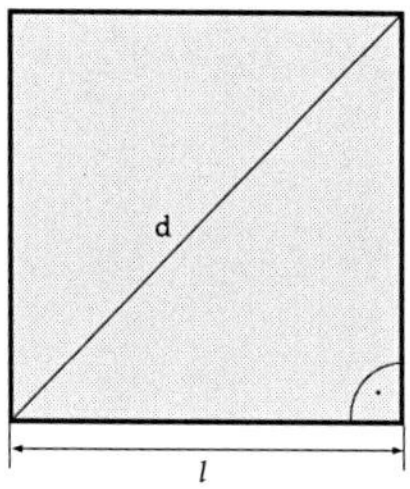

$$A = l^2 = \frac{d^2}{2}$$

$$d = l \cdot \sqrt{2}$$

$$U = 4 \cdot l$$

Parallelogramm

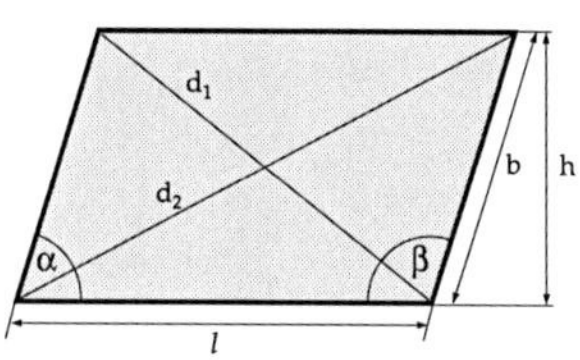

$$A = l \cdot h = l \cdot b \cdot \sin\alpha$$

$$d_1 = \sqrt{(l + h \cdot \cot\alpha)^2 + h^2}$$

$$d_2 = \sqrt{(l - h \cdot \cot\alpha)^2 + h^2}$$

$$U = 2 \cdot (l + b)$$

$$\alpha + \beta = 180°$$

Raute

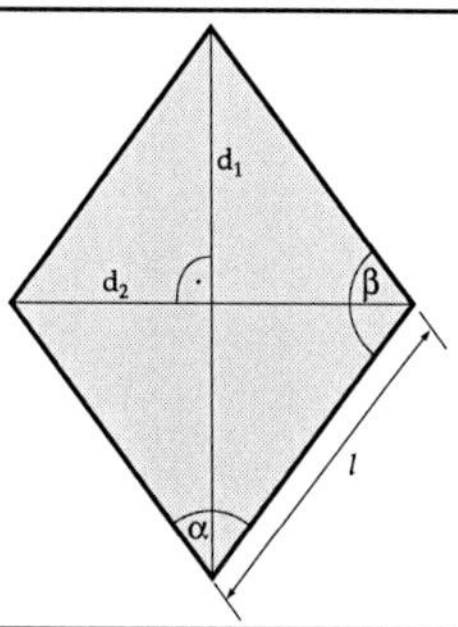

$$A = \frac{d_1 \cdot d_2}{2} = l^2 \cdot \sin\alpha$$

$$U = 4 \cdot l$$

A = Flächeninhalt, l = Länge, b = Breite, d = Diagonale, α,β,γ = Winkel, U = Umfang

Viereck

Drachen

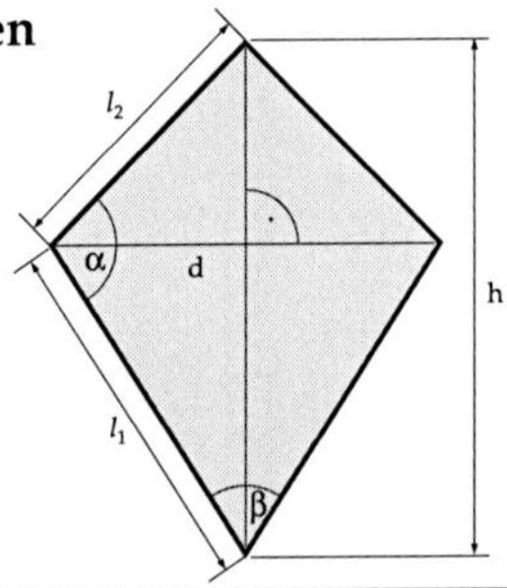

$$A = \frac{d \cdot h}{2}$$

$$U = 2 \cdot (l_1 + l_2)$$

Trapez

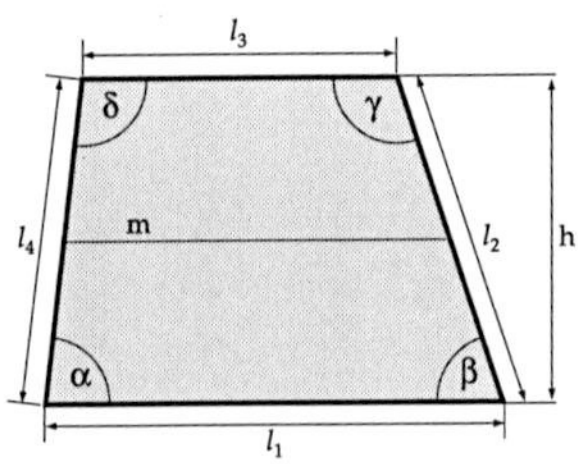

$$A = \frac{l_1 + l_3}{2} \cdot h = m \cdot h$$

$$m = \frac{l_1 + l_3}{2}$$

$$U = l_1 + l_2 + l_3 + l_4$$

Vieleck

regelmäßig

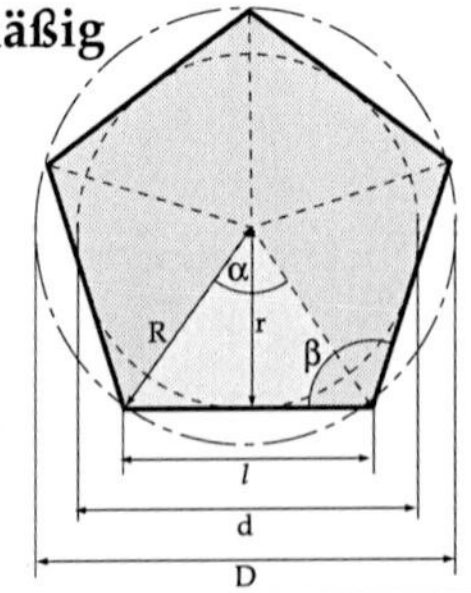

$$A = \frac{n}{2} \cdot l \cdot r = \frac{n}{2} \cdot R^2 \cdot \sin\alpha$$

$$U = n \cdot l$$

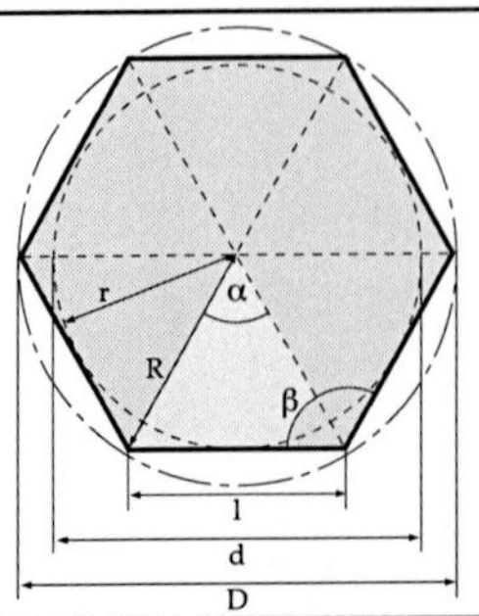

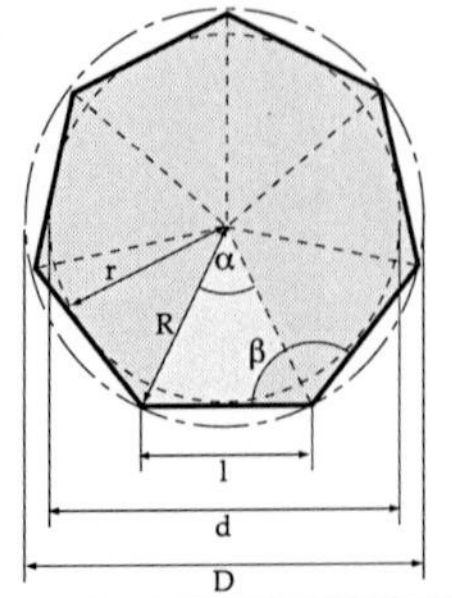

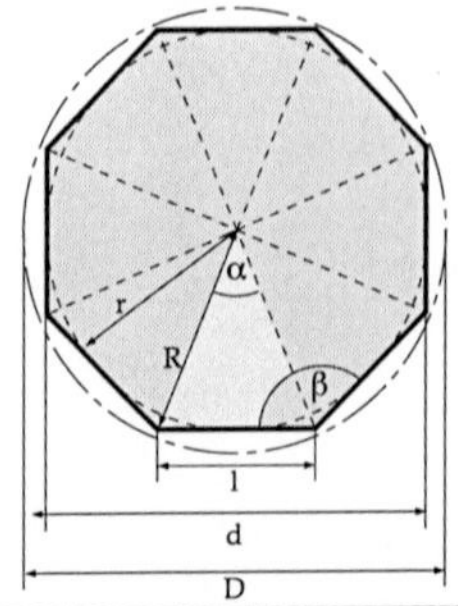

A = Flächeninhalt, l = Längen, b = Breite, d = Diagonale (Drachen), α,β,γ = Winkel, U = Umfang, h = Höhe
D = Umkreisdurchmesser, d = Innenkreisdurchmesser (Vieleck), R = Umkreisradius, r = Innenkreisradius,
n = Eckenzahl, m = Mittelhalbierende

Vieleck

unregelmäßig	
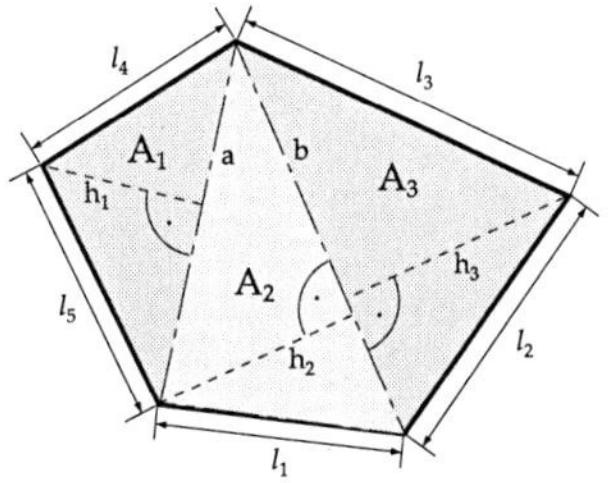	$A = \sum A_n = A_1 + A_2 + A_3$ $U = \sum l_n = l_1 + l_2 + l_3 + l_4 + l_5$

Kreis

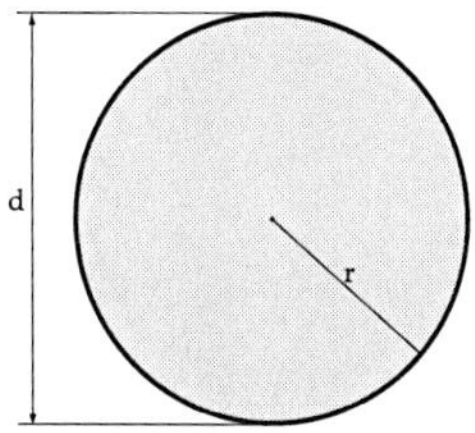	$A = \pi \cdot r^2 = \frac{\pi}{4} \cdot d^2$ $U = 2 \cdot \pi \cdot r = \pi \cdot d$

Kreisausschnitt	
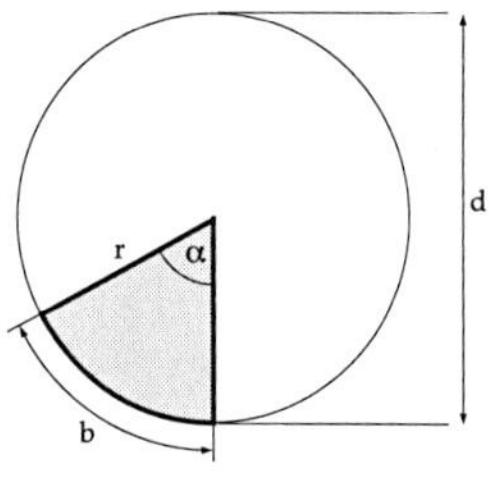	$A = \pi \cdot r^2 \cdot \frac{\alpha}{360°} = \frac{b \cdot r}{2}$ $b = 2 \cdot \pi \cdot r \cdot \frac{\alpha}{360°} = \pi \cdot d \cdot \frac{\alpha}{360°}$

A = Flächeninhalt, l = Länge, a,b = Dreiecksteilung, U = Umfang, h = Höhe
d = Durchmesser, r = Radius, α = Winkel; b = Bogenlänge, π = Kreiszahl (3,1415...)

Kreis

Kreisabschnitt

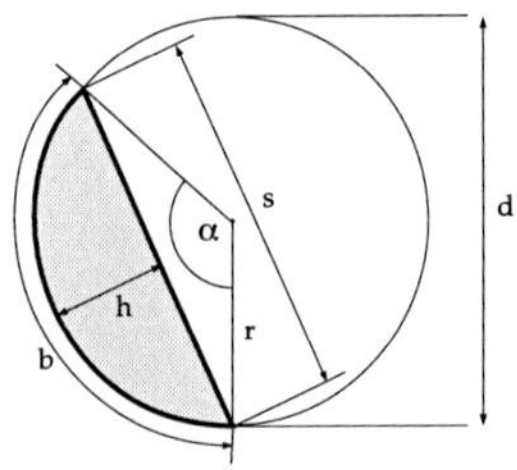

$$A = \frac{r^2}{2} \cdot \left(\frac{\pi \cdot \alpha}{180^\circ} - \sin\alpha \right) = \frac{r \cdot b}{2} - \frac{s \cdot (r-h)}{2}$$

$$A \approx \frac{h}{6s}(3h^2 + 4s^2)$$

$$h = r - \sqrt{r^2 - \left(\frac{s}{2}\right)^2} \qquad r = \frac{h}{2} + \frac{s^2}{8h}$$

Kreisring

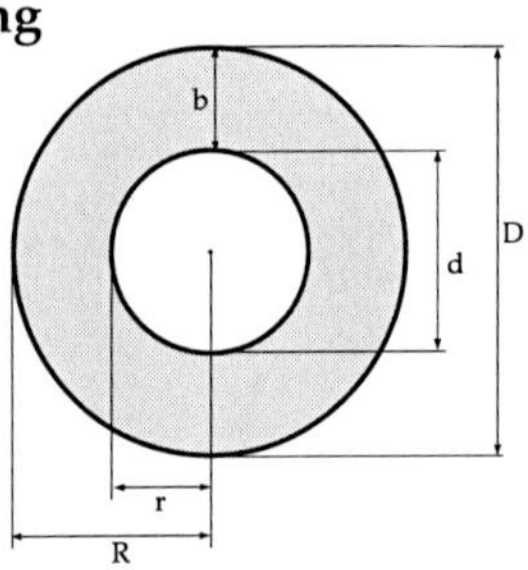

$$A = \frac{\pi}{4} \cdot (D^2 - d^2) = \pi \cdot (d+b) \cdot b$$

$$b = R - r = \frac{D-d}{2}$$

$$U_{außen} = \pi \cdot D$$

$$U_{innen} = \pi \cdot d$$

Ellipse

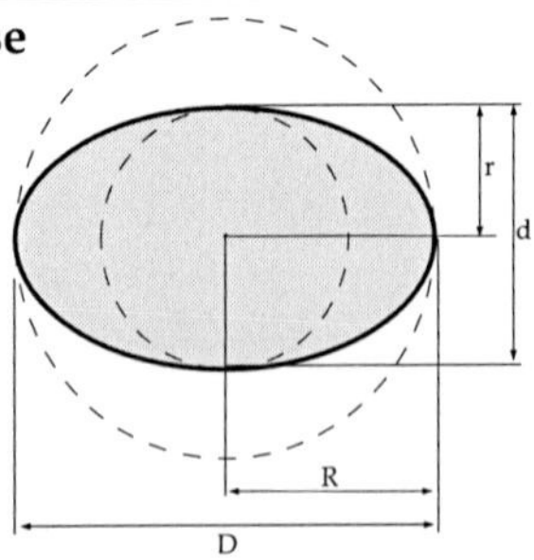

$$A = \frac{\pi}{4} \cdot D \cdot d = \pi \cdot R \cdot r$$

$$U \approx \pi \cdot \frac{D+d}{2}$$

A = Flächeninhalt, r = Radius; π = Kreiszahl (3,1415...), α = Winkel, b = Bogenlänge, h = Höhe, d = Durchmesser; D = Außendurchmesser, d = Innendurchmesser, b = Kreisringhöhe, R = Radius des Außenrings, s = Sekantenlänge, r = Radius des Innenrings (jeweils Kreisring), U = Umfang; D, d = Durchmesser, r = kleine Halbachse, R = große Halbachse (Ellipse)

Körper mit ebenen Begrenzungsflächen

Würfel

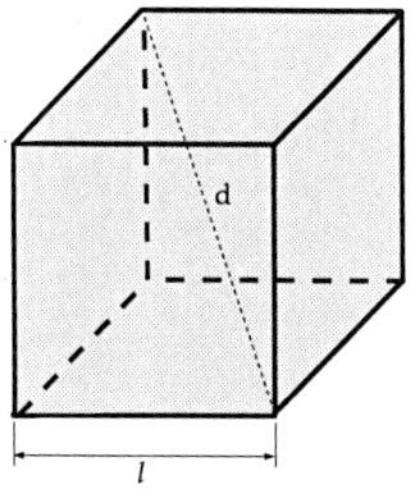

$$A_G = l^2$$

$$A_O = 6 \cdot l^2$$

$$d = \sqrt{3} \cdot l$$

$$V = l^3$$

Quader

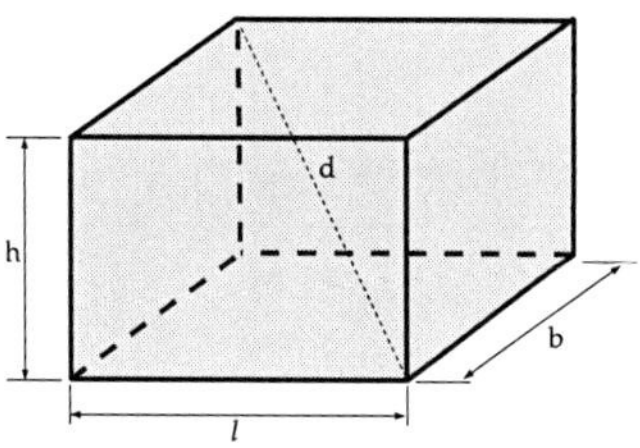

$$A_G = l \cdot b$$

$$A_O = 2 \cdot (l \cdot b + l \cdot h + b \cdot h)$$

$$d = \sqrt{l^2 + b^2 + h^2}$$

$$V = l \cdot b \cdot h$$

$$A_M = 2 \cdot (l \cdot h + b \cdot h)$$

regelmäßiges Prisma

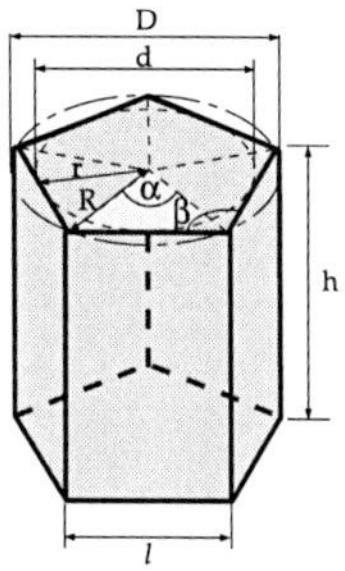

$$A_M = n \cdot l \cdot h$$

$$A_G = \frac{l \cdot r}{2} \cdot n$$

$$A_O = A_M + 2 \cdot A_G$$

$$V = A_G \cdot h$$

Pyramide - quadratisch

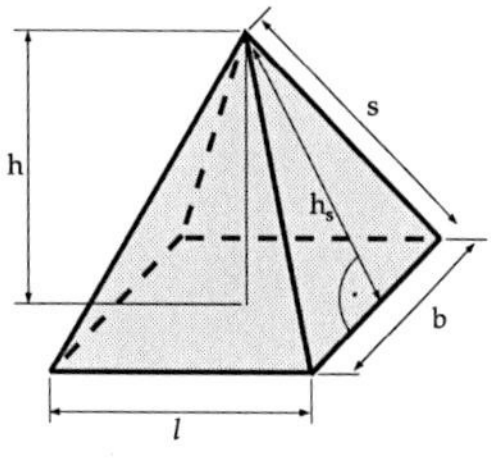

$$A_G = l \cdot b$$

$$A_M = 4 \cdot \frac{b \cdot h_s}{2}$$

$$A_O = A_G + A_M$$

$$V = \frac{A_G \cdot h}{3}$$

A = Flächeninhalt, l = Kantenlänge, d = Durchmesser, V = Volumen; A_G = Grundfläche, A_O = Oberfläche, A_M = Mantelfäche; h = Höhe, r = Radius, n = Eckenzahl (Prisma); l = Länge, b = Breite, h_s = Höhe der Seitenfläche, h = Gesamthöhe (Pyramide)

Körper mit ebenen Begrenzungsflächen

Pyramidenstumpf 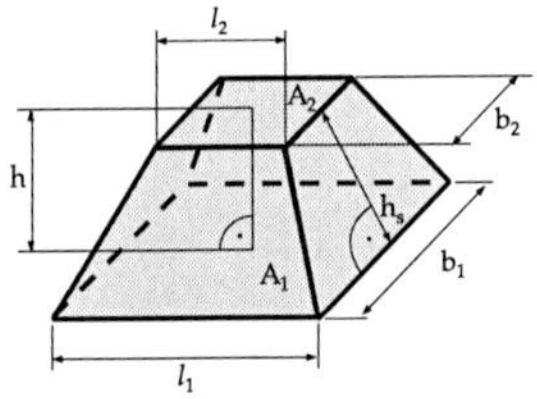	$A_M = h_s \cdot (l_1 + l_2 + b_1 + b_2)$ $A_O = h_s \cdot (l_1 + l_2 + b_1 + b_2) + A_1 + A_2$ $V = \frac{h}{3} \cdot \left(A_1 + A_2 + \sqrt{A_1 \cdot A_2}\right)$ $A_1 = l_1 \cdot b_1$ (Grundfläche) $A_2 = l_2 \cdot b_2$ (Deckenfläche)

Körper mit gekrümmten Begrenzungsflächen

Kugel 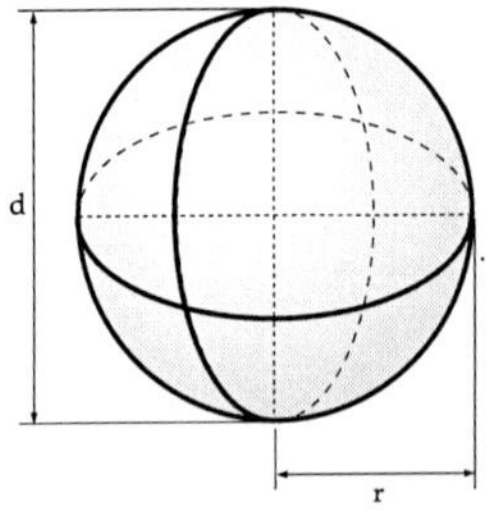	$A_o = 4 \cdot \pi \cdot r^2 = \pi \cdot d^2$ $V = \frac{4}{3} \cdot \pi \cdot r^3 \approx 4{,}189 \cdot r^3$

Kugelschicht 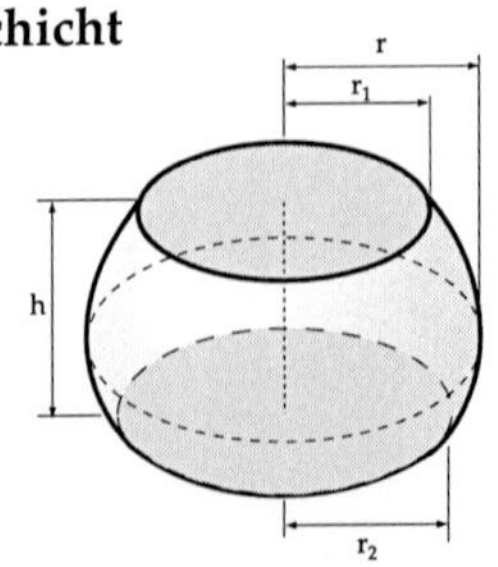	$A_M = 2 \cdot \pi \cdot r \cdot h$ (Kugelzone) $A_O = \pi \cdot (2 \cdot r \cdot h + r_1^2 + r_2^2)$ $V = \frac{\pi}{6} \cdot h \cdot \left(3 \cdot r_1^2 + 3 \cdot r_2^2 + h^2\right)$

A = Flächeninhalt, A_G = Grundfläche, A_O = Oberfläche, A_M = Mantelfäche, l = Länge, b = Breite, h_s = Höhe der Seitenfläche, h = Gesamthöhe, V = Volumen; d = Durchmesser; r = Radius,

Körper mit gekrümmten Begrenzungsflächen

Kugelabschnitt

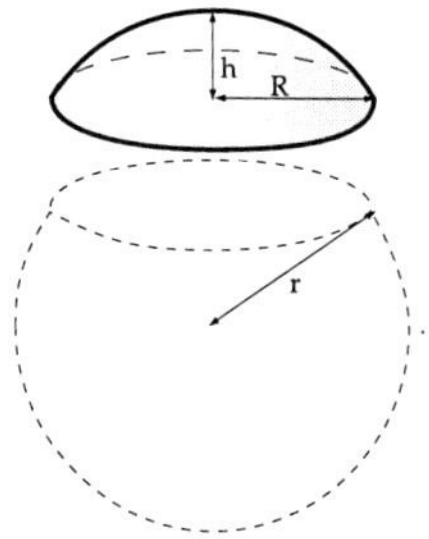

$$A_M = 2 \cdot \pi \cdot r \cdot h \text{ (Kugelkappe)}$$

$$= \frac{\pi}{4} \cdot \left((2 \cdot R)^2 + 4 \cdot h^2 \right) = \pi \cdot (R^2 + h^2)$$

$$V = \frac{\pi}{6} \cdot h \cdot \left(\frac{3}{4} \cdot (2 \cdot R)^2 + h^2 \right) = \frac{\pi}{6} \cdot h \cdot (3R^2 + h^2)$$

$$= \pi \cdot h^2 \cdot \left(r - \frac{h}{3} \right)$$

Kugelausschnitt

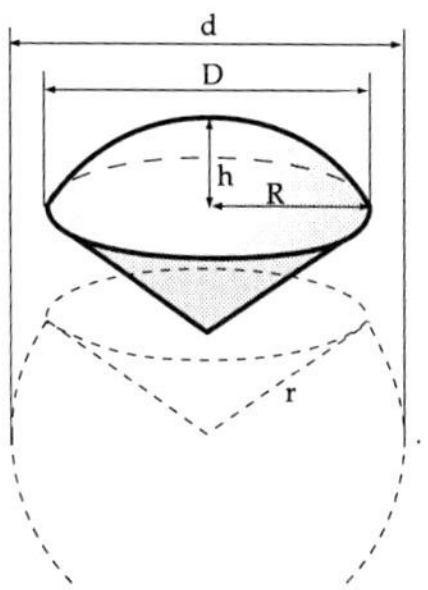

$$A_o = \frac{\pi}{2} \cdot r \cdot (4 \cdot h + D)$$

$$b = 2 \cdot \pi \cdot r \cdot \frac{\alpha}{360°} = \pi \cdot d \cdot \frac{\alpha}{360°}$$

$$V = \frac{2}{3} \cdot \pi \cdot r^2 \cdot h$$

Kegel

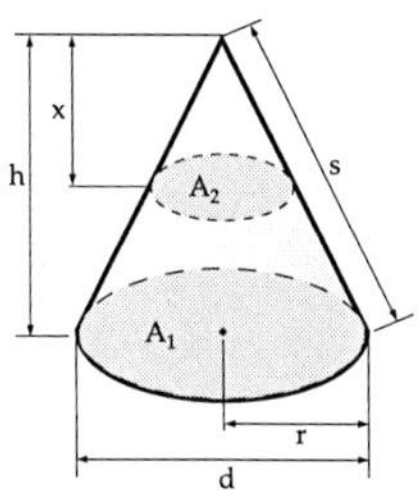

$$A_M = \pi \cdot r \cdot s$$

$$A_O = \pi \cdot r \cdot (r + s)$$

$$s = \sqrt{h^2 + r^2}$$

$$V = \frac{\pi \cdot r^2 \cdot h}{3}$$

$$\frac{A_1}{A_2} = \frac{h^2}{x^2}$$

Kegelstumpf

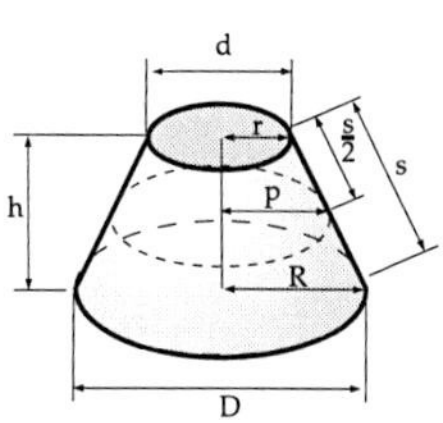

$$A_M = \frac{\pi}{2} \cdot s \cdot (D + d)$$

$$V = \frac{\pi}{12} \cdot h \cdot \left(D^2 + D \cdot d + d^2 \right)$$

$$s = \sqrt{\left(\frac{D - d}{2} \right)^2 + h^2}$$

A = Flächeninhalt, A_O = Oberfläche, A_M = Mantelfäche, r, R = Radius, h = Höhe, d, D = Durchmesser;
s = Seitenlänge, A_1, A_2 = Flächeninhalt von Teilflächen, h,x = Höhe, V = Volumen

Körper mit gekrümmten Begrenzungsflächen

Vollzylinder

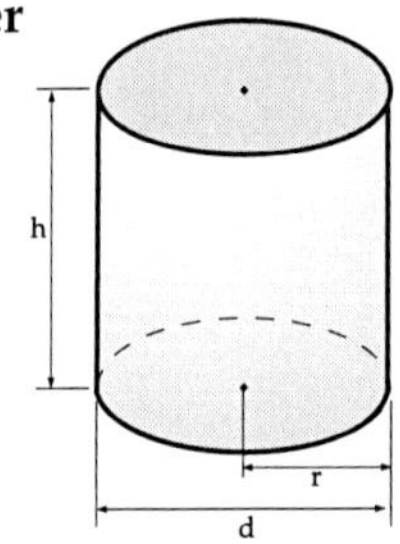

$$A_M = 2 \cdot \pi \cdot r \cdot h$$

$$A_O = 2 \cdot \pi \cdot r \cdot (r + h)$$

$$V = \frac{\pi}{4} \cdot d^2 \cdot h$$

$$V = \pi \cdot r^2 \cdot h$$

Hohlzylinder

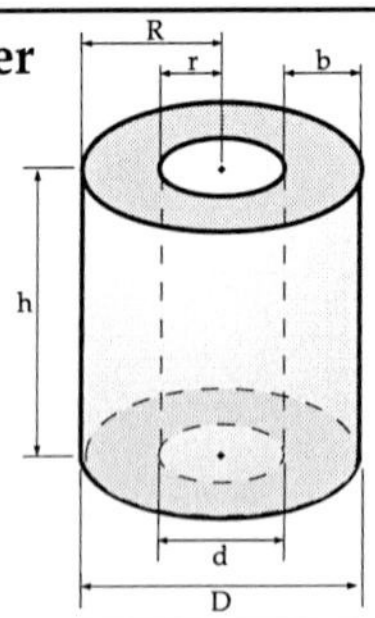

$$A_M = 2 \cdot \pi \cdot R \cdot h$$

$$A_O = 2 \cdot \pi \cdot R \cdot (R + h) - 2 \cdot \pi \cdot r \cdot h$$

$$V = \frac{\pi}{4} \cdot h \cdot \left(D^2 - d^2\right)$$

Zylinder - schief

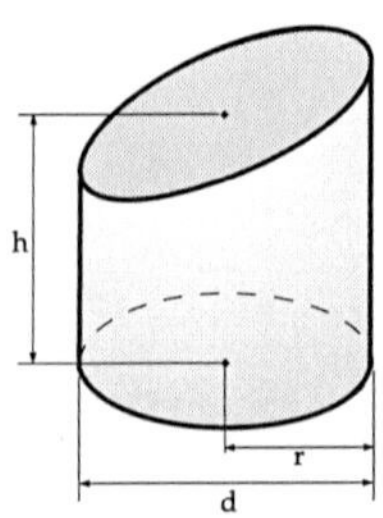

$$V = \frac{\pi}{4} \cdot d^2 \cdot h$$

Fass

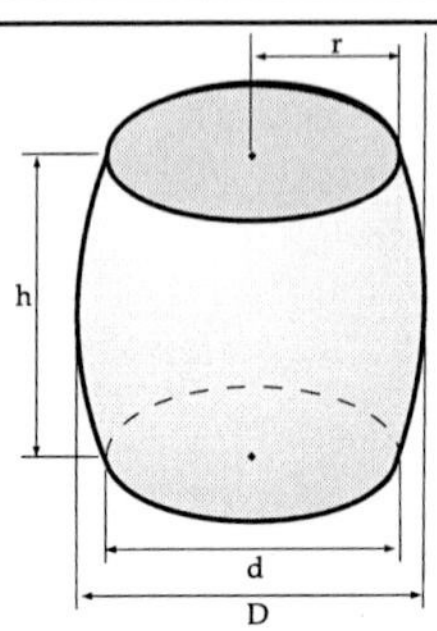

$$V \approx \frac{\pi}{12} \cdot h \cdot \left(2 \cdot D^2 + d^2\right)$$

A = Flächeninhalt, A_O = Oberfläche, A_M = Mantelfäche, r, R = Radius, h = Höhe, d, D = Durchmesser, b = Wandstärke (Hohlzylinder), V = Volumen

Winkelmaß

Gradmaß

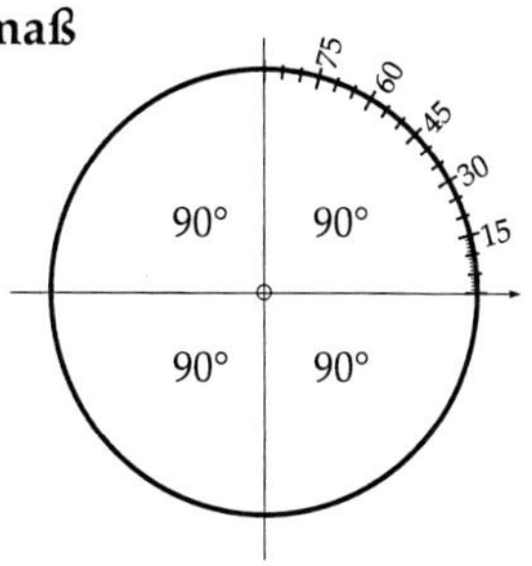

Im Vollkreis beträgt die Winkelsumme 360°, der Vollkreis kann in vier Segmente unterteilt werden, wobei jeweils ein rechter Winkel (= 90°) die Begrenzungen bildet.

$$1° = \frac{1}{360}\,\text{Vollwinkel} = \frac{\pi}{180\,\text{rad}}$$

$$1° = 60'\,(\text{Minuten}) = 3600''\,(\text{Sekunden})$$

Geodätisches Winkelmaß

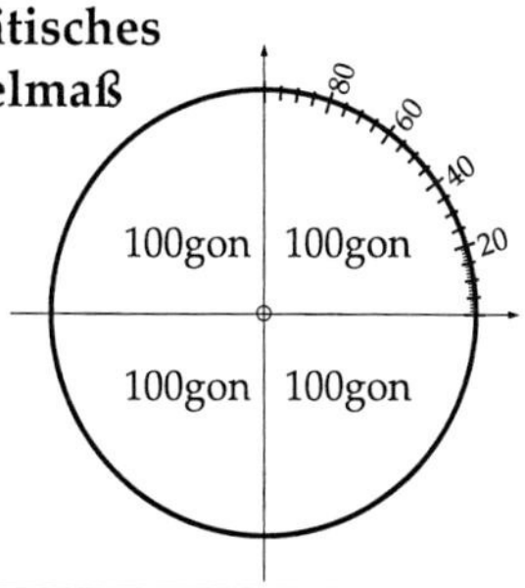

Im geodätischen Winkelmaß beträgt die Winkelsumme 400 gon. Der rechte Winkel entspricht dabei 100 gon. Die Bezeichnung "Neugrad" ist veraltet und wird zwischenzeitlich nicht mehr verwendet.

$$1\,\text{gon} = \frac{1}{400}\,\text{Vollwinkel} = \frac{\pi}{200}\,\text{rad}$$

$$1\,\text{gon} = 100\,\text{cgon} = 1000\,\text{mgon}$$

Bogenmaß

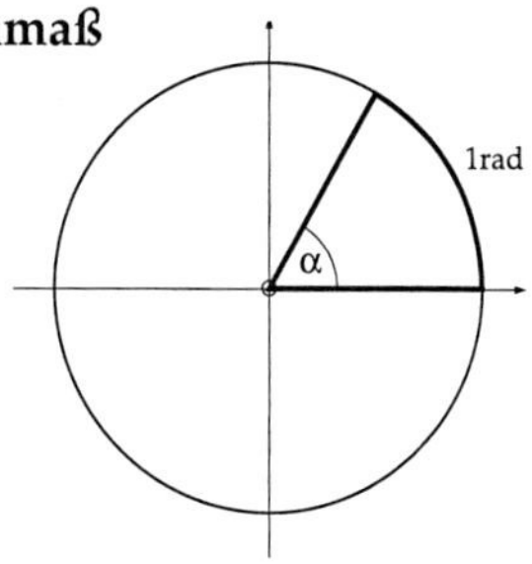

Der Vollwinkel im Kreis beträgt 2π. Die Maßeinheit für den Winkel heißt Radiant, das verwendete Einheitenzeichen rad. 1 rad entspricht 360° / 2π was ungefähr 57,3° ergibt.

$$1\ \text{Vollwinkel} = 360° = 2\cdot\pi\cdot rad$$

Umrechnung zwischen Radiant und Grad

$$1° = \frac{2\pi}{360°}\,rad = \frac{\pi}{180°}\,rad \approx 0{,}01745\,rad \qquad 1rad = \frac{360°}{2\pi}\,rad = \frac{180°}{\pi}\,rad \approx 57{,}3°$$

Massenberechnung von Körpern

$m = \rho \cdot V$

Dichte von Stoffen (Normaldichten der wichtigsten Stoffe)

Feststoffe	ρ in kg/dm³				
Aluminium	2,7	Schnee	0,1	**Flüssigkeiten**	ρ in kg/dm³
Beton	2,2	Silber	10,5	Alkohol	0,79
Blei	11,34	Stahl	7,9	Benzin	0,66
Eisen, rein	7,87	Zink	7,13	Ether	0,713
Glas	≈ 2,5	Zinn	7,29	Meerwasser	1,026
Gold	19,3	Sauerstoff	1,429	Wasser	0,998
Grauguss	7,25	Stickstoff	1,250	Schmieröl	0,91
Kupfer	8,96	Wasserdampf	0,804	Trafoöl	0,88
Platin	21,5	Neon	0,90		
Holz	ρ in kg/dm³	**Holz**	ρ in kg/dm³	**Gase**	ρ in kg/m³
Ahorn	≈ 0,75	Esche	≈ 0,75	Ammoniak	0,771
Birke	≈ 0,65	Fichte	≈ 0,45	Acetylen	1,174
Buche	≈ 0,72	Kiefer	≈ 0,75	Kohlendioxid	1,977
Eiche	≈ 0,85	Lärche	≈ 0,75	Luft	1,293
Erle	≈ 0,55	Pappel	≈ 0,50	Propan	2,019

Die Dichte eines Stoffes ist das Verhältnis seines Volumens zur Masse. Die Dichte ist abhängig von den Umgebungsbedingungen, wie z.B. Temperatur, Druck, usw.

m = Masse [m] = kg, ρ = Dichte [ρ] = kg/dm³, V = Volumen [V] = dm³

Kapitel 4

Technisches Zeichnen

Wer in einem technischen Beruf arbeitet, geht täglich mit technischen Zeichnungen um. Dieses Kapitel zeigt die Grundlagen der technischen Kommunikation und die heutige Praxis des Zeichnens an CAD-Systemen.

Zeichenblattgrößen

Format	Größe - beschnitten mm
A0	841 · 1189
A1	594 · 841
A2	420 · 594
A3	297 · 420
A4	210 · 297
A5	148 · 210

Zusammenhang Blattformatgrößen durch Halbieren

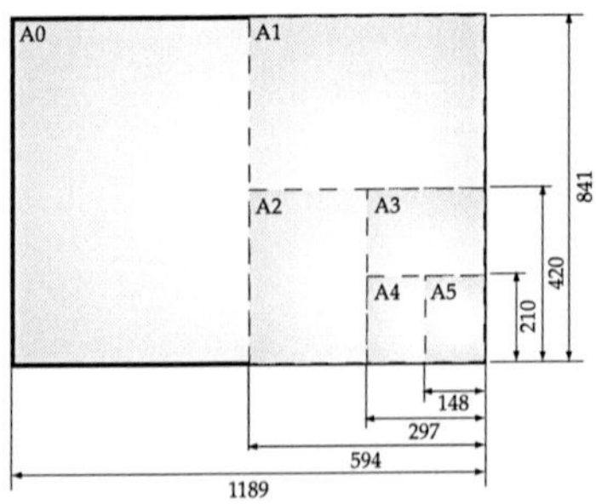

Aus dem Ausgangsformat A0 erhält man die jeweils nächstkleineren Formate durch Halbieren der Längsseite.

Computer Aided Design (CAD)

Zeichnungen werden überwiegend mit Hilfe von CAD-Software erstellt. Dies erleichtert die Zusammenarbeit und Weitergabe von Planungsunterlagen, wenn einige Grundvoraussetzungen geschaffen und Konventionen eingehalten werden.
Die Arbeit mit Ebenen (je nach Softwarehersteller auch „Layer", „Klasse" oder „Layout") erlaubt es, verschiedene Ansichten in einer Zeichnung zu vereinen. Verschiedene Bearbeiter können ihre Ebenen zu einer Zeichnung zusammenführen. Dies setzt die Arbeit mit gemeinsamen Rahmendaten voraus, z.B. Benennung der Ebenen, Maßstäbe, Disziplin bei der Verwaltung der Daten und deren Zusammenführung. Leistungsfähige CAD-Software erlaubt zudem die dreidimensionale Darstellung der Räume oder Objekte von fotorealistischer Ansicht bis hin zu virtuellen Kamerafahrten.

Im Handel sind technische Papiere erhältlich, die größer sind als die jeweiligen DIN-Formate (z.B. A0 880 x 1230 mm). Diese unbeschnittenen Papiere werden nach dem Druck- bzw. Plotvorgang auf das entsprechende Blattformat beschnitten.

Faltung von Zeichnungen - Faltungsschema für Heftablage

A0

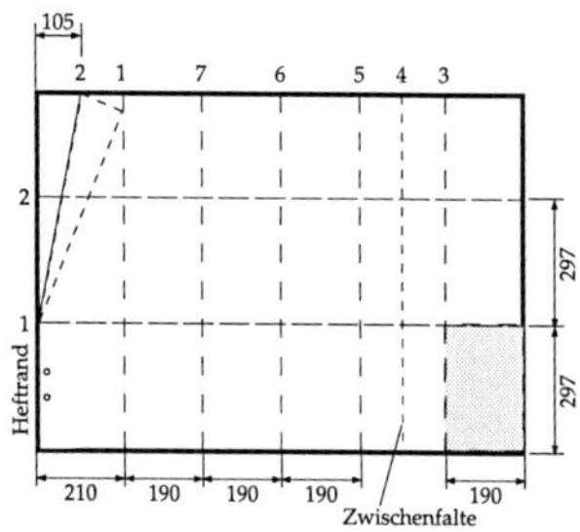

längs falten **quer falten**

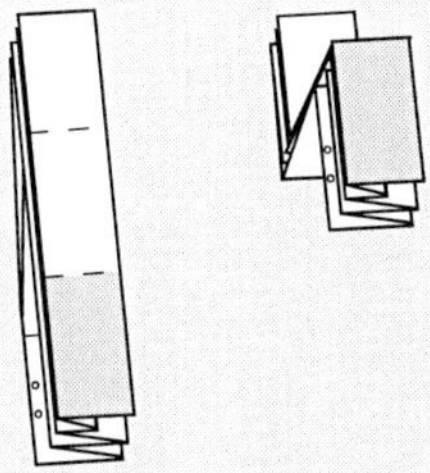

A1

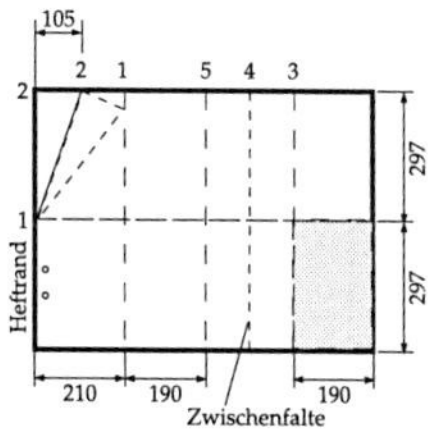

längs falten **quer falten**

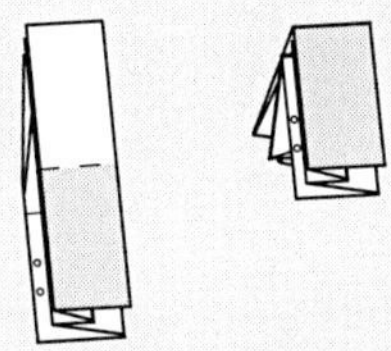

A2

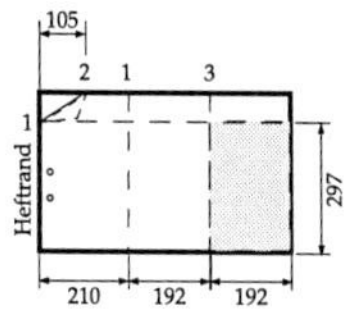

längs falten **quer falten**

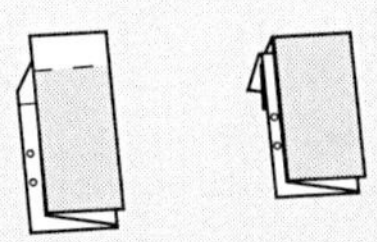

A3

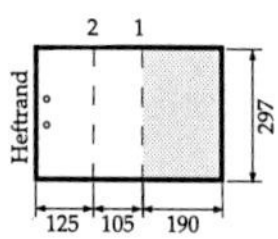

quer falten

Faltung auf Ablageformate nach DIN 824
Diese Norm gilt für das Falten von Vervielfältigungen technischer Zeichnungen, um das Ablegen des Faltblattes in Aktendeckel, Hefter und Mappen nach DIN 821 Teil 1 sicherzustellen.

Schriftfeld

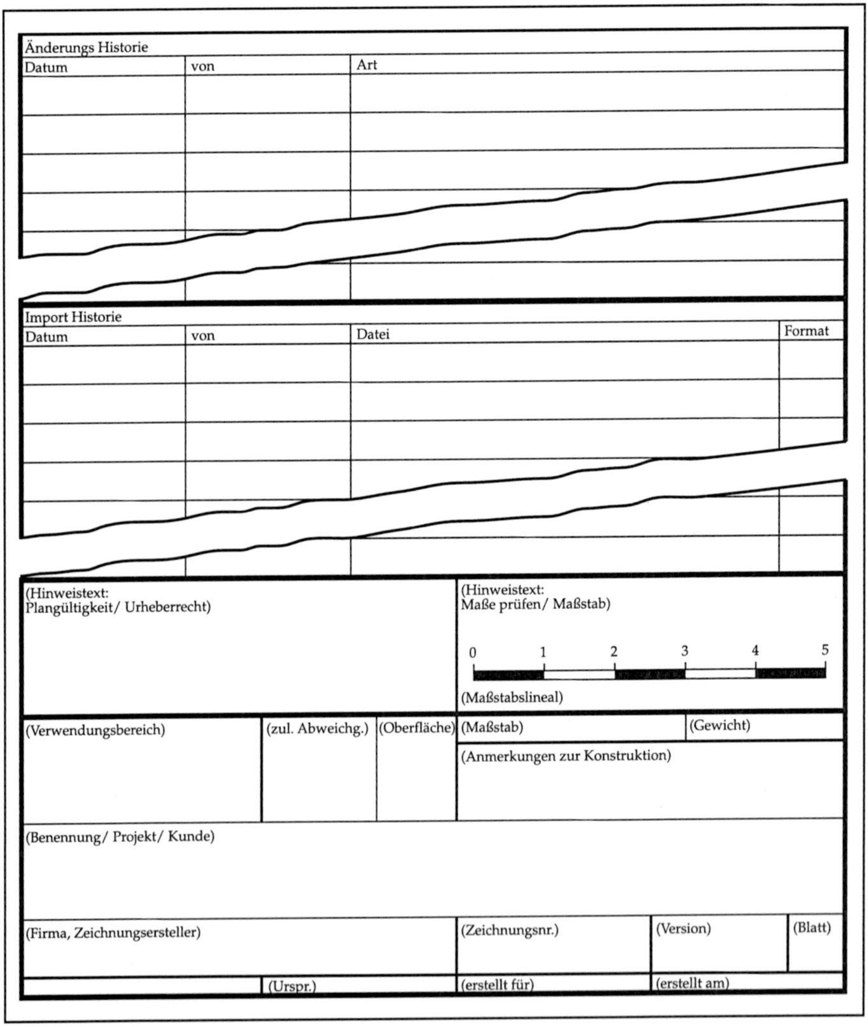

Das Schriftfeld ist Bestandteil jeder technischen Zeichnung. Es enthält Informationen über die die Erstellung der Zeichnung, über Änderungen bzw. fasst Werkstück- oder Projektdaten zusammen. Im Regelfall befindet es sich rechts unten bzw. sollte so positioniert sein, dass es bei gefalteter Zeichnung lesbar ist.

Mustertext - Urheberrecht: Weitergabe sowie Vervielfältigung dieses Dokuments (dieser Zeichnung, Bedienungsanleitung, ...), Verwertung und Mitteilung seines Inhaltes sind verboten, soweit nicht ausdrücklich gestattet. Zuwiderhandlungen verpflichten zu Schadensersatz. Alle Rechte für den Fall der Patent-, Gebrauchsmuster-, und Geschmacksmustereintragung vorbehalten. **Kurzfassung:** Schutzvermerk DIN 34 beachten.

Linienarten in Zeichnungen

Linienart		Anwedungen
Volllinie, breit		sichtbare Kanten, sichtbare Umrisse
Volllinie, schmal		Maßlinien, Maßhilfslinien, Hinweislinien, Schraffuren
Freihandlinie, schmal		Begrenzungen von unterbrochen dargestellten oder abgebrochenen Ansichten und Schnitten (wenn keine Mittellinie)
Strichlinie, schmal	- - - - - - - - - - - - - -	verdeckte Kanten, verdeckte Umrisse
Strichpunktlinie, schmal		Mittellinien, Symmetrielinien

Beschriftung, Maßstab

Beschriftung	Erfolgt in Normschrift - frei von jeglicher eigenwilliger Gestaltung. Einfach: Schriftschablone verwenden (Normschrifthilfen) Die Größe der Schrift richtet sich nach dem Maßstab der Zeichnung und Bedeutung der Beschriftung.
Maßstab	Gibt das Größenverhältnis zwischen der Zeichnung und dem dargestellten Gegenstand an. Das Verhältnis 1:1 bezeichnet man als „natürliche Größe".
verkleinerte Maßstäbe	Alle wahren Maße müssen durch die Verhältniszahl des Maßstabes geteilt werden, um die Maße für die Zeichnung zu erhalten.
vergrößerte Maßstäbe	Alle wahren Maße müssen mit der Verhältniszahl des Maßstabes multipliziert werden, um die Maße für die Zeichnung zu erhalten.
gängige Maßstäbe	z.B.: 1:10, 1:50, 1:100, 1:200, 1:500, 1:1000, 2:1, 10:1

Allgemeine Bemaßung

Eingetragene Maße sind immer Fertigmaße (entsprechen der wahren Größe des Gegenstandes).

Maßzahlen werden in Richtung der Maßlinie geschrieben. Sie müssen entweder von unten oder von rechts lesbar sein.

Maßlinien stehen im allgemeinen rechtwinklig zur Maßhilfslinie.

Maße werden immer in mm eingetragen, ohne die Einheit anzugeben. Bei Abweichungen davon wird die Einheit zusätzlich angegeben.

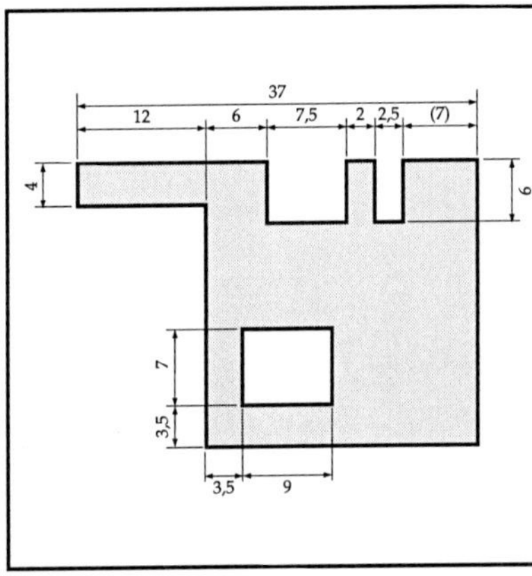

1.)	Der Abstand zwischen mehreren parallelen Maßlinien soll mindestens 5 mm bestragen.	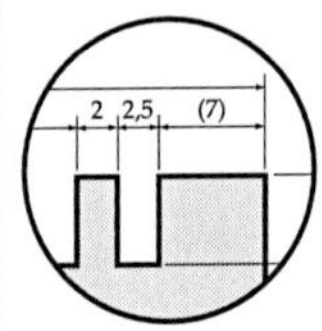
2.)	Bei parallel liegenden Maßlinien sollen die Maßzahlen versetzt werden.	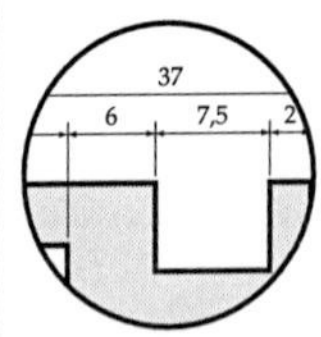
3.)	Maß- und Maßhilfslinien sollen sich und andere Linien so wenig wie möglich schneiden.	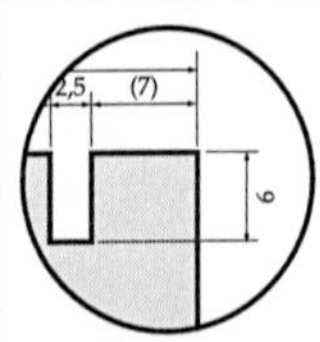
4.)	Bei Platzmangel dürfen die Maßpfeile auch von außen an den Maßhilfslinien angesetzt werden. In solchen Fällen kann die Maßzahl zwischen bzw. rechts neben den Maßhilfslinien stehen.	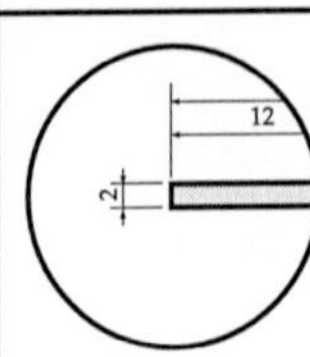

<table>
<tr><td>5.)</td><td>Bei Platzmangel darf die Werkstückdicke neben das Werkstück geschrieben werden.</td><td>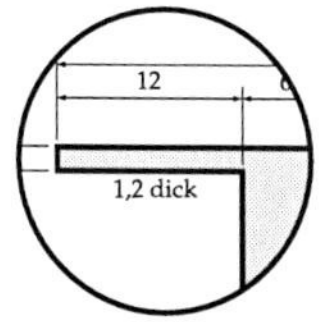
</td></tr>
<tr><td>6.)</td><td>Die Maßpfeile können auch direkt an die Körperkanten angesetzt werden. Das Herausziehen der Maße ist allerdings zu bevorzugen, weil dadurch die Zeichnung übersichtlicher wird.</td><td>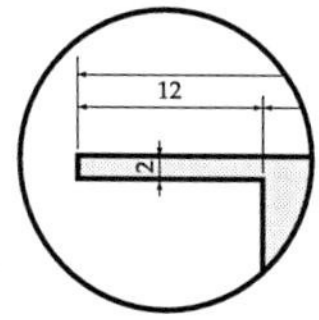
</td></tr>
<tr><td>7.)</td><td>Maßpfeile dürfen nicht an Werkstückecken stoßen bzw. nicht in der Verlängerung einer Linie stehen. Notfalls ist der Abstand zwischen Maßlinie und Werkstückkante zu vergrößern.</td><td>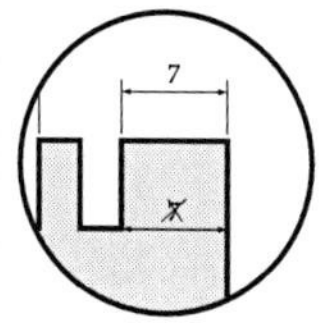
</td></tr>
<tr><td>8.)</td><td>Aufeinander folgende Maße, sogenannte Maßfolgen bzw. Maßketten liegen in einer Flucht.</td><td>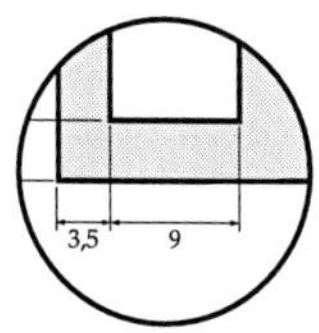
</td></tr>
<tr><td>9.)</td><td>Geschlossene Maßketten sind nach Möglichkeit zu vermeiden (außer Kreisteilungen). Ist das Aufteilen einer Länge durch eine Maßkette nicht zu umgehen, so ist eine Teillänge nicht zu bemaßen oder das entsprechende Maß in Klammern zu setzen.</td><td>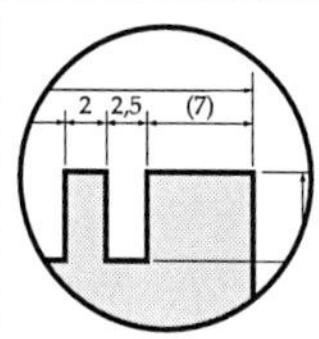
</td></tr>
<tr><td>10.)</td><td>Bei Platzmangel dürfen die Maßpfeile durch Punkte ersetzt werden.</td><td>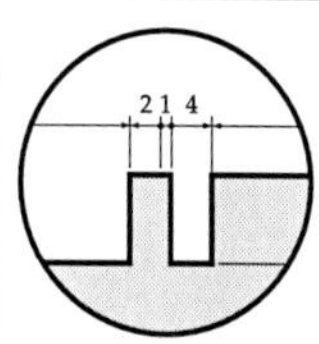
</td></tr>
</table>

Symmetrische Werkstücke

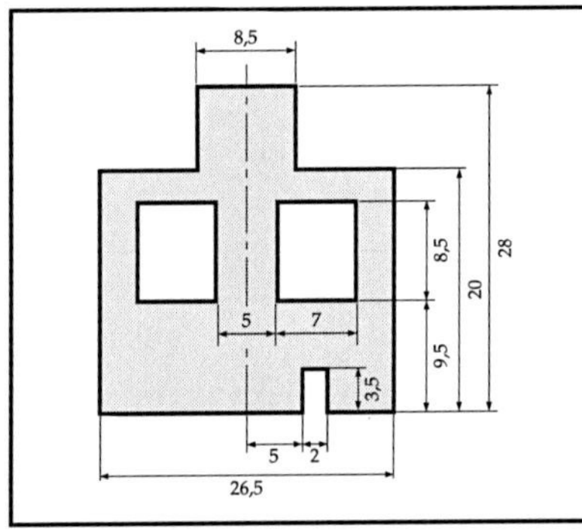

1.)	Maße werden auf die Mittellinie bezogen. Die Lage der Mittellinie wird nicht bemaßt.	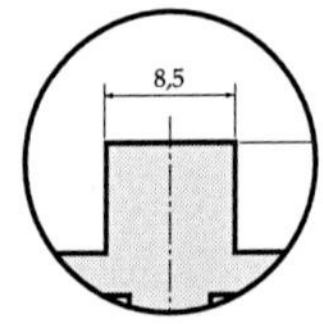
2.)	Kanten von Durchbrüchen oder Bohrungen werden als sichtbare Kanten mit breiter Volllinie gezeichnet.	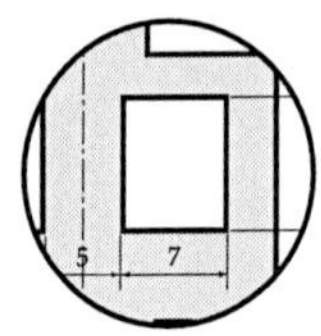
3.)	In symmetrischen Werkstücken wird die Mittellinie auch dann eingezeichnet, wenn die Form einseitig durch Einschnitte, Durchbrüche oder dergleichen verändert ist.	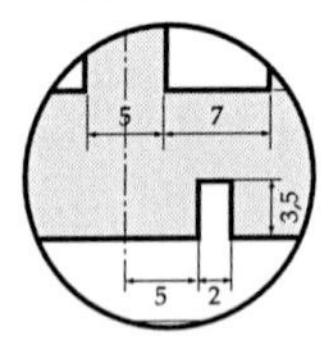
4.)	Mittellinien können als Maßlinien verwendet werden, wenn sie außerhalb der Körperkanten als schmale Volllinien ausgeführt werden.	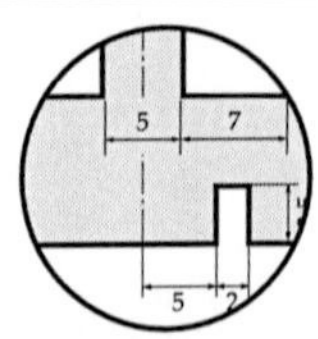
5.)	Bei Platzmangel werden die Mittellinien zum Eintragen der Maßzahlen unterbrochen.	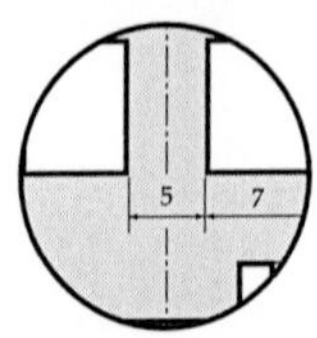

Bemaßung von Winkeln und schrägen Kanten

Alle aufeinandertreffenden Körperkanten, die einen anderen Winkel als 90° bilden, müssen bemaßt werden. Winkel von 90° müssen auch dann benannt werden, wenn ihre Schenkel nicht waagerecht und senkrecht liegen. Die Bemaßung schräger Kanten erfolgt entweder durch die Festlegung ihrer Endpunkte oder durch Eintragen der Winkelgröße.

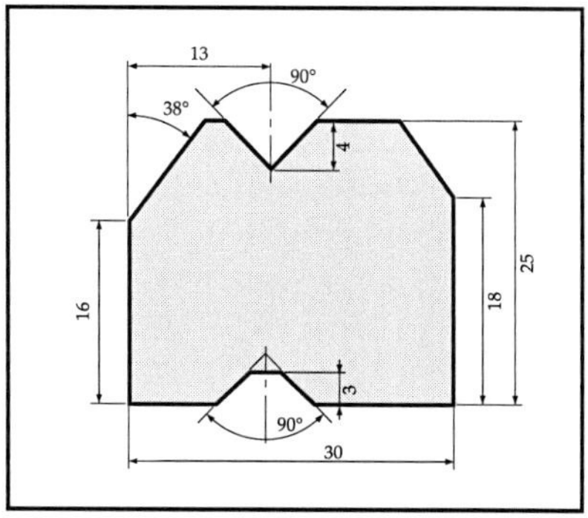

1.)	Zur Kennzeichnung des Winkelmaßes erhält die Maßzahl den Zusatz „°“ (Grad).	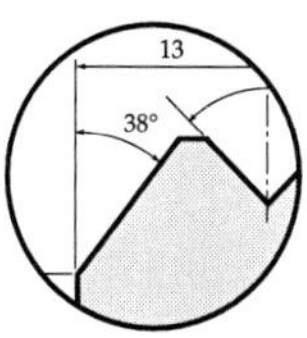
2.)	Die Maßlinie für das Winkelmaß ist eine kreisförmige Linie, deren Mittelpunkt der Scheitelpunkt des Winkels ist.	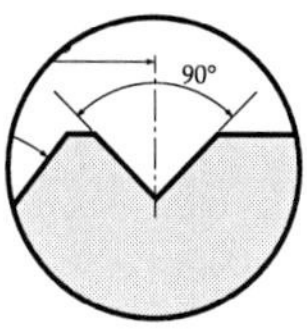
3.)	Die Maßlinie des Winkels wird wie die übrigen Maßlinien an die Werkstückkanten oder an die Maßhilfslinien herangezogen. Die Maßhilfslinien verlaufen dann in Verlängerungen der Schenkel des Winkels.	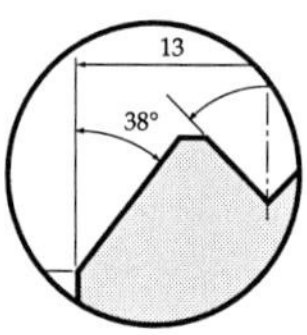
4.)	Bei symmetrischer Lage im Werkstück hat ein Winkel eine Mittellinie. In diesem Fall gibt man deren Abstand von der Körperkante an.	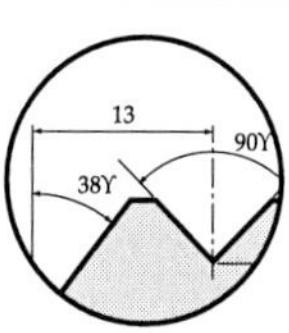

5.)	Bei Platzmangel dürfen die Maßpfeile auch von außen an die Maßhilfslinien angesetzt werden. In solchen Fällen kann die Maßzahl zwischen bzw. rechts neben den Maßhilfslinien stehen.	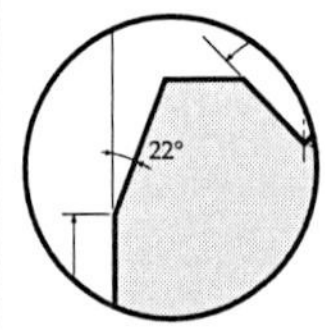
6.)	Wenn Körperkanten, die einen Winkel bilden, sich nicht schneiden, aber als Winkel bemaßt werden sollen, müssen sie durch schmale Volllinien bis zum Schnitt verlängert werden.	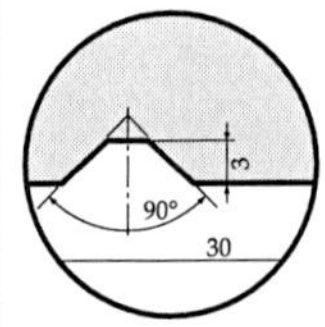

Perspektivische Zeichnungen - Objektdarstellung

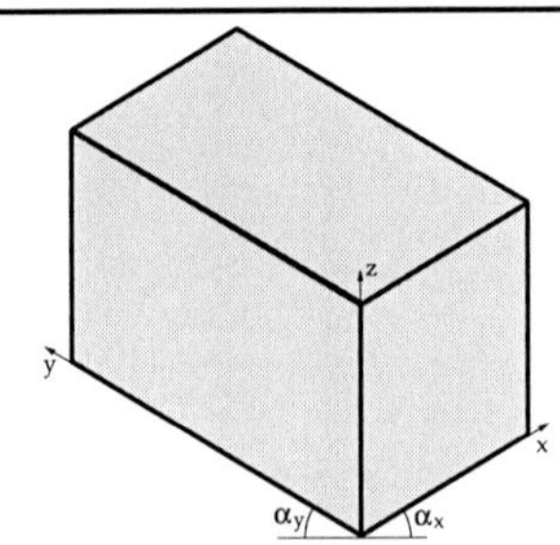	**Isometrische Projektion*** Drei Ansichten des Objekts werden gleichartig abgebildet. $x:y:z = 1:1:1 \quad \alpha_x = \alpha_y = 30°$
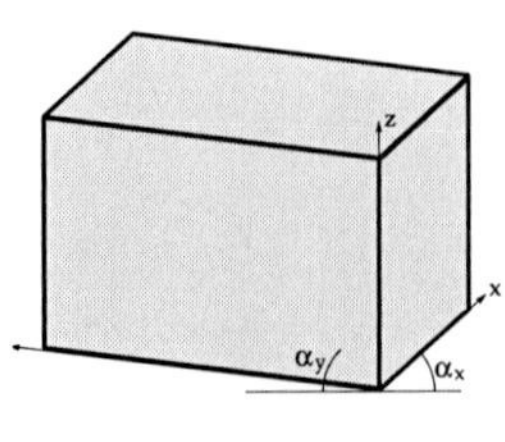	**Dimetrische Projektion*** Eine Objektansicht wird bevorzugt dargestellt. $x:y:z = 0,5:1:1 \quad \alpha_x = 42° \quad \alpha_y = 7°$
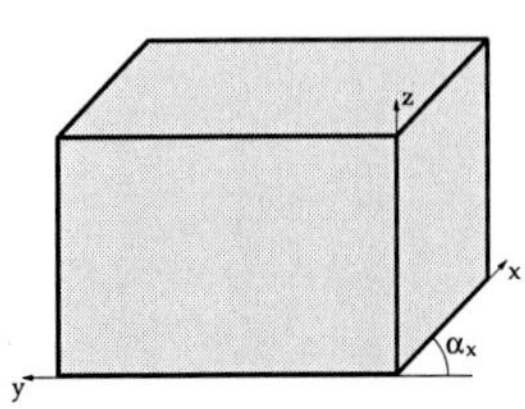	**Frontalprojektion**** **(Kavalierperspektive)** Die frontale Ebene liegt parallel zur Zeichenebene und steht damit im Vordergrund. $x:y:z = 0,5:1:1 \quad \alpha_x = 45° \quad \alpha_y = 0°$

* Die Isometrie und die Dimetrie gehören zu den axonometrischen Projektionen.
** Die Frontalprojektion zählt zu den schiefwinkligen Parallelprojektionen. Ein weiterer Vertreter dieser Gattung ist die Vogelperspektive.

Kapitel 5

Statik

Die Statik ist die Lehre von den Kräften und dem Gleichgewicht an ruhenden Körpern (griechisch: statikos = stehend).
Das Schnittprinzip wird in diesem Kapitel ebenso dargestellt, wie die Ermittlung von Kräften bzw. von Momenten.

Grundlagen der Statik

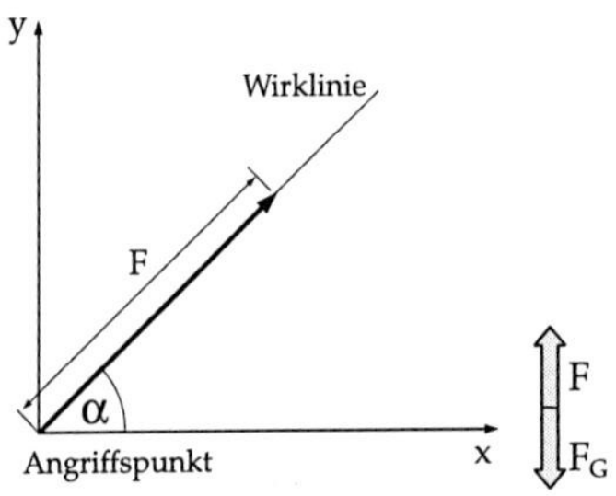

Eine Einzelkraft ist eine Vektorgröße und ist durch den Betrag (Größe), die Richtung (Wirklinie) und den Angriffspunkt definiert.
Eine Kraft ist somit erkennbar an ihrer Wirkung.

Grundgesetz der Mechanik*

$$F = m \cdot a$$

Gewichtskraft

$$F_G = m \cdot g$$

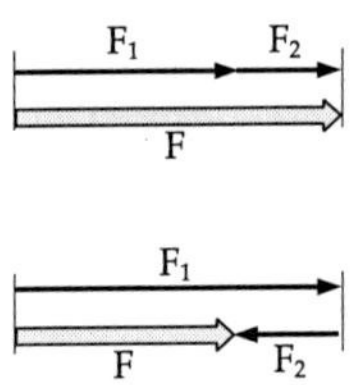

Addition und Subtraktion von Kräften

$$F = F_1 + F_2$$

$$F = F_1 - F_2$$

Kräfte lassen sich zeichnerisch durch maßstäbliche Pfeile darstellen und somit zeichnerisch addieren und subtrahieren.

Kräfte dürfen nur addiert oder subtrahiert werden, wenn sie auf einer Wirklinie liegen. Liegen sie nicht auf einer Wirklinie, müssen zunächst ihre waagerechten und senkrechten Komponenten gebildet werden.

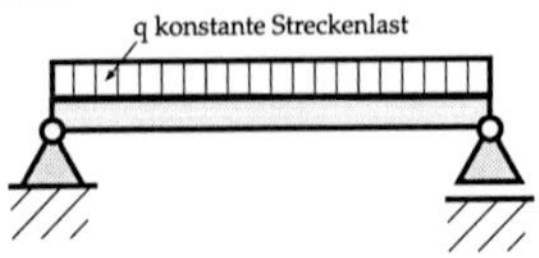

Neben Einzelkräften treten Linienkräfte („Streckenlasten") und Flächen- bzw. Volumenkräfte auf.

q in N/m $\qquad q = \frac{F_G}{s}$

Für Kräfte in einem Koordinatensystem gilt:

Kräfte, die nach oben und/oder nach rechts wirken, sind positiv.
Kräfte, die nach unten und/oder nach links wirken, sind negativ.

F = Kraft [F] = N Newton = kg m/s², a = Beschleunigung [a] = m/s², g = Erdbeschleunigung = 9,81 m/s², m = Masse [m] = kg, q = konstante Streckenlast = N/m, s = Strecke = m; *Das Grundgesetz der Mechanik ist auch als Aktionsprinzip oder zweites NEWTON'sches Axiom bekannt nach ISAAC NEWTON (engl. Naturforscher)

Gleichgewicht

Im Sinne der technischen Mechanik bezeichnet man den Zustand eines Körpers als Gleichgewicht, in dem sich alle angreifenden Kräfte gegenseitig aufheben.

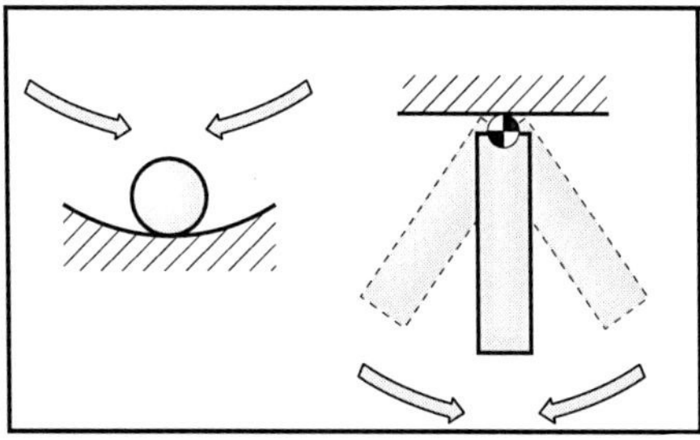

Stabiles Gleichgewicht

Der Schwerpunkt des Körpers befindet sich unterhalb des Drehpunktes.

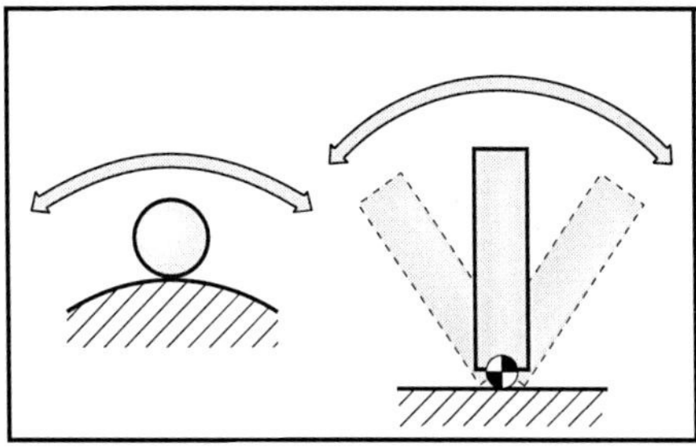

Labiles Gleichgewicht

Der Schwerpunkt des Körpers befindet sich oberhalb des Drehpunktes.

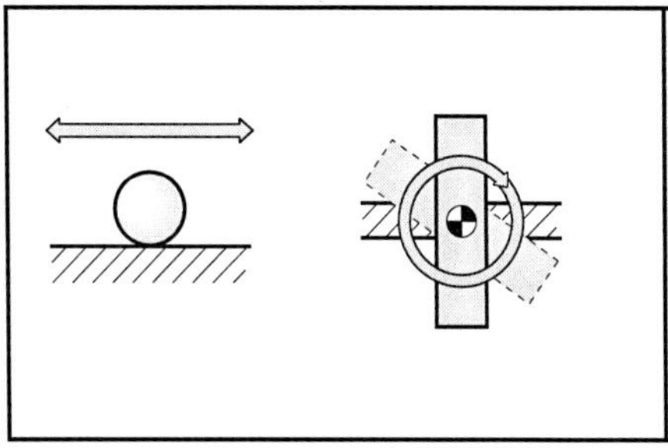

Indifferentes Gleichgewicht

Der Schwerpunkt und der Drehpunkt des Körpers fallen zusammen.

Nach dem sog. ersten NEWTON'schen Axiom (Trägheitsgesetz) verharrt ein Körper entweder in der Ruhelage oder er bewegt sich gleichförmig weiter. Ein Körper findet sich demnach im Kräftegleichgewicht, wenn die Summe der auf ihn wirkenden Kräft gleich Null ist.

Lager

Objekte und Tragwerke sind mit ihrer Umgebung durch sog. Lager verbunden. Die Lager übertragen Kräfte. Als Lagerreaktionen werden dabei die Kräfte von der Umgebung auf den Körper gekennzeichnet.

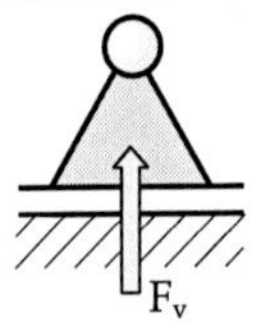

„Einwertiges Lager" – auch als „Loslager" bezeichnet, kann nur Kräfte in einer Richtung aufnehmen.

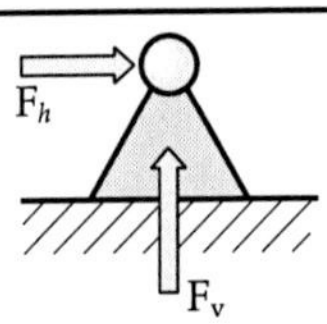

„Zweiwertiges Lager" – auch als „Festlager" bezeichnet, kann Kräfte in zwei Richtungen aufnehmen.

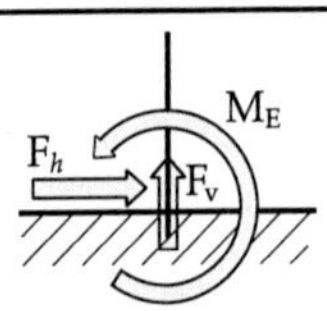

Eine feste Einspannung kann neben Kräften auch ein sog. Einspannmoment aufnehmen.

Das Drehmoment

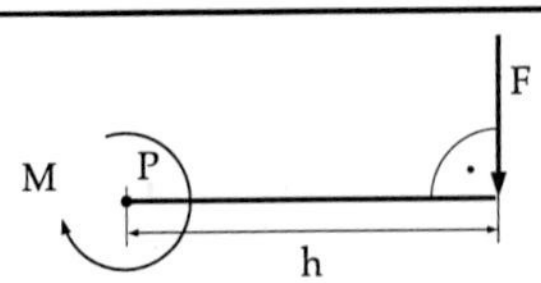

$$M = F \cdot h$$

Eine Kraft F erzeugt um einen Punkt P das Drehmoment M. Der Hebelarm h steht dabei senkrecht auf der Kraft.

F_v = vertikale Kraft, F_h = horizontale Kraft [F] = N, M_E = Einspannmoment [M] = Nm,
M = Drehmoment [M] = Nm, h = Hebelarm (in Metern)

Schnittprinzip („Freischneiden")

Ziel der Statik ist es, zeichnerisch und rechnerisch unbekannte Kräfte zu ermitteln. Dabei müssen natürlich sämtliche eingehenden Kräfte berücksichtigt werden. Jedes Bauteil wirkt auf angrenzende Bauteile mit sogenannten Oberflächenkräften. Diese ausgeübte Oberflächenkraft wirkt vom anderen Körper zurück.

„actio = reactio"*

Um sicherzugehen keine angreifende Kraft zu vergessen, steht zu Beginn einer statischen Untersuchung das „Freischneiden".

Vom freizuschneidenden Bauteil werden nach und nach die angrenzenden Bauteile entfernt. Dafür werden an den jeweiligen Berührungsstellen diejenigen Kräfte angetragen, die von den weggenommenen Bauteilen auf das freigemachte Bauteil wirken.

Beispiele

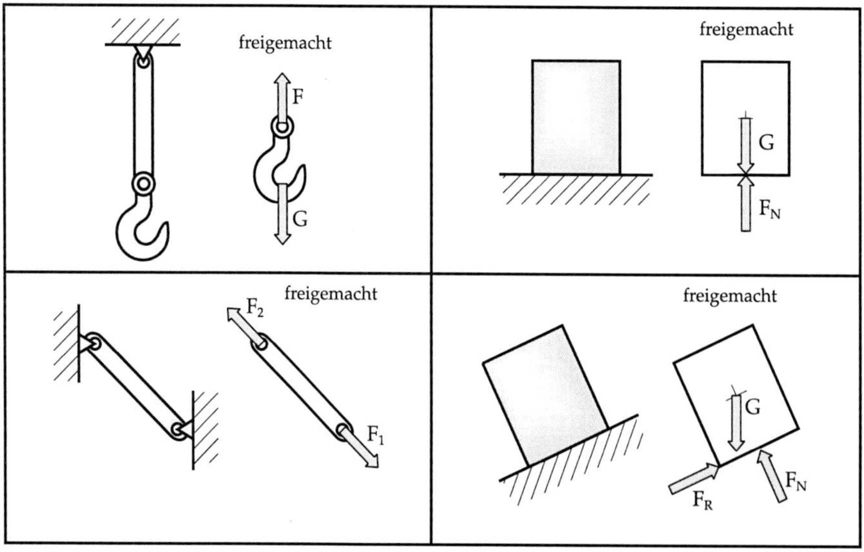

*Das Prinzip „actio=reactio" ist auch als drittes NEWTON'sches Axiom bekannt (Reaktionsprinzip)
F, F_1, F_2 = Kraft, G = Gewichtskraft; F_N = Normalkraft, F_R = Reibungskraft [F, G] = N

Beispiele

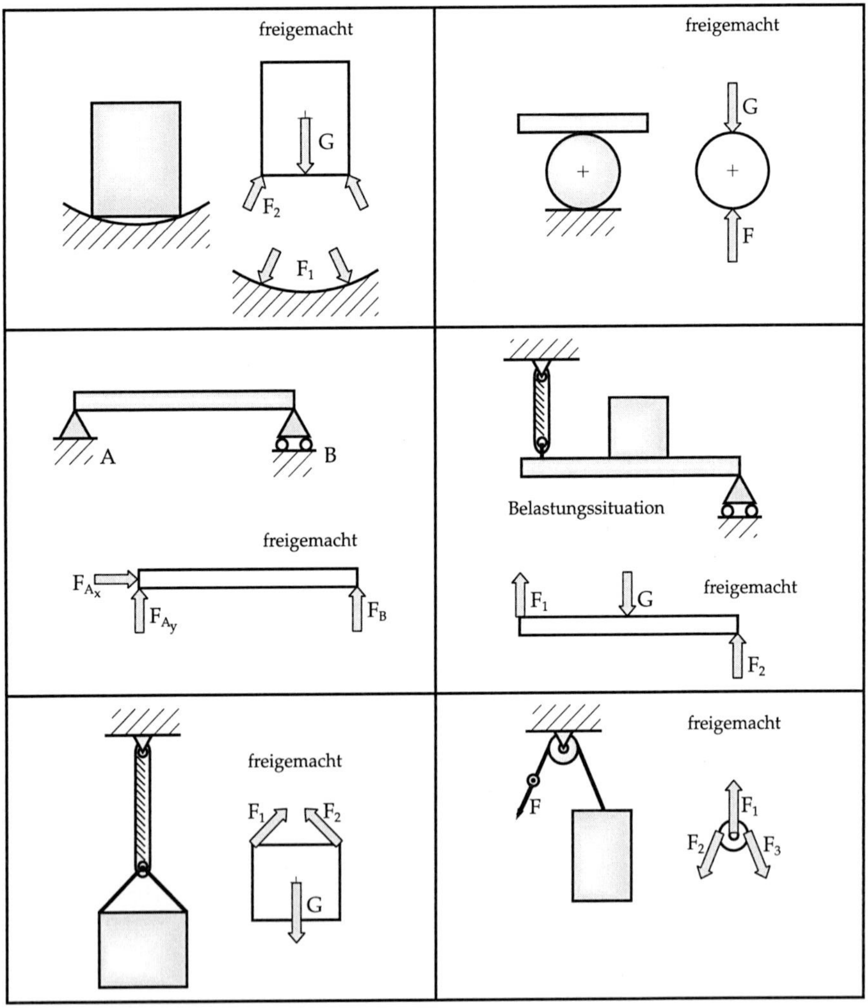

Die betrachteten Körper mit allen angreifenden Kräften und Momenten nennt man freigemachte Körper. Die entstandene Zeichnung bezeichnet man als Freikörperbild.

F, F_1, F_2 = Kraft, G = Gewichtskraft; F_A, F_B = Kräfte an Lager A, B; F_{Ax}, F_{Ay} = Teilkräfte an Lager A [F] = N

Zentrales Kräftesystem

Rechnerische Ermittlung der Resultierenden

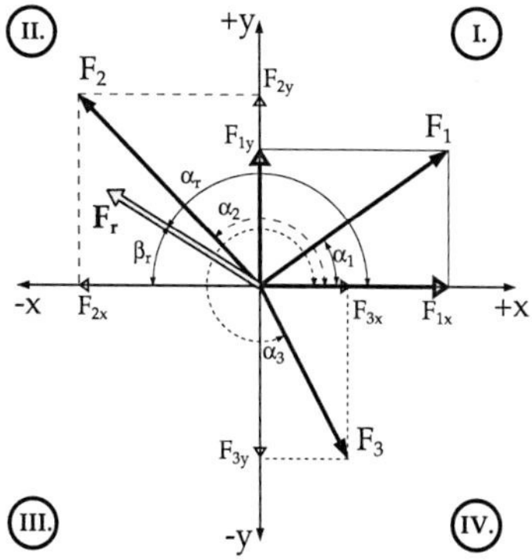

Lageskizze mit den Komponenten der gegebenen Kräfte zeichnen:
mit folgender Tabelle die Komponenten F_x, F_y für jede Kraft berechnen

n	F_n	Winkel	$F_{nx} = F_n \cdot \cos\alpha_n$	$F_{ny} = F_n \cdot \sin\alpha_n$
1	8 N	30°	6,93 N	4 N

Für α_n ist stets der Winkel einzusetzen, den die Kraft F_n mit der positiven x-Achse einschließt (Richtungswinkel).
Die Teilresultierenden F_{rx} und F_{ry} ergeben sich durch algebraische Addition:

$$F_{rx} = \sum F_x = F_{1x} + F_{2x} + \ldots + F_{nx}$$
$$F_{ry} = \sum F_y = F_{1y} + F_{2y} + \ldots + F_{ny}$$

Die Resultierende F_r und deren Neigungswinkel β_r zur x-Achse berechnen:

$$F_r = \sqrt{F_{rx}^2 + F_{ry}^2} \qquad \beta_r = \arctan\frac{|F_{ry}|}{|F_{rx}|}$$

Quadrantenlage und Richtungswinkel α_r aus den Vorzeichen von F_{rx} und F_{ry} bestimmen.

Rechnerische Ermittlung unbekannter Kräfte

Es muss sein:

I. $\sum F_x = 0$

II. $\sum F_y = 0$

Vorzeichen beachten!

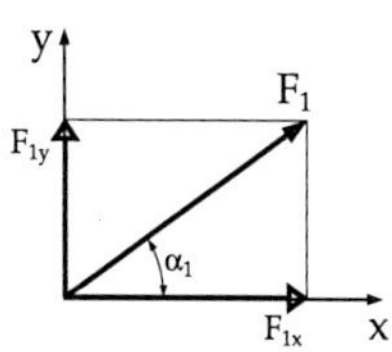

Lageskizze mit den Komponenten aller Kräfte zeichnen, auch der noch unbekannten; für diese zunächst Richtungssinn annehmen;
die Komponenten F_{nx} und F_{ny} der gegebenen Kräfte berechnen:

$$F_{nx} = F_n \cdot \cos\alpha_n \qquad F_{ny} = F_n \cdot \sin\alpha_n$$

Gleichgewichtsbedingungen mit Hilfe der Lageskizze ansetzen (Vorzeichen beachten!);
Gleichungen auflösen (bei negativem Vorzeichen war der angenommene Richtungssinn falsch: Gegensinn!); gefundene Kraftrichtung in den Lageplan übertragen.

F_n = gegebene Kräfte, F_x, F_y = Teilkomponenten der Kräfte, α_n = Richtungswinkel, F_r = resultierende Kraft mit den Teilkomponenten F_{rx} und F_{ry}, β_r = Neigungswinkel der Resultierenden [F] = N

Allgemeines Kräftesystem

<table>
<tr>
<td>

Rechnerische Ermittlung der Resultierenden

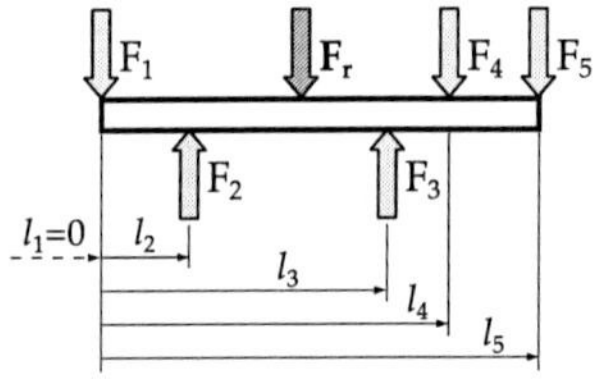

</td>
<td>

Betrag und Richtungssinn der Resultierenden F_r ebenso bestimmen wie beim zentralen Kräftesystem; Lage der Resultierenden berechnen nach dem Momentensatz:

$$F_r \cdot l_0 = \sum F \cdot l = F_1 \cdot l_1 + F_2 \cdot l_2 + ... + F_n \cdot l_n$$

</td>
</tr>
<tr>
<td>

Rechnerische Ermittlung unbekannter Kräfte

Es muss sein:

$$\text{I.} \sum F_x = 0$$
$$\text{II.} \sum F_y = 0$$
$$\text{III.} \sum M = 0$$

oder

$$\sum M_{(I)} = 0$$
$$\sum M_{(II)} = 0$$
$$\sum M_{(III)} = 0$$

</td>
<td>

Lageskizze des freigemachten Körpers zeichen; rechtwinkliges Achsenkreuz so legen, dass möglichst wenig Kräfte zerlegt werden müssen; alle Kräfte - auch die noch unbekannten - in ihre Komponenten zerlegen; Gleichgewichtsbedingungen ansetzen, meist enthält Gleichung III nur eine Unbekannte, damit beginnen.

Die Momentengleichgewichtsbedingungen können für jeden beliebigen Punkt (auch außerhalb des Körpers) angesetzt werden!

Auch der dreimalige Ansatz der Momentengleichgewichtsbedingung führt zum Ziel.
Aber: Die drei Punkte I, II, III dürfen nicht auf einer Geraden liegen.

</td>
</tr>
</table>

Kräfte auf gleicher Wirklinie können addiert (bzw. subtrahiert) werden.
In entgegengesetzter Richtung heben sie sich auf.
Momente entgegengesetzter Drehrichtungen heben sich ebenfalls auf.

F_n = gegebene Kräfte oder deren Komponenten F_x und F_y, l_n = Wirkabstände der Kräfte vom gewählten (beliebigen) Bezugspunkt D, l_0 Wirkabstand der Resultierenden vom gewählten Bezugspunkt, $F_n \cdot l_n$ = Momente der gegebenen Kräfte für den gewählten Bezugspunkt (Vorzeichen beachten!); M = Moment [M] = Nm

Schwerpunkt

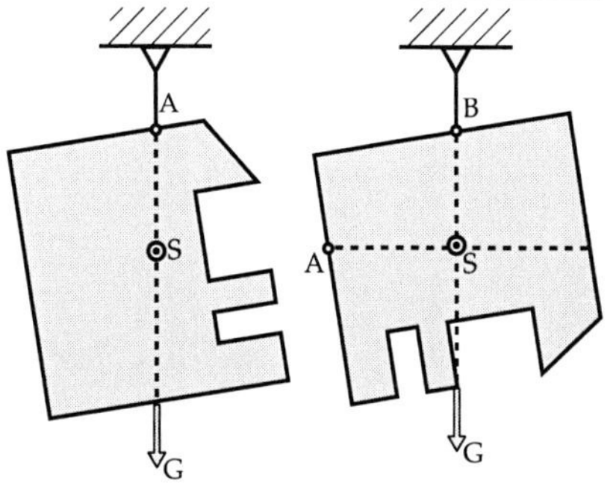

Die Wirkungslinie der Gewichtskraft eines Körpers heißt Schwerachse. Bei beliebiger Lage des Körpers im Raum haben alle Schwerachsen einen Punkt gemeinsam, den Schwerpunkt.

Die Lage eines Schwerpunkts einer beliebigen Linie oder Fläche wird rechnerisch mit dem auf den Anwendungsfall zugeschnittenen Momentensatz bestimmt.

$$A \cdot x_0 = \sum A \cdot x = A_1 \cdot x_1 + A_2 \cdot x_2 + \ldots + A_n \cdot x_n$$

$$A \cdot y_0 = \sum A \cdot y = A_1 \cdot y_1 + A_2 \cdot y_2 + \ldots + A_n \cdot y_n$$

Dabei werden die Einzellinien oder Einzelflächen als parallele Kräfte aufgefasst und der Wirkabstand der Resultierenden von einer beliebigen Bezugsachse bestimmt. Hieraus ergibt sich der gesuchte Schwerpunkt.

Flächenschwerpunkt

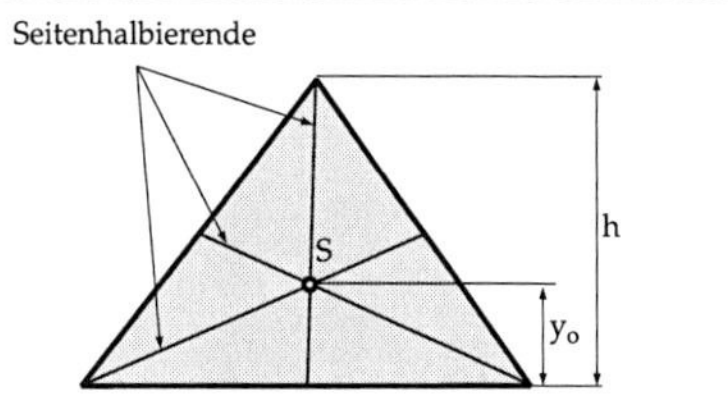

Dreiecksschwerpunkt

$$y_0 = \frac{h}{3}$$

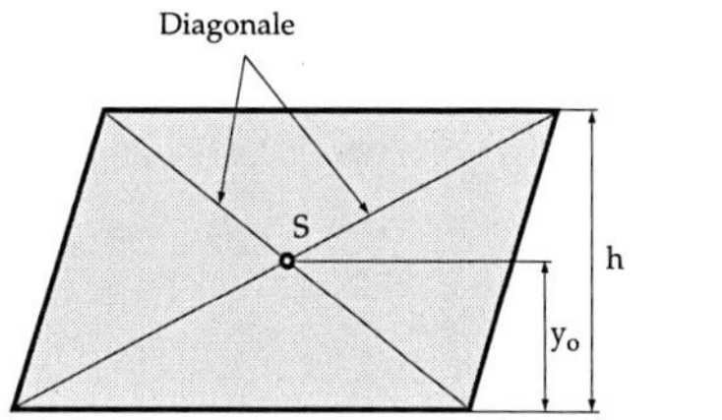

Parallelogrammschwerpunkt

$$y_0 = \frac{h}{2}$$

G = Gewichtskraft, S = Schwerpunkt; A_n = bekannte Teilflächen, x_n, y_n = bekannte Schwerpunktabstände der Teilflächen von den Bezugsachsen, A = Gesamtfläche, x_0, y_0 = Schwerpunktabstände der Gesamtfläche von den Bezugsachsen; h = Höhe

Kipp- und Standmoment

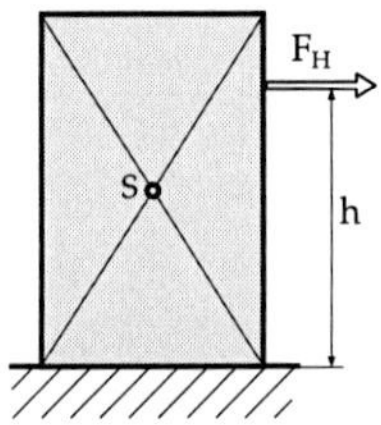

Kippmoment

$$M_K = F_H \cdot h$$

Die Kraft F_H verursacht das Kippmoment M_K und versucht den Körper über die Kippkante zu kippen.

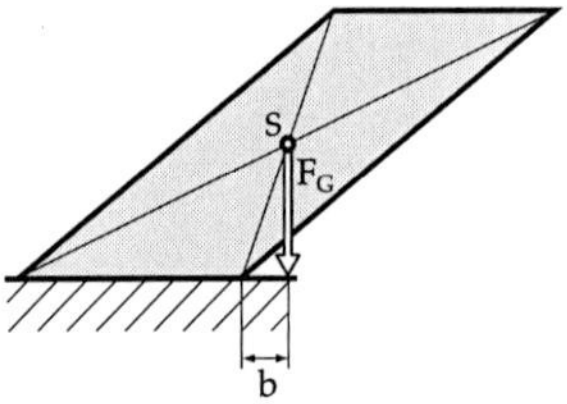

$$M_K = F_G \cdot b$$

Liegt die Schwerkraft F_G außerhalb der Standfläche, entsteht das Kippmoment M_K.

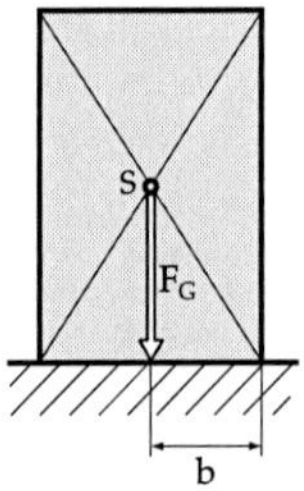

Standmoment

$$M_{St} = F_G \cdot b$$

Die Gewichtskraft F_G verursacht das Standmoment M_{St} und versucht den Körper in der Ruhelage zu halten.

Standsicherheit

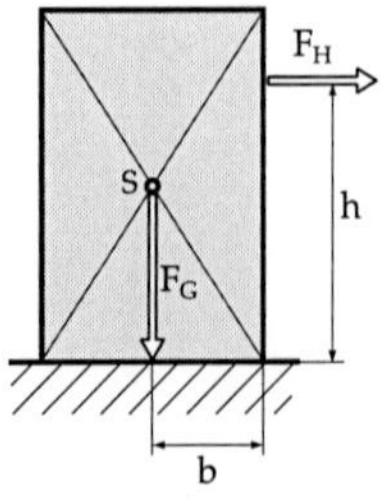

Standsicherheit

$$v = \frac{M_{St}}{M_K} = \frac{F_G \cdot b}{F_H \cdot h}$$

$v > 1$ Körper wird nicht kippen
$v < 1$ Körper wird kippen

Der Körper wird nicht kippen, so lange das Standmoment größer ist als das Kippmoment

$M_{St} > M_K$ = Konstruktion ist standsicher

M_K = Kippmoment, M_{St} = Standmoment [M] = Nm, b = Abstand zum Schwerpunkt, h = Höhe, v = Standsicherheitsfaktor, S = Schwerpunkt, F_G = Schwerkraft [F] = N

Kapitel 6

Kinematik

Als Kinematik (griechisch: kinema = Bewegung) wird die Lehre von der Bewegung von Körpern ohne Rücksicht auf die auftretenden Kräfte bezeichnet. Die Kinetik (gr.: kinetikos = zur Bewegung gehörig) hingegen ist die Lehre von den wechselseitigen Zusammenhängen zwischen Bewegung und Kräften.

Durchschnittliche Geschwindigkeiten

m/s	km/h		
1,4	5	Fußgänger	
2,8	10	Dauerläufer	
83	bis 300	Orkan	
332	1195	Schall in Luft von 0°C	
1467	5280	Schall im Wasser	

Mittlere Beschleunigungen

m/s^2		
0,15	Anfahren Personenzug	
0,6	Anfahren U-Bahn	
1-3	Anfahren Kraftwagen	
1-6	Bremsen Kraftwagen	
5	Personenaufzug	

Richtgeschwindigkeiten für maschinentechnische Einrichtungen*

m/s	km/h		
1,2	4,3	ohne Personen	
1,0	3,6	mit Personen (allgemein)	
0,7	2,5	mit Personen auf Versenkeinrichtungen	
0,3	1,1	mit Personen mit Zu- und/oder Abgang während der Bewegung	

Im englischen Sprachraum findet man häufig Kinetik und Kinematik zusammengefasst unter "dynamics". Daher werden Kinetik und Dynamik oftmals synonym gebraucht. Die zuvor behandelte Statik ist strenggenommen ein Grenzfall der Kinetik, dort wird Ruhe als vollständig verschwundene Bewegung verstanden. Umrechnung km/h : 3,6 = m/s; *nach DGUV Regel 115-002

Geradlinig gleichförmige Bewegung

Geschwindigkeit-Zeit-Diagramm

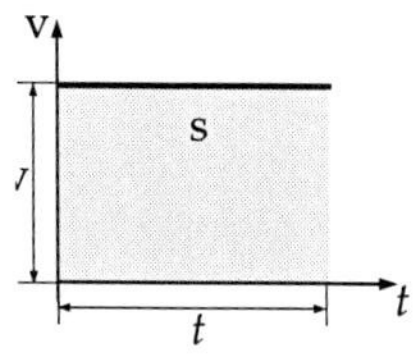

$$v = \frac{s}{t} \qquad s = v \cdot t \qquad t = \frac{s}{v}$$

Körper auf gerader Bahn mit konstanter Beschleunigung: gleichmäßig beschleunigte Bewegung

Beschleunigte Bewegung ohne Anfangsgeschwindigkeit

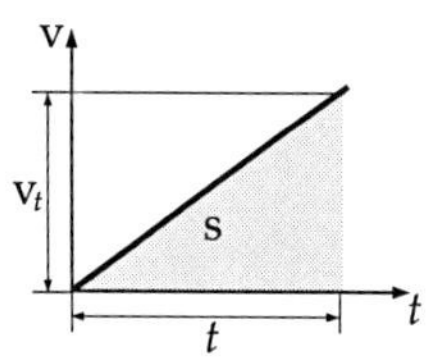

$$v_0 = 0$$

$$a = \frac{v_t}{t} = \frac{v_t^2}{2 \cdot s} = \frac{2 \cdot s}{t^2}$$

$$v_t = a \cdot t = \sqrt{2 \cdot a \cdot s}$$

$$s = \frac{v_t \cdot t}{2} = \frac{a \cdot t^2}{2} = \frac{v_t^2}{2 \cdot a}$$

$$t = \frac{v_t}{a} = \sqrt{\frac{2 \cdot s}{a}}$$

Beschleunigte Bewegung mit Anfangsgeschwindigkeit

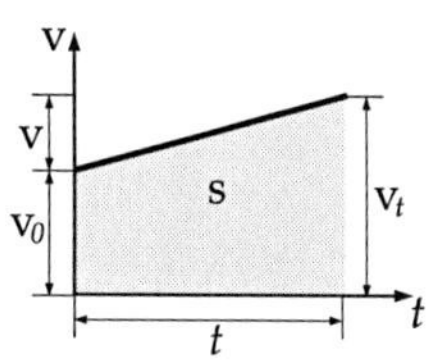

$$v_0 \neq 0$$

$$a = \frac{v_t - v_0}{t} = \frac{v_t^2 - v_0^2}{2 \cdot s}$$

$$v_t = v_0 + v = v_0 + a \cdot t \qquad v_t = \sqrt{v_0^2 + 2 \cdot a \cdot s}$$

$$s = \frac{v_0 + v_t}{2} \cdot t = v_0 \cdot t + \frac{a \cdot t^2}{2} \qquad s = \frac{v_t^2 - v_0^2}{2 \cdot a}$$

$$t = \frac{v_t - v_0}{a} \qquad t = -\frac{v_0}{a} \pm \sqrt{\left(\frac{v_0}{a}\right)^2 + \frac{2 \cdot s}{a}}$$

Die Gleichungen gelten auch für den freien Fall: Für die Beschleunigung a wird die Fallbeschleunigung g eingesetzt. Für die Strecke s wird die Höhe h eingesetzt.

g = Fallbeschleunigung [g] = 9,81 m/s² ≈ 10 m/s²; a = Beschleunigung [a] = m/s², t = Zeit [t] = s oder h, v = Geschwindigkeit [v] = m/s oder km/h, v_0 = Anfangsgeschwindigkeit, v_t = Geschwindigkeit zum Zeitpunkt t (Endgeschwindigkeit), s = Wegabschnitt [s] = m

Körper auf gerader Bahn mit konstanter Beschleunigung: gleichmäßig verzögerte Bewegung

Verzögerte Bewegung ohne Endgeschwindigkeit

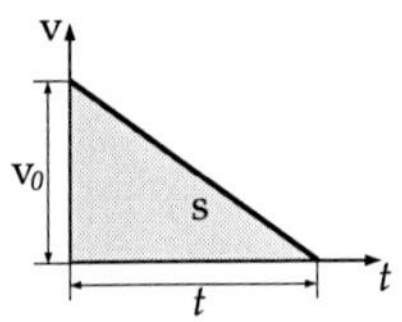

$$v_t = 0$$

$$a = \frac{v_0}{t} = \frac{v_0^2}{2\cdot s} = \frac{2\cdot s}{t^2} \qquad v_0 = a\cdot t = \sqrt{2\cdot a\cdot s}$$

$$s = \frac{v_0\cdot t}{2} = \frac{a\cdot t^2}{2} = \frac{v_0^2}{2\cdot a} \qquad t = \frac{v_0}{a} = \sqrt{\frac{2\cdot s}{a}}$$

Verzögerte Bewegung mit Endgeschwindigkeit

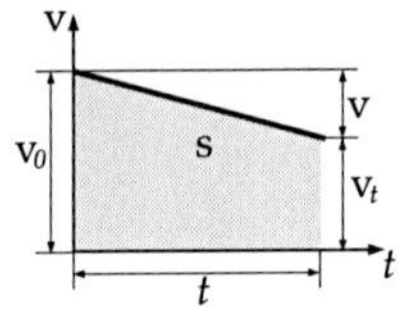

$$v_t \neq 0$$

$$a = \frac{v_0 - v_t}{t} = \frac{v_0^2 - v_t^2}{2\cdot s}$$

$$v_t = v_0 - v = v_0 - a\cdot t \qquad v_t = \sqrt{v_0^2 - 2\cdot a\cdot s}$$

$$s = \frac{v_0 + v_t}{2}\cdot t = v_0\cdot t - \frac{a\cdot t^2}{2} \qquad s = \frac{v_0^2 - v_t^2}{2\cdot a}$$

$$t = \frac{v_0 - v_t}{a} = \frac{v_o}{a} \pm \sqrt{\left(\frac{v_0}{a}\right)^2 - \frac{2\cdot s}{a}}$$

Die Gleichungen gelten auch für den senkrechten Wurf nach oben: Für die Verzögerung a wird die Fallbeschleunigung g eingesetzt. Für die Strecke s wird die Höhe h eingesetzt.

g = Fallbeschleunigung [g] = 9,81 m/s² ≈ 10 m/s²; a = Verzögerung [a] = m/s², t = Zeit [t] = s oder h, v = Geschwindigkeit [v] = m/s oder km/h, v_0 = Anfangsgeschwindigkeit, v_t = Geschwindigkeit zum Zeitpunkt t (Endgeschwindigkeit), s = Wegabschnitt [s] = m

Freier Fall

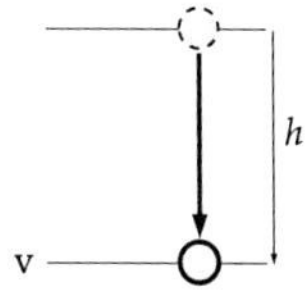

$$v = g \cdot t \qquad h = \frac{g \cdot t^2}{2} \qquad v = \sqrt{2 \cdot g \cdot h}$$

Bewegung auf geneigter Ebene

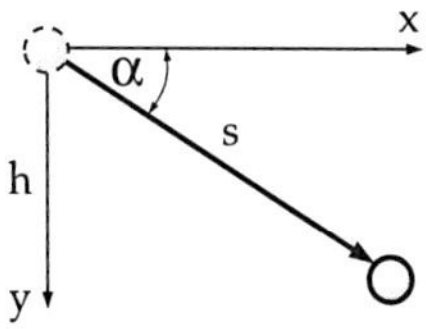

$$v = g \cdot t \cdot \sin\alpha \qquad s = \frac{g \cdot t^2 \cdot \sin\alpha}{2}$$

$$v = \sqrt{2 \cdot g \cdot \sin\alpha \cdot s} = \sqrt{2 \cdot g \cdot h}$$

Waagerechter Wurf

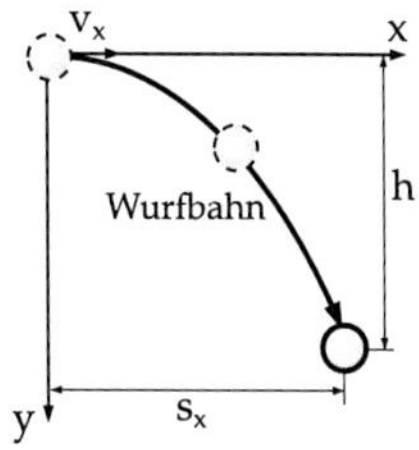

$$h = \frac{g}{2 \cdot v_x^2} \cdot s_x^2 \qquad s_x = v_x \cdot \sqrt{\frac{2 \cdot h}{g}}$$

$$h = \frac{g}{2 \cdot v_x^2} \cdot s_x^2$$

Schräger Wurf

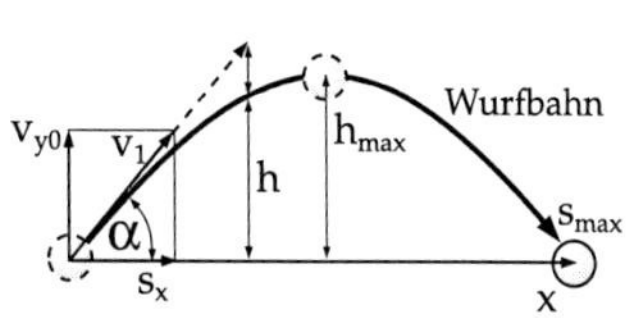

$$s_{max} = \frac{v_1^2 \cdot \sin 2\alpha}{g} \qquad T = \frac{2 \cdot v_1 \cdot \sin\alpha}{g}$$

$$h_{max} = \frac{v_1^2 \cdot (\sin\alpha)^2}{2 \cdot g} \qquad \Delta t_s = \frac{v_1 \cdot \sin\alpha}{g}$$

$$h = s_x \cdot \tan\alpha - \frac{g}{2 \cdot v_1^2 \cdot (\cos\alpha)^2} \cdot s_x^2$$

g = Fallbeschleunigung g = 9,81 m/s² ≈ 10 m/s²; t = Zeit [t] = s oder h, v = Geschwindigkeit [v] = m/s oder km/h, s = Wegabschnitt [s] = m, s_x = Wurfweite, h = Fallhöhe, s_{max} = größte Wurfweite, T = Zeit, Δt_s = Steigzeit, α = Wurfwinkel

Gleichförmige Kreisbewegung

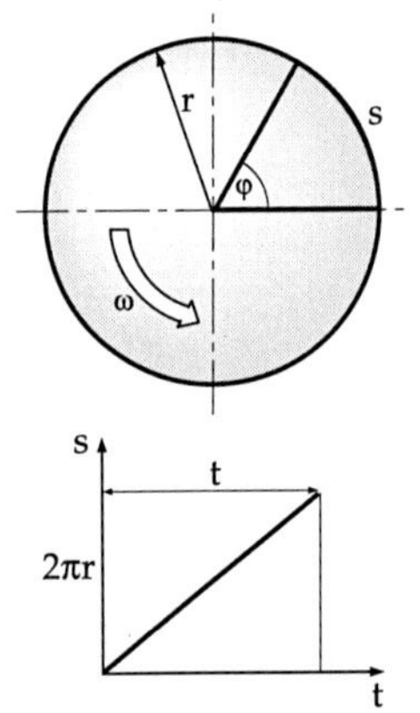

$$v = \pi \cdot d \cdot n = 2 \cdot \pi \cdot r \cdot n = r \cdot \omega = \frac{d \cdot \omega}{2}$$

$$a_T = \frac{v}{t} = \frac{\omega \cdot r}{t} = \alpha \cdot r$$

Beschleunigte Kreisbewegung

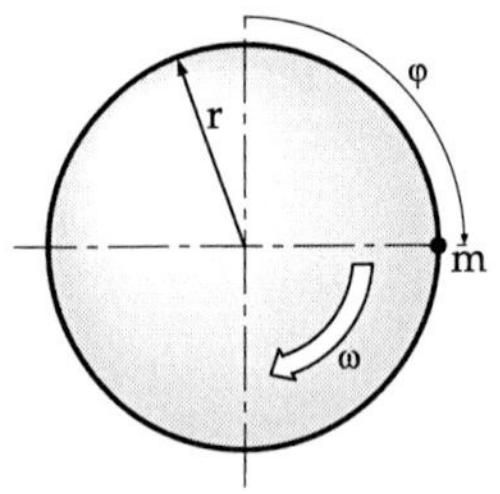

$$v = r \cdot \alpha \cdot t = r \cdot \omega \qquad M = J \cdot \alpha$$

Vollzylinder

$$J = \frac{m \cdot r^2}{2}$$

Hohlzylinder

$$J = \frac{m \cdot \left(R^2 + r^2\right)}{2}$$

Vollkugel

$$J = \frac{2 \cdot m \cdot r^2}{5}$$

Hohlkugel

$$J = \frac{2 \cdot m \cdot r^2}{3}$$

Entsprechend der Beschleunigung bei der geradlinigen Bewegung bezeichnet man den Quotienten aus der Änderung der Winkelgeschwindigkeit $\Delta\omega$ und der dafür benötigten Zeit als Winkelbeschleunigung α.

v = Umfangsgeschwindigkeit, r = Radius, d = Durchmesser, φ = Drehwinkel $[\varphi]$ = rad, ω = Winkelgeschwindigkeit $\omega = \varphi / t = 2\pi n$, n = Drehzahl [n] = 1/min, a_T = Tangentialbeschleunigung $[a_T] = m/s^2$, α = Winkelbeschleunigung $\alpha = \omega / t$ $[\alpha] = rad/s^2 = 1/s^2$, M = Beschleunigungsmoment [M] = Nm, J = Massenträgheitsmoment [J] = kgm^2, m = Masse

Körper in Drehbewegung um eine feste Achse

Winkelgeschw.-Zeit-Diagramm

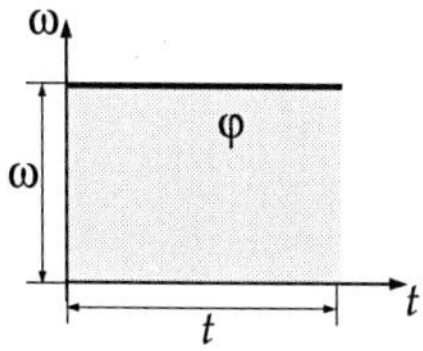

$$\alpha = 0$$

$$\omega = \frac{\varphi}{t}$$

$$\varphi = \omega \cdot t$$

$$t = \frac{\varphi}{\omega}$$

Beschleunigte Drehbewegung ohne Anfangsgeschwindigkeit

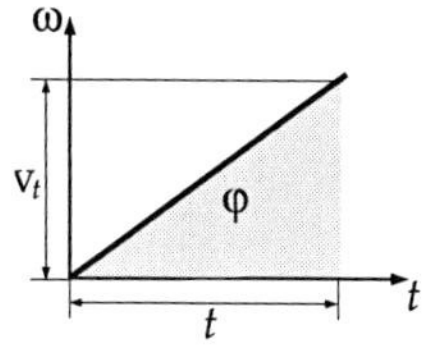

$$\omega_0 = 0$$

$$\omega = \alpha \cdot t = \sqrt{2 \cdot \alpha \cdot \varphi} = \frac{2 \cdot \varphi}{t}$$

$$\varphi = \frac{\omega \cdot t}{2} = \frac{\alpha \cdot t^2}{2} = \frac{\omega^2}{2 \cdot \alpha}$$

$$t = \frac{\omega}{\alpha} = \sqrt{\frac{2 \cdot \varphi}{\alpha}} \cdot \frac{2 \cdot \varphi}{\omega}$$

$$\alpha = \frac{\omega}{t} = \frac{\omega^2}{2 \cdot \varphi} = \frac{2 \cdot \varphi}{t^2}$$

Beschleunigte Drehbewegung mit Anfangsgeschwindigkeit

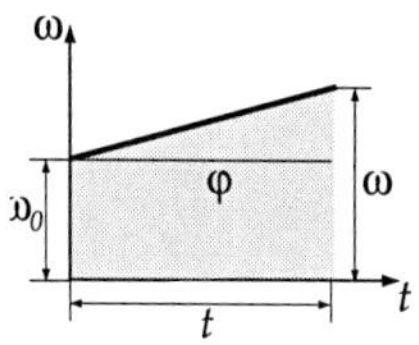

$$\omega_0 = \omega - \alpha \cdot t = \sqrt{\omega^2 - 2 \cdot \alpha \cdot \varphi}$$

$$\omega = \omega_0 + \alpha \cdot t = \sqrt{\omega_0^2 + 2 \cdot \alpha \cdot \varphi}$$

$$\varphi = \frac{t}{2} \cdot (\omega_0 + \omega) = \omega_0 \cdot t + \frac{1}{2} \cdot \alpha \cdot t^2$$

$$t = \frac{\omega - \omega_0}{\alpha} = \frac{2 \cdot \varphi}{\omega_0 + \omega}$$

$$\alpha = \frac{\omega - \omega_0}{t} = \frac{\omega^2 - \omega_0^2}{2 \cdot \varphi}$$

ω = Winkelgeschwindigkeit $[\omega] = 1/s$, ω_0 = Winkelanfangsgeschwindigkeit, φ = Drehwinkel $[\varphi] = 1$ oder rad, α = Winkelbeschleunigung $[\alpha] = 1/s^2$, t = Zeit [t] = s

Gleit- und Haftreibung

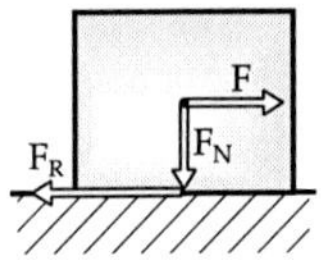

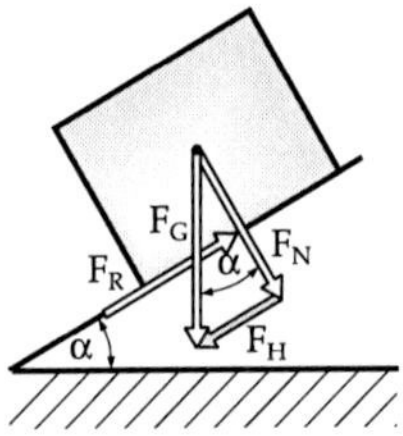

$$F_R = \mu \cdot F_N$$

$$F_R = F_H = F_N \cdot \tan\alpha$$

$$F_R = F_G \cdot \sin\alpha$$

$$F_N = F_G \cdot \cos\alpha$$

$$\mu = \tan\alpha$$

Beispiele für Reibungszahlen μ

Werkstoff	auf Werkstoff	Haftreibung	Gleitreibung		Rollreibung (l in mm)
			trocken	flüssig	
Stahl	Stahl	0,25	0,15	0,06	0,005...0,01
Stahl	CuSn-Legierung	0,25	0,2	0,05	0,005...0,01
Stahl	Grauguß	0,25	0,2	0,08	0,005...0,01
Stahl	Eiche	0,5...0,6	0,2..0,5	0,26	
Stahl	Eis	0,027	0,014		
Eiche	Eiche II	0,4...0,6	0,2..0,4	0,1	
Eiche	Eiche ⊥	0,5	0,15...0,35	0,08	
Gummi	Asphalt		0,5	0,3	0,1
Gummi	Beton		0,6	0,5	0,15
Hanfseil	Holz	0,5			

II Bewegung in Richtung der Faser beider Körper, ⊥ Bewegung senkrecht gegen Faser des gleitenden Körpers, l = Abstand der Wirkungslinie zwischen Gewichtskraft und Normalkraft.

F_R = Reibungskraft, F_N = Normalkraft, F_H = Abtriebskraft [F] = N, F_R ist unabhängig von der Größe der Berührungsflächen, μ = Reibungszahl (Faktor), α = Steigungswinkel

Gleitlagerreibung

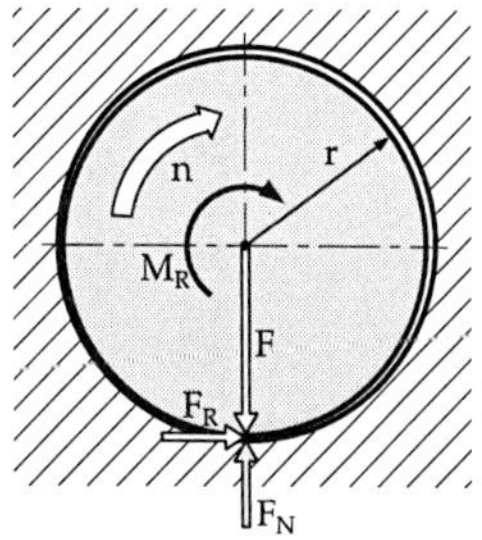

$$F_R = \mu \cdot F_N$$

$$M_R = \mu \cdot F_N \cdot r$$

Rollreibung

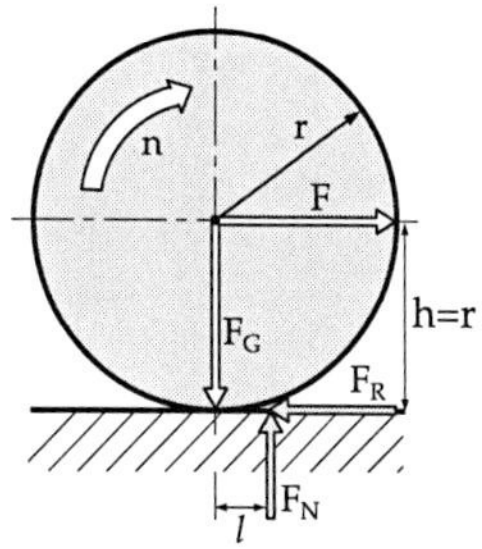

$$F_R = \frac{F_N \cdot l}{r}$$

$$M_R = F_N \cdot l$$

Arbeit

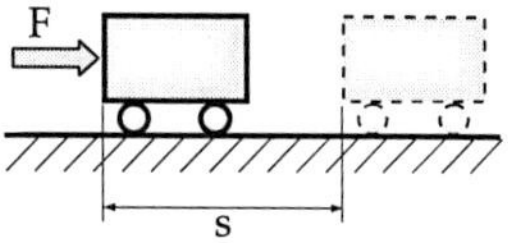

$$W = F \cdot s$$

Potentielle Energie - Energie der Lage

$$W_p = F_G \cdot h$$

$$W_p = m \cdot g \cdot h$$

F_R = Reibungskraft, F_N = Normalkraft, μ = Reibungszahl (Faktor), r = Lagerzapfenradius, l = Abstand zw. F_G und F_R [r, l] = m - falls l/r kleiner als die Reibungszahl, rutscht die Rolle bzw. das Rad, M_R = Reibungsmoment [M_R] = Nm W = Arbeit, W_p = potenzielle Energie, s = Weglänge, F = Kraft [F] = N, g = Fallbeschleunigung [g] = m/s², m = Masse, h = Höhe

Kinetische Energie - Energie der Bewegung

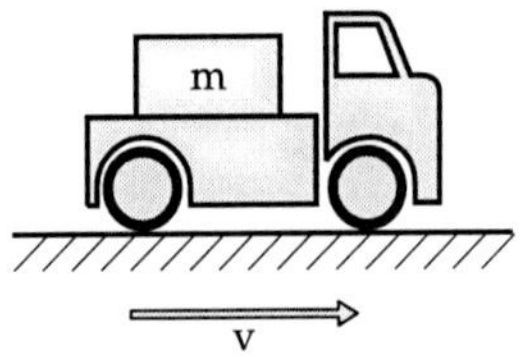

$$W_k = \frac{1}{2} \cdot m \cdot v^2$$

Rotationsenergie

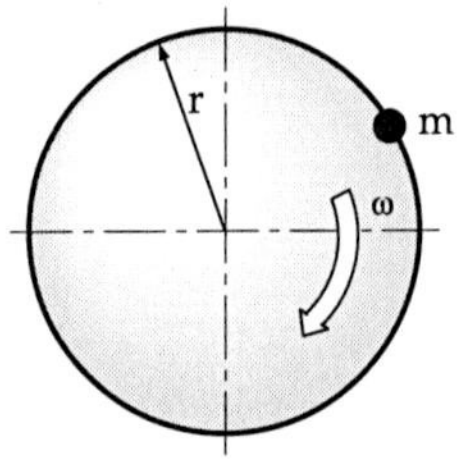

$$W_{rot} = W_k = \frac{1}{2} \cdot J \cdot \omega^2$$

Energieerhaltungssatz

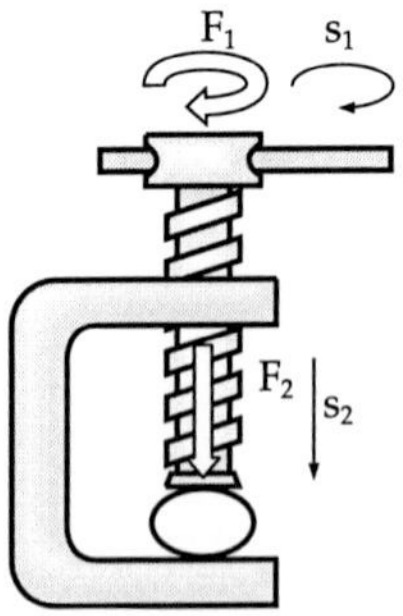

$$W_1 = W_2$$

$$F_1 \cdot s_1 = F_2 \cdot s_2$$

Wirkungsgrad

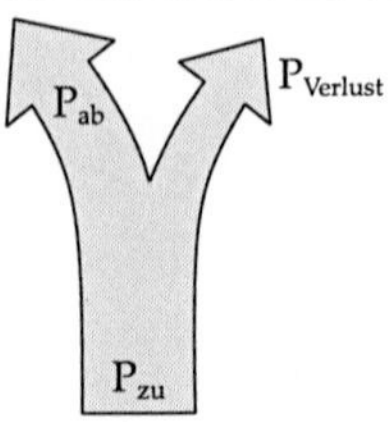

$$\eta = \frac{W_{ab}}{W_{zu}} = \frac{P_{ab}}{P_{zu}}$$

Beispiele für Wirkungsgrade η (Mittelwerte)

Glühlampe	0,04	Schaltnetzteil	0,73
Lautsprecher	0,2	Elektromotor	0,8
LED	0,25	Wasserturbine	0,9
Ottomotor	0,27	Transformator	0,98
Dieselmotor	0,33	Generator	0,98

W_k = kinetische Energie, m = Masse, v = Geschwindigkeit [v] = m/s, W_{rot} = Rotationsenergie [W] = Nm, J = Massenträgheitsmoment [J] = kgm^2, ω = Winkelgeschwindigkeit [ω] = 1/s; F = Kraft, s = Kraftweg, W = Arbeit [W] = Nm; W_{zu} = zugeführte Energie, W_{ab} = abgegebene Energie, P_{zu} = zugeführte Leistung, P_{ab} = abgegebene Leistung [P] = Nm/s, η = Wirkungsgrad (Faktor) es gilt: η immer < 1

Antriebsleistung

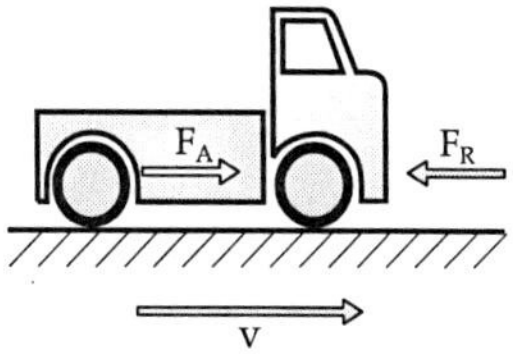

$$P = \frac{W}{t} = F_A \cdot v$$

bei konstanter Geschwindigkeit ist $F_A = F_R$

Hubleistung

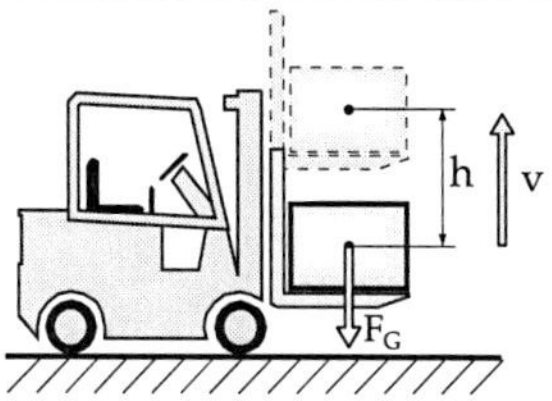

$$P = F_G \cdot v$$

$$P = \frac{m \cdot g \cdot h}{t}$$

Leistung bei Rotation

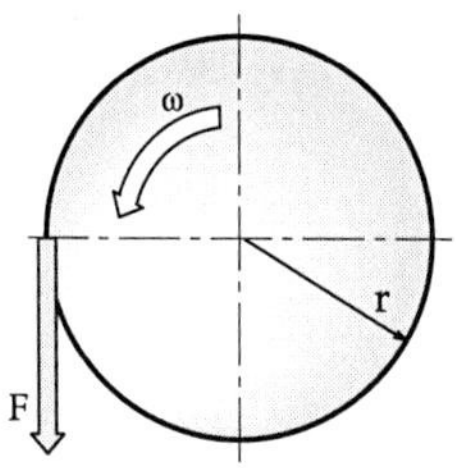

$$P = M \cdot \omega$$

$$P = F \cdot r \cdot \omega$$

$$M = F \cdot r$$

Förderleistung

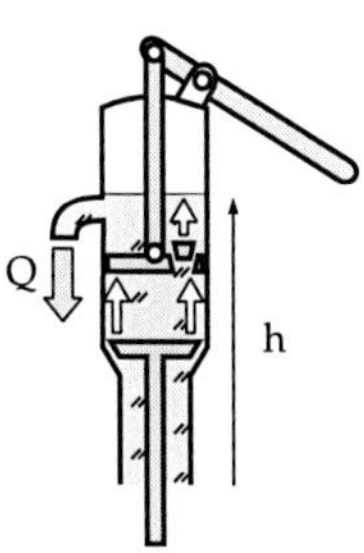

$$P = Q \cdot h \cdot g \cdot \delta$$

$$P = g \cdot q \cdot h$$

$$P = p \cdot Q$$

P = Leistung [P] = Nm/s = W, W = Arbeit [W] = Nm, F_A = Antriebskraft, F_R = Reibungskraft, F_G = Gewichtskraft, F = Kraft [F] = N, t = Zeit, v = Geschwindigkeit, m = Masse = Kg, g = Fallbeschleunigung, h = Höhe, M = Drehmoment = Nm, ω = Winkelgeschwindigkeit, r = Radius (Welle); Q = Volumenstrom [Q] = m^3/s, q = Massenstrom [q] = kg/s, δ = Dichte [δ] = kg/m^3

Vorgelege mit Kurbel

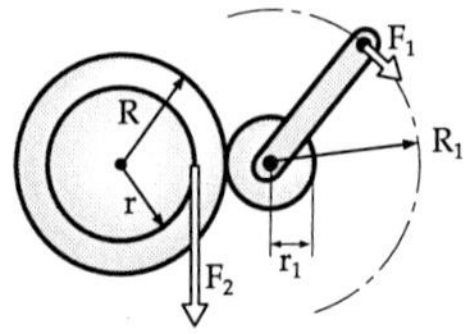

$$F_2 = F_1 \cdot \frac{R \cdot R_1}{r \cdot r_1}$$

Feste Rolle

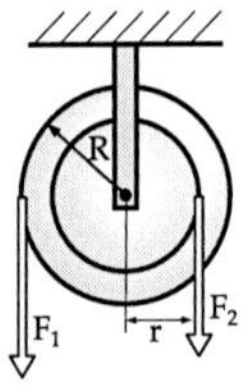

$$M_1 = M_2 \qquad M_1 = F_1 \cdot R \qquad M_2 = F_2 \cdot r$$

$$F_1 = F_2 \cdot \frac{r}{R} \qquad F_1 \cdot R = F_2 \cdot r$$

Lose Rolle

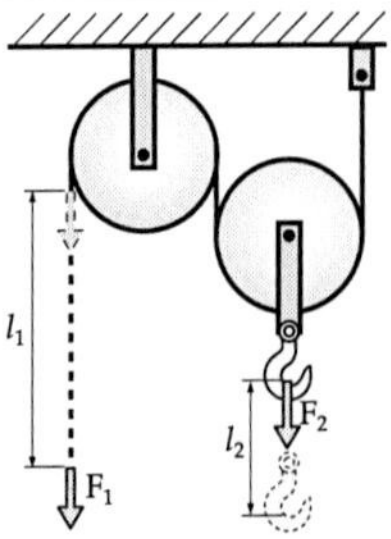

$$F_2 = 2 \cdot F_1$$

$$F_1 \cdot l_1 = F_2 \cdot l_2$$

$$l_1 = 2 \cdot l_2$$

Flaschenzug

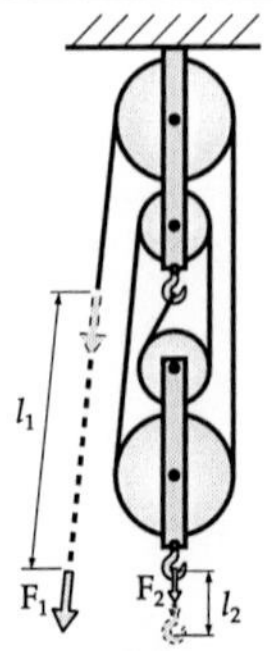

$$F_1 = \frac{F_2}{n}$$

$$l_2 = \frac{l_1}{n}$$

F = Kraft, r,R = Rollenradius („Rollenhalbmesser"), M = Drehmoment [M] = Nm, l = Seilweg, n = Rollenzahl

Differenzialflaschenzug

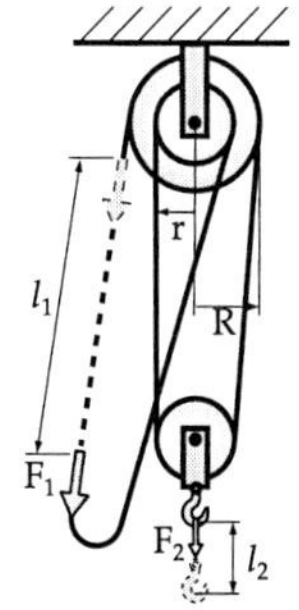

$$F_1 = F_2 \cdot \frac{R-r}{2 \cdot R}$$

$$l_2 = l_1 \cdot \frac{R-r}{2 \cdot R}$$

Zahnradantrieb

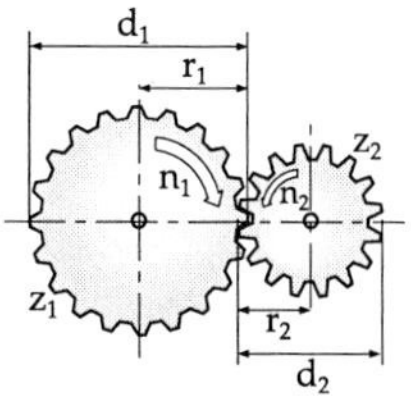

$$i = \frac{d_2}{d_1} = \frac{\omega_1}{\omega_2} = \frac{n_1}{n_2} = \frac{z_2}{z_1}$$

Riemenantrieb (doppelte Übersetzung)

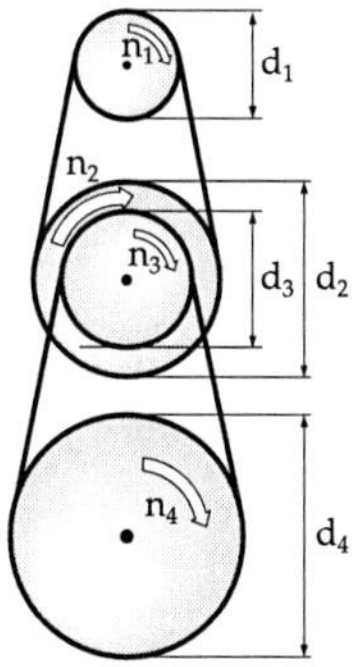

$$n_2 = n_3$$

$$i_1 = \frac{n_1}{n_2} = \frac{d_2}{d_1} \qquad i_2 = \frac{n_3}{n_4} = \frac{d_4}{d_3}$$

$$i_{ges} = i_1 \cdot i_2 \qquad i_{ges} = \frac{d_2 \cdot d_4}{d_1 \cdot d_3} = \frac{n_1}{n_4}$$

F = Kraft, r,R = Rollenradius („Rollenhalbmesser"), l = Seilweg;
d = Zahnraddurchmesser, ω = Winkelgeschwindigkeit [ω] = 1/s, n = Drehzahl, z = Anzahl der Zähne;
i = Übersetzungsverhältnis (Faktor), d = Scheibendurchmesser

Windgeschwindigkeiten

Beaufort	m/s	km/h	Auswirkungen im Binnenland
0 Windstille	0-0,2	< 1	Rauch steigt senkrecht auf
1 leiser Zug	0,3-1,5	1-5	Windrichtung erkennbar durch Zug des Rauchs
2 leichte Brise	1,6-3,3	6-11	Blätter bewegen sich, Wind im Gesicht spürbar
3 schwache Brise	3,4-5,4	12-19	Wind bewegt dünne Zweige
4 mäßige Brise	5,5-7,9	20-28	Wind hebt dünne Äste, Staub und loses Papier
5 frische Brise	8-10,7	29-38	Laubbäume schwanken, Schaumkronen auf Seen
6 starker Wind	10,8-13,8	39-49	starke Äste schwanken
7 steifer Wind	13,9-17,1	50-61	ganze Bäume bewegen sich
8 stürmischer Wind	17,2-20,7	62-74	Zweige brechen von Bäumen
9 Sturm	20,8-24,4	75-88	Äste brechen, kleinere Schäden an Häusern
10 schwerer Sturm	24,5-28,4	89-102	Bäume brechen, größere Schäden an Häusern
11 orkanartiger Sturm	28,5-32	103-117	Bäume werden entwurzelt
12 Orkan	ab 33	ab 118	schwere Verwüstungen

Kapitel 7

Festigkeitslehre

Die Festigkeitslehre (auch Elastostatik) vertieft die Annahmen der Statik in Bezug auf die Wirkungen der dort behandelten Kräfte auf Bauteile. Dadurch wird es möglich, grundsätzliche Berechnungen für die Dimensionierung und die Auswahl von Bauteilen vorzunehmen.

Zug- und Druckbeanspruchung

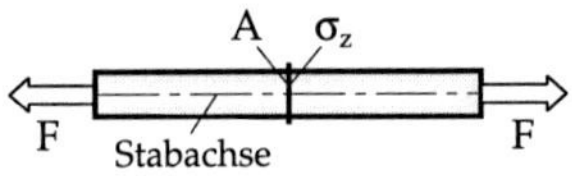

erforderlicher Querschnitt

$$A_{erf} = \frac{F_N}{\sigma_{z\,zul}}$$

vorhandene Spannung

$$\sigma_{z\,vorh} = \frac{F_N}{A} \leq \sigma_{z\,zul}$$

Wärmespannung

$$\sigma_\delta = \alpha_l \cdot \Delta T \cdot E$$

Verlängerung

$$\Delta l = l_0 \cdot \alpha_l \cdot \Delta T$$

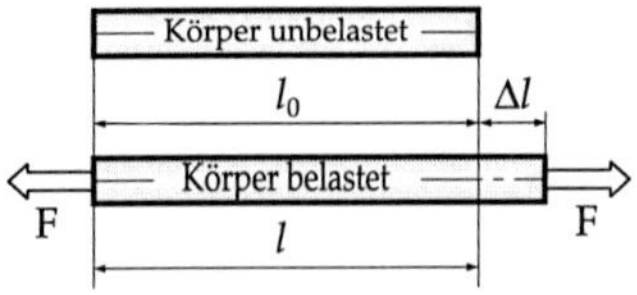

maximale Belastung

$$F_{N_{max}} = \sigma_{z\,zul} \cdot A$$

Dehnung

$$\varepsilon = \frac{\Delta l}{l_0} = \frac{l - l_0}{l_0}$$

Hookesches Gesetz*

$$\sigma = \varepsilon \cdot E = \frac{\Delta l}{l_0} \cdot E$$

Reißlänge

$$l_\tau = \frac{R_m}{\rho \cdot g}$$

A = Querschnitt, F = Kraft [F] = N, σ = Normalspannung [σ] = N/mm², ε = Dehnung, l = Länge, α = Längenausdehnungskoeefizient [α] = 10^{-6}/K, T = Temperatur, E = Elastizitätsmodul [E] = N/mm², R_m = Zugfestigkeit, ρ = Dichte [ρ] = kg/dm³, g = Erdbeschleunigung [g] = 9,81 m/s², *nach ROBERT HOOKE (engl. Physiker)

Abscherbeanspruchung

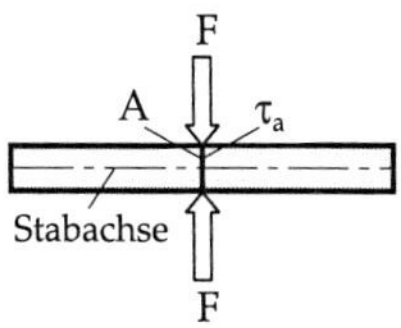

erforderlicher Querschnitt

$$A_{erf} = \frac{F_q}{\tau_{a\,zul}}$$

vorhandene Spannung

$$\tau_{a\,zul} = \frac{F_q}{A} \leq \tau_{a\,zul}$$

maximale Belastung

$$F_{q\,\max} = A \cdot \tau_{a\,zul}$$

Torsionsbeanspruchung*

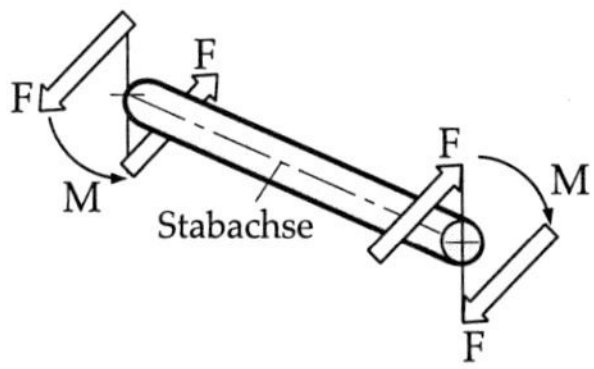

erforderl. Widerstandsmoment

$$W_{p\,erf} = \frac{M_T}{\tau_{t\,zul}}$$

vorhandene Spannung

$$\tau_{t\,vorh} = \frac{M_T}{W_p} \leq \tau_{t\,zul}$$

maximales Torsionsmoment

$$M_{T\,\max} = W_p \cdot \tau_{t\,zul}$$

erforderlicher Durchmesser
für Kreisquerschnitt

$$d_{erf} = \sqrt[3]{\frac{16 \cdot M_T}{\pi \cdot \tau_{t\,erf}}}$$

A = Querschnitt, F = Kraft [F] = N, τ = Schubspannung [τ] = N / mm², W = Widerstandsmoment [W] = mm³, M = Moment [M] = Nm, M_T = Torsionsmoment *(das äußere Drehmoment M ist gleich dem inneren Torsionsmoment M_T), d = Durchmesser;

Biegebeanspruchung

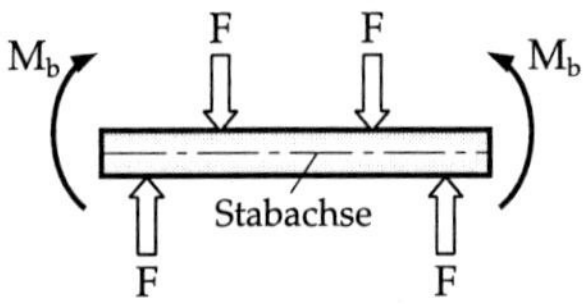

erforderl. Widerstandsmoment

$$W_{erf} = \frac{M_{b\,max}}{\sigma_{b\,zul}}$$

maximales Biegemoment

$$M_{b\,max} = W_{b\,zul} \cdot \sigma_{b\,zul}$$

vorhandene Spannung

$$\sigma_{b\,vorh} = \frac{M_{b\,max}}{W} \leq \sigma_{b\,zul}$$

erforderlicher Durchmesser

$$d_{erf} = \sqrt[3]{\frac{32 \cdot M_b}{\pi \cdot \sigma_{b\,zul}}}$$

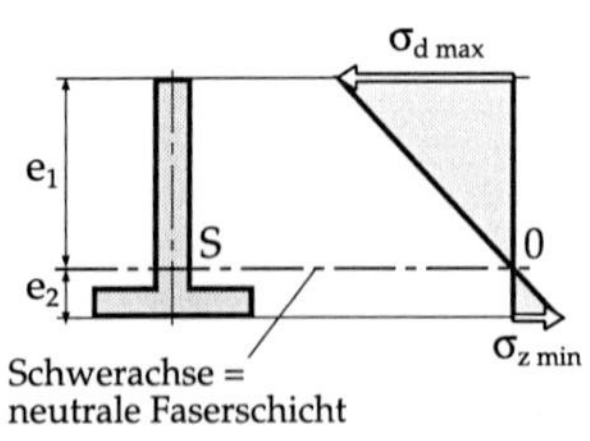

maximale Zugspannung

$$\sigma_{z\,max} = \frac{M_b \cdot e_1}{I} = \frac{M_b}{W_1}$$

maximale Druckspannung

$$\sigma_{d\,max} = \frac{M_b \cdot e_2}{I} = \frac{M_b}{W_2}$$

W = Widerstandsmoment [W] = mm^3, M_b = Biegemoment [M] = Nm, σ = Normalspannung [σ] = N/mm^2, d = Durchmesser, e = Randabstand, I = Flächenmoment [I] = mm^4

Biegeträger Standardbelastungsfälle

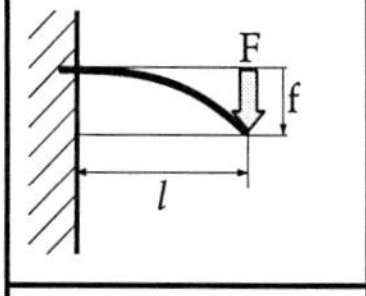	$F_A = F \quad M_b = -F \cdot l$ $W_b = \frac{F \cdot l}{\sigma_{b\,zul}} \quad f = \frac{F \cdot l^3}{3E \cdot I}$
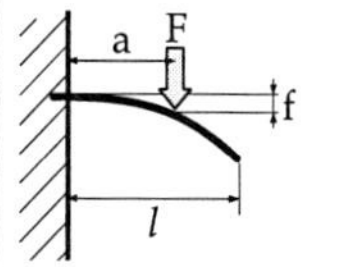	$F_A = F \quad M_b = -F \cdot a$ $W_b = \frac{F \cdot a}{\sigma_{b\,zul}} \quad f = \frac{F \cdot a^3}{3E \cdot I}$
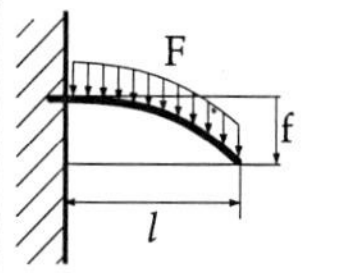	$F_A = F \quad M_b = \frac{-F \cdot l}{2} \quad W_b = \frac{F \cdot l}{2 \cdot \sigma_{b\,zul}} \quad f = \frac{F \cdot l^3}{8E \cdot I}$
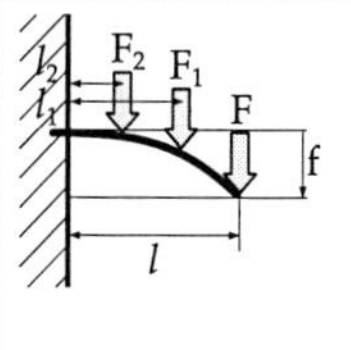	$F_A = F + F_1 + F_2 \quad M_b = -(F \cdot l + F_1 \cdot l_1 + F_2 \cdot l_2)$ $W_b = \frac{F \cdot l + F_1 \cdot l_1 + F_2 \cdot l_2}{\sigma_{b\,zul}} \quad f = \frac{F \cdot l^2 + F_1 \cdot l_1^2 + F_2 \cdot l_2^2}{3E \cdot I}$
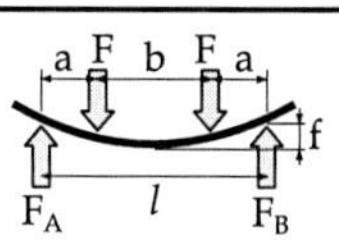	$F_A = F = F_B \quad M_b = F \cdot a$ $W_b = \frac{F \cdot a}{\sigma_{b\,zul}} \quad f = \frac{F \cdot a \cdot (8a^2 + 12ab + 3b^2)}{24E \cdot I}$
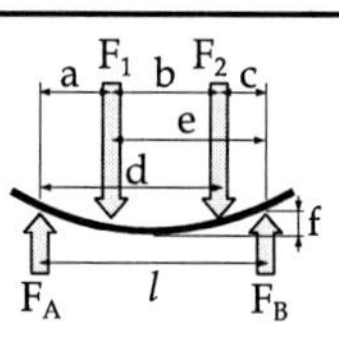	$F_A = \frac{F_1 \cdot e + F_2 \cdot c}{l} \quad F_B = \frac{F_1 \cdot a + F_2 \cdot d}{l} \quad M_{b1} = F_a \cdot a \quad M_{b2} = F_b \cdot c$ $W_{b1} = \frac{F_A \cdot a}{\sigma_{b\,zul}} \quad W_{b2} = \frac{F_B \cdot c}{\sigma_{b\,zul}} \quad f = \frac{(F_1 \cdot a + F_2 \cdot c) \cdot (x)}{48E \cdot I}$ *
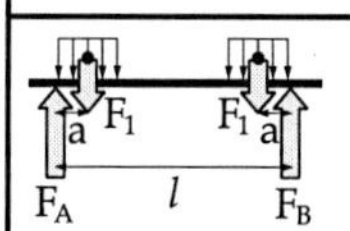	$F_A = F_B = F_1 \quad M_b = F_1 \cdot c \quad W_b = \frac{F_1 \cdot a}{\sigma_{b\,zul}}$
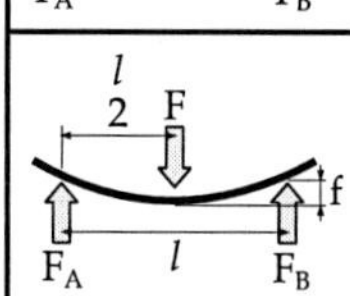	$F_A = F_B = \frac{F}{2} \quad M_b = \frac{F \cdot l}{4} \quad W_b = \frac{F \cdot l}{4 \cdot \sigma_{b\,zul}} \quad f = \frac{F \cdot l^3}{48E \cdot I}$

F_A, F_B = Auflagerkräfte, F = eingeleitete Kraft [F] = N, M_b = Biegemoment [M] = Nm, W = Widerstandsmoment [W] = mm^3, f = Durchbiegung [f] = mm; * (x) = ($8ac + 6ab + 6bc + 3b^2$), E = Elastizitätsmodul [E] = N/mm^2, l = Abstand

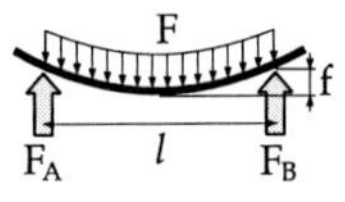	$F_A = F_B = \frac{F}{2}$ $M_b = \frac{F \cdot l}{8}$ $W_b = \frac{F \cdot l}{8 \cdot \sigma_{b\,zul}}$ $f = \frac{5F \cdot l^3}{384E \cdot I}$
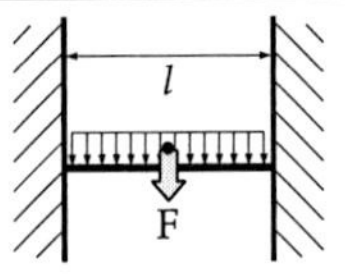	$F_A = F_B = \frac{F}{2}$ $M_b = \frac{F \cdot l}{12}$ $W_b = \frac{F \cdot l}{12 \cdot \sigma_{b\,zul}}$ $f = \frac{F \cdot l^3}{384E \cdot I}$
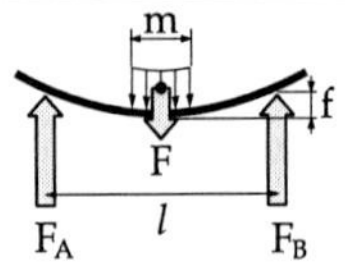	$F_A = F_B = \frac{F}{2}$ $M_b = \frac{F \cdot (2 \cdot l - m)}{8}$ $W_b = \frac{F \cdot (2 \cdot l - m)}{8 \cdot \sigma_{b\,zul}}$ $f = \frac{F \cdot l^3}{\left(48 + \frac{29 \cdot m}{l}\right) \cdot E \cdot I}$
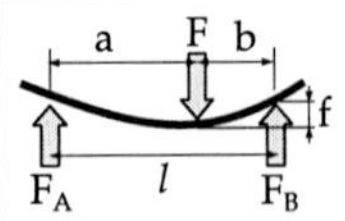	$F_A = \frac{F \cdot b}{l}$ $F_B = \frac{F \cdot a}{l}$ $M_b = \frac{F \cdot a \cdot b}{l}$ $W_b = \frac{F \cdot a \cdot b}{l \cdot \sigma_{b\,zul}}$ $f = \frac{F \cdot a^2 \cdot b^2}{3E \cdot I \cdot l}$
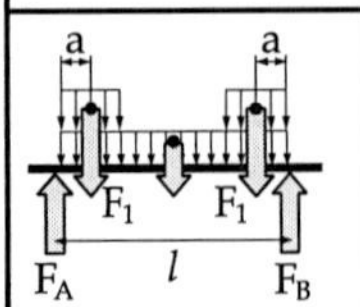	$F_A = F_B = \frac{F}{2} + F_1$ $M_b = \frac{F \cdot l + 8 \cdot F_1 \cdot a}{8}$ $W_b = \frac{F \cdot l + 8 \cdot F_1 \cdot a}{8 \cdot \sigma_{b\,zul}}$
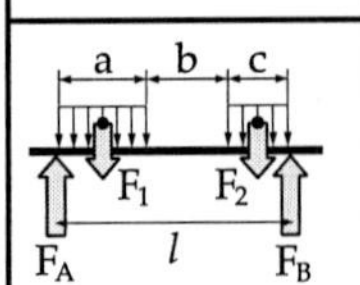	$F_A = \frac{F_1 \cdot (0,5a + b + c) + F_2 \cdot 0,5c}{l}$ $F_B = \frac{F_2 \cdot (a + b + 0,5c) + F_1 \cdot 0,5a}{l}$ $M_{b1} = \frac{F_A^2 \cdot a}{2 \cdot F_1}$ $M_{b2} = \frac{F_B^2 \cdot c}{2 \cdot F_2}$ $W_{b1} = \frac{F_A^2 \cdot a}{2 \cdot F_1 \cdot \sigma_{b\,zul}}$ $W_{b2} = \frac{F_B^2 \cdot c}{2 \cdot F_2 \cdot \sigma_{b\,zul}}$
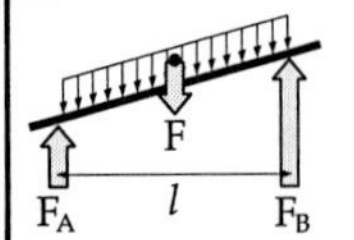	$F_A = F_B = \frac{F}{2}$ $M_b = \frac{F \cdot l}{8}$ $W_b = \frac{F \cdot l}{8 \cdot \sigma_{b\,zul}}$
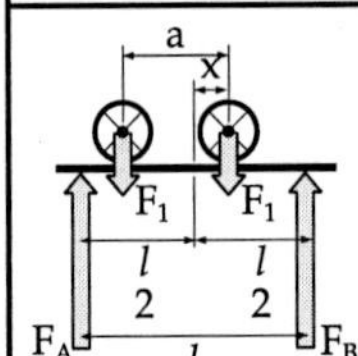	$F_A = F_1 \cdot \frac{2 \cdot l + a}{2 \cdot l}$ $F_B = F_1 \cdot \frac{2 \cdot l - a}{2 \cdot l}$ $M_{b\max} = \frac{F_1}{8 \cdot l} \cdot (2 \cdot l - a)^2$

F_A, F_B = Auflagerkräfte, F = eingeleitete Kraft [F] = N, M_b = Biegemoment [M] = Nm, W = Widerstandsmoment [W] = mm^3, f = Durchbiegung [f] = mm, E = Elastizitätsmodul [E] = N/mm^2, l = Abstand

Flächen-/Widerstandsmomente Standardquerschnitte

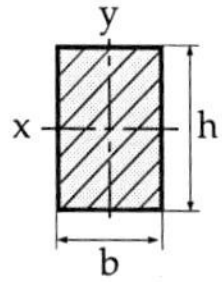	$I_x = \frac{b \cdot h^3}{12}$ $I_y = \frac{h \cdot b^3}{12}$ $W_x = \frac{b \cdot h^2}{6}$ $W_y = \frac{h \cdot b^2}{6}$
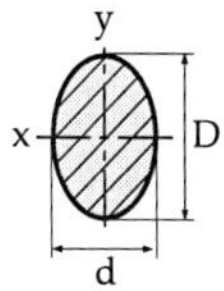	$I_x = \frac{\pi \cdot d \cdot D^3}{64}$ $I_y = \frac{\pi \cdot D \cdot d^3}{64}$ $W_x = \frac{\pi \cdot d \cdot D^2}{32}$ $W_y = \frac{\pi \cdot D \cdot d^2}{32}$
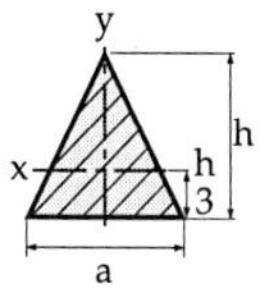	$I_x = \frac{a \cdot h^3}{36}$ $I_y = \frac{h \cdot a^3}{48}$ $W_x = \frac{a \cdot h^2}{24}$ $W_y = \frac{h \cdot a^2}{24}$
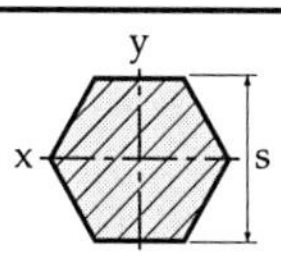	$I_x = 0{,}06 \cdot s^4$ $I_y = 0{,}06 \cdot s^4$ $W_x = 0{,}12 \cdot s^3$ $W_y = 0{,}24 \cdot s^3$
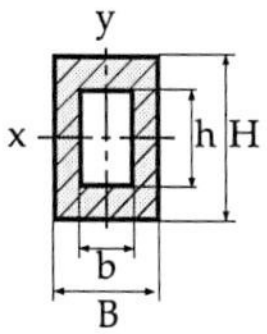	$I_x = \frac{B \cdot H^3 - b \cdot h^3}{12}$ $W_x = \frac{B \cdot H^3 - b \cdot h^3}{6 \cdot H}$
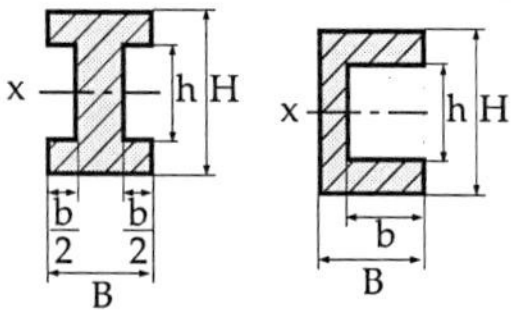	$I_x = \frac{B \cdot H^3 - b \cdot h^3}{12}$ $W_x = \frac{B \cdot H^3 - b \cdot h^3}{6 \cdot H}$
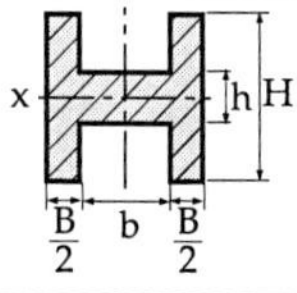	$I_x = \frac{B \cdot H^3 + b \cdot h^3}{12}$ $W_x = \frac{B \cdot H^3 + b \cdot h^3}{6 \cdot H}$
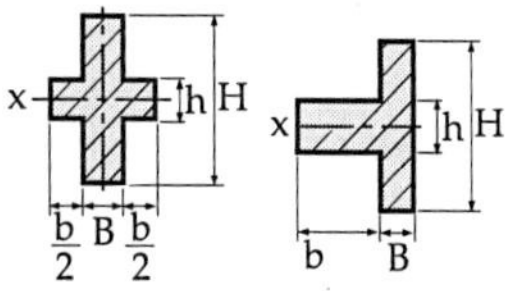	$I_x = \frac{B \cdot H^3 + b \cdot h^3}{12}$ $W_x = \frac{B \cdot H^3 + b \cdot h^3}{6 \cdot H}$

I_x, I_y = axiale Flächenträgheitsmomente [I] = mm^4
W_x, W_y = minimale Widerstandsmomente [W] = mm^3
b, B = Breite, h, H = Höhe, D,d = Durchmesser, s = Stärke

Flächen-/Widerstandsmomente Standardfälle

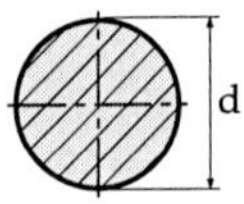	$I_x = I_y = \frac{\pi}{64} \cdot d^4 \quad W_x = W_y = \frac{\pi}{32} \cdot d^3$ $I_p = I_t = \frac{\pi}{32} \cdot d^4 \quad W_p = W_t = \frac{\pi}{16} \cdot d^3$
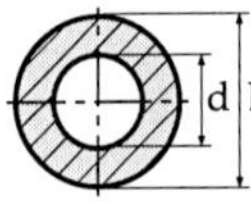	$I_x = I_y = \frac{\pi}{64} \cdot (D^4 - d^4) \quad W_x = W_y = \frac{\pi}{32} \cdot \left(\frac{D^4 - d^4}{D} \right)$ $I_p = I_t = \frac{\pi}{32} \cdot (D^4 - d^4) \quad W_p = W_t = \frac{\pi}{16} \cdot \left(\frac{D^4 - d^4}{D} \right)$
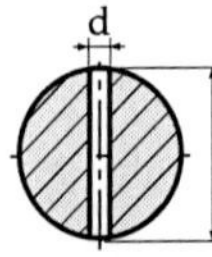	$I_x = I_y = 0{,}01 \cdot D^3 (5 \cdot D - 8{,}5 \cdot d) \quad W_x = W_y = 0{,}1 \cdot D^2 (D - 1{,}7 \cdot d)$ $I_p = I_t = 0{,}02 \cdot D^3 (5 \cdot D - 8{,}5 \cdot d) \quad W_p = W_t = 0{,}2 \cdot D^2 (D - 1{,}7 \cdot d)$
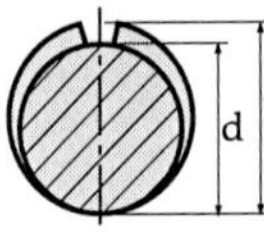	$I_x = I_y = 0{,}003 \cdot (D + d)^4 \quad W_x = W_y = 0{,}012 \cdot (D + d)^3$ $I_p = I_t = 0{,}1 \cdot d^4 \quad W_p = W_t = 0{,}2 \cdot d^3$
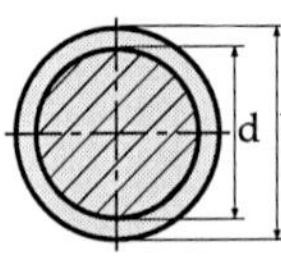	$I_x = I_y = 0{,}003 \cdot (D + d)^4 \quad W_x = W_y = 0{,}012 \cdot (D + d)^3$ $I_p = I_t = 0{,}006 \cdot (D + d)^4 \quad W_p = W_t = 0{,}024 \cdot (D + d)^3$
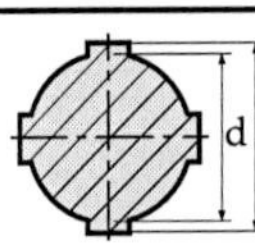	$I_x = I_y = 0{,}003 \cdot (D + d)^4 \quad W_x = W_y = 0{,}012 \cdot (D + d)^3$ $I_p = I_t = 0{,}006 \cdot (D + d)^4 \quad W_p = W_t = 0{,}024 \cdot (D + d)^3$
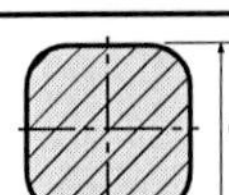	$I_x = I_y = 0{,}075 \cdot d_2^4 \quad W_x = W_y = 0{,}15 \cdot d_2^3$ $I_p = I_t = 0{,}15 \cdot d_2^4 \quad W_p = W_t = 0{,}2 \cdot d_2^3$
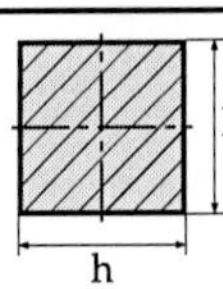	$I_x = I_y = \frac{h^4}{12} \quad W_x = W_y = \frac{h^3}{6}$ $I_p = I_t = 0{,}14 \cdot h^4 \quad W_p = W_t = 0{,}204 \cdot h^3$

$I_x = I_y$ = axiales Flächenträgheitsmoment [I] = mm^4, $W_x = W_y$ = minimales Widerstandsmoment [W] = mm^3
$I_p = I_t$ = polares Flächenträgheitsmoment [I] = mm^4, $W_p = W_t$ = polares Widerstandsmoment [W] = mm^3
(ca. Werte), d, D = Durchmesser, h = Höhe

Durchlaufträger mit gleichen Stützweiten

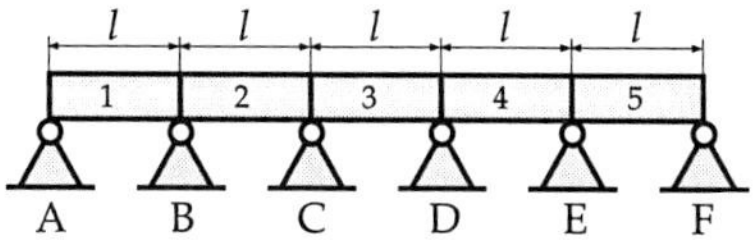

Die Tabelle enthält die Koeffizienten k zur Ermittlung der Größenwerte der Feld- und Stützmomente, Auflager- und Querkräfte.
Die statischen Größen an den Innenstützen (Momente, Auflager- und Querkräfte) werden dann mit den Mittelwerten der jeweils benachbarten Stützweiten berechnet, z.B. $C = k \cdot q\,(l_2 + l_3)/2$.

Lastfall 1 $M = k \cdot q \cdot l^2 \quad F = k \cdot q \cdot l$ **Lastfall 2 und 3** $M = k \cdot F \cdot l \quad F = k \cdot F$

Lastfall		1	2	3
		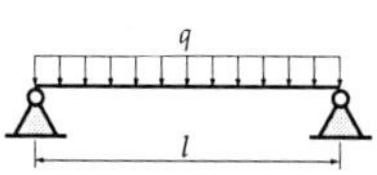	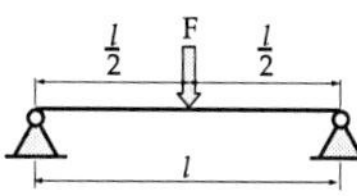	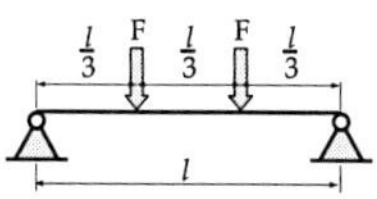
2 gleiche Felder	M_1	0,07	0,156	0,222
	min M_B	-0,125	-0,188	-0,333
	A	0,375	0,313	0,667
	max B	1,25	1,375	2,667
	min Q_{Bl}	-0,625	-0,688	-1,333
3 gleiche Felder	M_1	0,08	0,175	0,244
	M_2	0,025	0,1	0,067
	M_B	-0,1	-0,15	-0,267
	A	0,4	0,35	0,733
	B	1,1	1,15	2,267
	Q_{Bl}	-0,6	-0,65	-1,267
	Q_{Br}	0,5	0,5	1
4 gleiche Felder	M_1	0,077	0,17	0,238
	M_2	0,036	0,116	0,111
	M_B	-0,107	-0,161	-0,286
	M_C	-0,071	-0,107	-0,19
	A	0,393	0,339	0,714
	B	1,143	1,214	2,381
	C	0,929	0,892	1,81
	Q_{Bl}	-0,607	-0,661	-1,286
	Q_{Br}	0,536	0,554	1,095
	Q_{Cl}	-0,464	-0,446	-0,905
5 gleiche Felder	M_1	0,078	0,171	0,24
	M_2	0,033	0,112	0,099
	M_3	0,046	0,132	0,123
	M_B	-0,105	-0,158	-0,281
	M_C	-0,079	0,118	-0,211
	A	0,395	0,342	0,719
	B	1,132	1,197	2,351
	C	0,974	0,96	1,93
	Q_{Bl}	-0,605	-0,658	-1,281
	Q_{Br}	0,526	0,54	1,07
	Q_{Cl}	-0,474	-0,46	-0,93
	Q_{Cr}	0,5	0,5	1

A, B, C, D, E, F: Lagerkräfte, Q = Querkraft, M = Moment; q = Streckenlast/Meter; Voraussetzung: konstantes Trägheitsmoment, gleiche Stützweite. Die Tabelle kann bei ungleichen Stützweiten benutzt werden, wenn min $l > 0{,}8$ max l ist. Die Koeffizienten k gelten -spiegelbildlich- auch für die rechte Trägerhälfte, für die Querkräfte, jedoch mit umgekehrten Vorzeichen; z.B. beim Träger mit 3 gleichen Öffnungen : $M_1 = M_3$, A = D, $Q_{Bl} = -Q_{Cr}$ usw.

Elastische Knickung nach Euler*

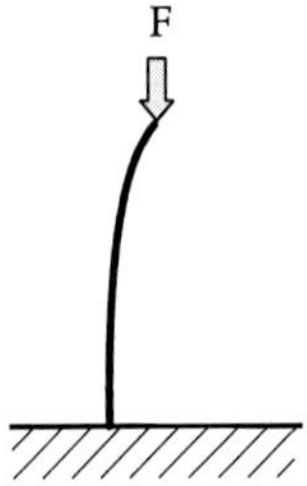 $l_K = 2 \cdot l$	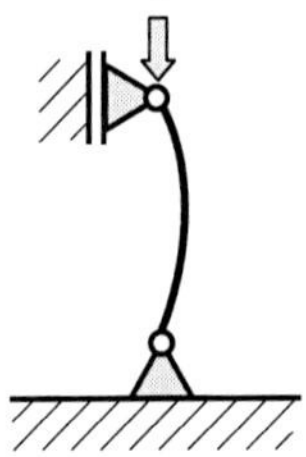 $l_K = l$	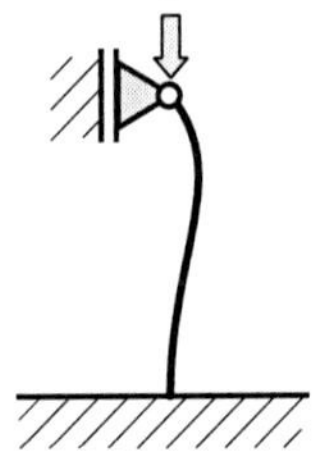 $l_K \approx 0,7 \cdot l$	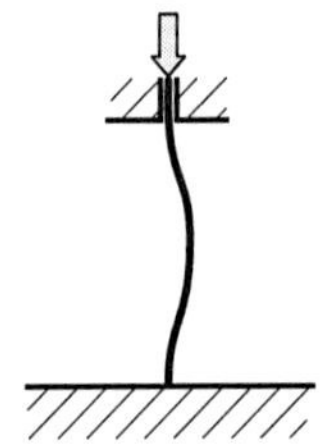 $l_K = 0,5 \cdot l$

Knickkraft nach Euler

$$F_K = \frac{E \cdot I_{min} \cdot \pi^2}{l_K^2}$$

erforderliches Flächenmoment
2. Grades nach Euler

$$I_{erf} = \frac{s \cdot F \cdot l_K^2}{E \cdot \pi^2}$$

Knickspannung nach Euler

$$\sigma_K = \frac{E \cdot \pi^2}{\lambda^2}$$

Sicherheit gegen Knicken

$$s = \frac{F_K}{F} = \frac{\sigma_K}{\sigma_{d\,vorh}}$$

Schlankheitsgrad

$$\lambda = \frac{l_K}{i} \qquad i = \sqrt{\frac{I}{A}}$$

F_K = Knickkraft [F] = N, E = Elastizitätsmodul [E] = N / mm², I = Flächenmoment [I] = mm⁴, l = Länge, l_K = Knicklänge [l] = mm, s = Sicherheitsfaktor (s wird im Maschinenbau zwischen 3 und 10 angenommen), σ_K = Knickspannung [σ] = N / mm², λ = Schlankheitsgrad, i = Trägheitsradius [i] = mm, A = Querschnitt
*LEONARD EULER (Schweizer Mathematiker)

Grenzschlankheitsgrad λ_0 für Eulersche Knickung und Tetmajergleichungen

Werkstoff	E	λ_0	Gleichungen nach Tetmajer*
Nadelholz	10000	100	$\sigma_K = 29,3 - 0,194 \cdot \lambda$
Grauguss	100000	80	$\sigma_K = 776 - 12 \cdot \lambda + 0,053 \cdot \lambda^2$
S235JR (alt St37)	210000	105	$\sigma_K = 310 - 1,14 \cdot \lambda$
E295 u. E335***	210000	89	$\sigma_K = 335 - 0,62 \cdot \lambda$
EN AW2017A*	70000	66	
EN AW5754**	70000	110	

Omega-Verfahren

Omegaspannung	$\sigma_\omega = \frac{F \cdot \omega}{A} \leq \sigma_{zul}$	
Schlankheitsgrad	$\lambda = \frac{l_K}{i}$	
Zahlenwertangleichungen (Faustformel)		
für den elastischen Bereich ($\lambda > 100$) für Lastfall H und HZ	$\lambda = 0,12 \cdot F \cdot l_K^2$	**Profilwert** $k = \frac{A}{i^2}$
für den unelastischen Bereich ($\lambda > 100$)	$A_{erf} = \frac{F}{14} + 0,577 \cdot k \cdot l_K^2$	für St 37 Lastfall H
	$A_{erf} = \frac{F}{21} + 0,781 \cdot k \cdot l_K^2$	für St 52 Lastfall H und HZ

Neues Prüfverfahren nach DIN18800 1990/2006

Hinweis:
Für Vordimensionierungen und nicht prüfpflichtige Berechnungen ist das Omega-Verfahren noch gebräuchlich.

E = Elastizitätsmodul [E] = N/mm², λ_0 = Grenzschlankheitsgrad, σ_K = Knickspannung [σ] = N/mm²
Nach LUDWIG VON TETMAJER (österreichischer Wissenschaftler), H horizontale Last, HZ horizontale Last und Zusatzlast, σ_ω = Omegaspannung, A = Fläche
* alte Bezeichnungen AlCuMg1, ** AlMg3, *** St50 und St60

Knickzahlen ω für Stahl S235JR (alte Bezeichnung: St37)

λ	0	1	2	3	4	5	6	7	8	9	λ
20	1,04	1,04	1,04	1,05	1,05	1,06	1,06	1,07	1,07	1,08	20
30	1,08	1,09	1,09	1,1	1,1	1,11	1,11	1,12	1,13	1,13	30
40	1,14	1,14	1,15	1,16	1,16	1,17	1,18	1,19	1,19	1,2	40
50	1,21	1,22	1,23	1,23	1,24	1,25	1,26	1,27	1,28	1,29	50
60	1,3	1,31	1,32	1,33	1,34	1,35	1,36	1,37	1,39	1,4	60
70	1,41	1,42	1,44	1,45	1,46	1,48	1,49	1,5	1,52	1,53	70
80	1,55	1,56	1,58	1,59	1,61	1,62	1,64	1,66	1,68	1,69	80
90	1,71	1,73	1,74	1,76	1,78	1,8	1,82	1,84	1,86	1,88	90
100	1,9	1,92	1,94	1,96	1,98	2	2,02	2,05	2,07	2,09	100
110	2,11	2,14	2,16	2,18	2,21	2,23	2,27	2,31	2,35	2,39	110
120	2,43	2,47	2,51	2,55	2,6	2,64	2,68	2,72	2,77	2,81	120
130	2,85	2,9	2,94	2,99	3,03	3,08	3,12	3,17	3,22	3,26	130
140	3,31	3,36	3,41	3,45	3,5	3,55	3,6	3,65	3,7	3,75	140
150	3,8	3,85	3,9	3,95	4	4,06	4,11	4,16	4,22	4,27	150
160	4,32	4,38	4,43	4,49	4,54	4,6	4,65	4,71	4,77	4,82	160
170	4,88	4,94	5	5,05	5,11	5,17	5,23	5,29	5,35	5,41	170
180	5,47	5,53	5,59	5,66	5,72	5,78	5,84	5,91	5,97	6,03	180
190	6,1	6,16	6,23	6,29	6,36	6,42	6,49	6,55	6,62	6,69	190
200	6,75	6,82	6,89	6,96	7,03	7,1	7,17	7,24	7,31	7,38	200
210	7,45	7,52	7,59	7,66	7,73	7,81	7,88	7,95	8,03	8,1	210
220	8,17	8,25	8,32	8,4	8,47	8,55	8,63	8,7	8,78	8,86	220
230	8,93	9,01	9,09	9,17	9,25	9,33	9,41	9,49	9,57	9,65	230
240	9,73	9,81	9,89	9,97	10	10,1	10,2	10,3	10,3	10,4	240

E = Elastizitätsmodul [E] = N / mm², $\sigma_{z\,Sch}$ = Schwellfestigkeit (Zug), $\sigma_{z\,W}$ = Wechselfestigkeit (Zug), $\sigma_{b\,Sch}$ = Schwellfestigkeit (Biegung), $\sigma_{b\,W}$ = Wechselfestigkeit (Biegung), $\tau_{t\,Sch}$ = Schwellfestigkeit (Torsion), $\tau_{t\,W}$ = Wechselfestigkeit (Torsion), G = Schubmodul [G] = N / mm², R_m = Zugfestigkeit alte Bezeichnung, R_e = Streckgrenze, $R_{p0,2}$ = 0,2% Dehngrenze, λ = Schlankheitsgrad, ω = Knickzahl

Knickzahlen für Aluminiumprofile

Werkstoffe EN-Bez. Nr.	EN AW7020*			EN AW6082**			EN AW5083***			EN AW5049**** EN AW5754***** EN AW6060******		
Basiswert für 0,2-Grenze in N/mm²	280			260			200			160		
Schlankheitsgrad λ	0	4	8	0	4	8	0	4	8	0	4	8
20	1,00	1,03	1,07	1,00	1,02	1,06	1,00	1,02	1,06	1,00	1,02	1,05
40	1,25	1,33	1,43	1,23	1,31	1,40	1,21	1,28	1,34	1,20	1,25	1,30
60	2,13	2,43	2,74	1,98	2,25	2,54	1,63	1,82	2,06	1,53	1,62	1,71
80	3,79	4,18	4,59	3,52	3,88	4,26	2,84	3,14	3,44	2,17	2,39	2,62
100	5,93	6,41	6,91	5,50	5,95	6,42	4,44	4,81	5,18	3,39	3,66	3,95
120	8,53	9,11	9,71	7,92	8,46	9,01	6,40	6,83	7,28	4,88	5,21	5,55
140	11,61	12,29	12,98	10,78	11,41	12,05	8,71	9,22	9,73	6,64	7,02	7,42
160	15,17	15,94	16,72	14,09	14,80	15,53	11,38	11,95	12,54	8,67	9,11	9,56
180	19,20	20,06	20,94	17,83	18,63	19,45	14,44	15,05	15,71	10,97	11,46	11,97
200	23,70	24,66	25,63	22,01	22,90	23,80	17,78	18,49	19,23	13,54	14,09	14,65
220	28,68	29,73	30,80	26,63	27,61	28,60	21,51	22,30	23,10	16,39	16,99	17,60
240	34,13	35,28	36,44	31,69	32,76	33,84	25,60	26,46	27,33	19,50	20,16	20,82

λ = Schlankheitsgrad
alte Bezeichnungen: *AlZn4,5Mg1F35, F34, **AlMgSiF30, F31, F32, ***AlMg4,5MnG31, ****AlMg2Mn08G24
*****AlMg3, ******AlMgSi05F22

Knickzahlen ω für Vollholz aus Nadelhölzern

λ	0	1	2	3	4	5	6	7	8	9	λ
0	1	1	1,01	1,01	1,02	1,02	1,02	1,03	1,03	1,04	0
10	1,04	1,04	1,05	1,05	1,06	1,06	1,06	1,07	1,07	1,08	10
20	1,08	1,09	1,09	1,1	1,11	1,11	1,12	1,13	1,13	1,14	20
30	1,15	1,16	1,17	1,18	1,19	1,2	1,21	1,22	1,24	1,25	30
40	1,26	1,27	1,29	1,3	1,32	1,33	1,35	1,36	1,38	1,4	40
50	1,42	1,44	1,46	1,48	1,5	1,52	1,54	1,56	1,58	1,6	50
60	1,62	1,64	1,67	1,69	1,72	1,74	1,77	1,8	1,82	1,85	60
70	1,88	1,91	1,94	1,97	2	2,03	2,06	2,1	2,13	2,16	70
80	2,2	2,23	2,27	2,31	2,35	2,38	2,42	2,46	2,5	2,54	80
90	2,58	2,62	2,66	2,7	2,74	2,78	2,82	2,87	2,91	2,95	90
100	3	3,06	3,12	3,18	3,24	3,31	3,37	3,44	3,5	3,57	100
110	3,63	3,7	3,76	3,83	3,9	3,97	4,04	4,11	4,18	4,25	110
120	4,32	4,39	4,46	4,54	4,61	4,68	4,76	4,84	4,92	4,99	120
130	5,07	5,15	5,23	5,31	5,39	5,47	5,55	5,63	5,71	5,8	130
140	5,88	5,96	6,05	6,13	6,22	6,31	6,39	6,48	6,57	6,66	140
150	6,75	6,84	6,93	7,02	7,11	7,21	7,3	7,39	7,49	7,58	150
160	7,68	7,78	7,87	7,97	8,07	8,17	8,27	8,37	8,47	8,57	160
170	8,67	8,77	8,88	8,98	9,08	9,19	8,29	9,4	9,51	9,61	170
180	9,72	9,83	9,94	10,05	10,16	10,27	10,38	10,49	10,6	10,72	180
190	10,83	10,94	11,06	11,17	11,29	11,41	11,52	11,64	11,76	11,88	190

λ = Schlankheitsgrad

Kapitel 8

Bauelemente

Nach den Grundlagen zur Berechnung beschäftigt sich dieses Kapitel mit gängigen Bauelementen und Bauteilen der Veranstaltungstechnik. Dies sind in ersten Linie Anschlagmittel, wie etwa Rundschlingen, Stahlseile und Ketten bzw. Bauteile wie Platten.

Faserseile

Sicherheit von 6 - 8 eingearbeitet	$F_S = \frac{\pi \cdot d^2}{4} \cdot \sigma_{z\,zul}$ $d_{\min} = \sqrt{\frac{F_s \cdot 4}{\pi \cdot \sigma_{z\,zul}}}$
Sicherheit von 10 - 12 eingearbeitet	Faustformel $d \approx \sqrt{\frac{F_s}{5}}$

Belastungstabelle für Anschlagmittel aus Naturfaserseilen

Die Tragfähigkeiten gelten für Anschlag-Faserseile nach DIN 83302 (Ausgabe Mai 1990). Die Tabelle gilt für gedrehte Seile im Trossenschlag aus Manila nach DIN 83322 und Hanf nach DIN 83325.

Faserstoff	Seil-Nenn-durchmesser mm	**Tragfähigkeit in kg**				
		Einzelstrang		Doppelstrang Neigungswinkel		Endlosstrang
		direkt	geschnürt	von 0° bis 45°	von 45° bis 60°	geschnürt
			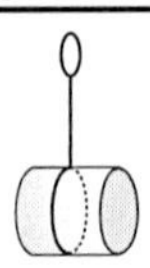	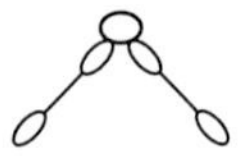		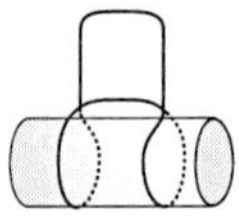
Manila	16	250	200	355	250	400
	20	400	315	560	400	630
	24	560	450	800	560	900
	28	750	600	1060	750	1180
	32	1000	800	1400	1000	1600
	36	1250	1000	1800	1250	2000
	40	1500	1180	2120	1500	2360
	48	2120	1700	3000	2120	3350
Hanf	16	212	170	300	212	335
	20	315	250	450	315	500
	24	450	355	630	450	710
	28	630	500	900	630	1000
	32	800	630	1120	800	1250
	36	1060	850	1500	1060	1700
	40	1250	1000	1800	1250	2000
	48	1800	1400	2500	1800	2800

F_S = Seilkraft, d = Seildurchmesser, sigma$_{z\,zul}$ = zulässige Seilzugspannung, sigma$_{z\,zul}$ für Pflanzenfasern = 10 N/mm², sigma$_{z\,zul}$ für Chemiefasern 20 - 50 N/mm², [F_S] = Newton, [d] = mm

Belastungstabelle für Anschlagmittel aus Chemiefasern

Die Tragfähigkeiten gelten für Anschlag-Faserseile nach DIN 83302 (Ausgabe Mai 1990). Die Tabelle gilt für gedrehte Seile im Trossenschlag aus Polyester nach DIN 83331 und Polypropylen Sorte 2 nach DIN 83332. Bei Seilen aus Polypropylen Sorte 1 nach DIN 83329 ist die Tragfähigkeit etwa 50 % niedriger anzusetzen.

Faserstoff	Seil-Nenndurchmesser mm	Tragfähigkeit in kg				
		Einzelstrang		Doppelstrang Neigungswinkel		Endlosstrang
		direkt	geschnürt	von 0° bis 45°	von 45° bis 60°	geschnürt
			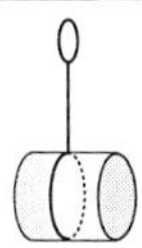	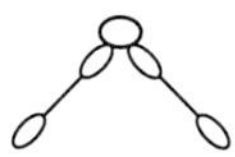		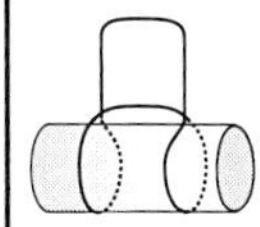
Polyester	16	560	450	800	560	900
	20	850	670	1180	850	1320
	24	1250	1000	1800	1250	2000
	28	1700	1320	2360	1700	2650
	32	2120	1700	3000	2120	3350
	36	2650	2120	3750	2650	4250
	40	3350	2650	4750	3350	5300
	48	4500	3550	6300	4500	7100
Polypropylen	16	475	375	670	475	750
	20	710	560	1000	710	1120
	24	1000	800	1400	1000	1600
	28	1320	1060	1900	1320	2120
	32	1700	1320	2360	1700	2650
	36	2120	1700	3000	2120	3350
	40	2500	2000	3550	2500	4000
	48	3550	2800	5000	3550	5600

Beim Anschlagen mit mehreren Strängen dürfen nur zwei Stränge als tragend angenommen werden. Dies gilt nicht, wenn sichergestellt ist, dass sich die Last gleichmäßig auch auf weitere Stränge verteilt. Bei ungleicher Lastverteilung darf die zulässige Belastung der einzelnen Stränge nicht überschritten werden.

Kennzeichnung, Verwendung, Einsatztemperaturen, Überwachung und Prüfung von Anschlag-Faserseilen und Belastungstabellen für Faserseile aus Polypropylen Sorte 1 nach DIN 83329, Polyamid nach DIN 83330 und Polypropylen Sorte 3 nach DIN 83334 siehe „Merkblatt für den Gebrauch von Anschlag-Faserseilen" (ZH 1/326).

Stahlseile

Sicherheit von 10 - 12 eingearbeitet	Faustformel $d \approx \sqrt{\frac{F_S}{50}}$

Tragfähigkeit von Drahtseilen als Anschlagmittel für Lasten über Personen

Rundlitzenseil 6 x 19 mit Fasereinlage, Seilendverbindung mit Kausche und Pressklemme (Wirkungsgrad 0,9) Mindest-Nennfestigkeit 1770 N/mm² (entspricht Seilfestigkeitsklasse 1960)				
l-Nenndurchmesser [mm]	Mindest-Bruchkraft [kN]	Tragfähigkeit in [kg] für Lasten über Personen		
		Einzelstrang	Doppelstrang mit Neigungswinkeln*	
			von 0° bis 45° 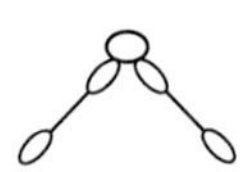	von 45° bis 60° 
4	8,67	80	120	80
5	13,5	130	190	130
6	19,53	190	270	190
8	34,34	350	490	350
10	49,05	500	700	500
12	76,03	750	1050	750
14	98,1	1000	1400	1000
16	132,44	1350	1890	1350

Seile dürfen nicht über scharfe Kanten gespannt oder gezogen werden. Kanten gelten als scharf, wenn der Kantenradius der Last kleiner ist als der Durchmesser des Seiles.

F_S = Seilkraft [F] = N, d = Seildurchmesser [d] = mm
* Neigungswinkel über 60° sind zu vermeiden

Sicherungsseile als Sekundärsicherung

Seildurchmesser	Durchmesser Schnellverbindungsglied nach DIN 56927 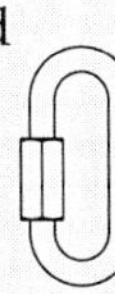	zu sichernde Masse mit Sicherungsseil*, Länge 0,6 m	zu sichernde Masse mit Sicherungsseil* Länge 1,0 m oder länger
[mm]	[mm]	[kg]	[kg]
3	3,5	5	8
4	4	10	15
5	5	15	25
6	6	20	35
8	8	40	60
10	10	60	100

Tragfähigkeit von Rundschlingen für Lasten über Personen***

Tragfähigkeit WLL nach DIN EN 1492-2	Farbcode nach DIN EN 1492-2	Einzelstrang	einfach geschnürt	umgelegt bis 6°	Umgelegt Neigungswinkel**		Zweisträngig geschnürt Neigungswinkel**	
					7° bis 45°	45° bis 60°	7° bis 45°	45° bis 60°

1 t	violett	500 kg	400 kg	1000 kg	700 kg	500 kg	560 kg	400 kg
2 t	grün	1000 kg	800 kg	2000 kg	1400 kg	1000 kg	1120 kg	800 kg
3 t	gelb	1500 kg	1200 kg	3000 kg	2100 kg	1500 kg	1660 kg	1200 kg
4 t	grau	2000 kg	1600 kg	4000 kg	2800 kg	2000 kg	2240 kg	1600 kg

Abweichend von der Farbcodierung nach DIN EN 1492-2 werden für den Einsatz in der Veranstaltungstechnik Rundschlingen unterschiedlicher Tragfähigkeiten auch in schwarz hergestellt.

Es wurden alle Lastanschlagfaktoren gemäß SQ P1 berücksichtigt.

* Seil nach EN 12385-4 mit einer Nennfestigkeit von 1770 N/mm² bis einschl. 6 mm Seildurchmesser nach Tabelle 12 der Norm (= 6 x19 M), ab 8 mm Seildurchmesser nach Tabelle 7 der Norm (= 6x19) berücksichtigt wurde die Reduzierung durch die Pressklemme auf 90 %, ** Neigungswinkel über 60° sind grundsätzlich unzulässig, ***Nur 50 % Tragfähigkeit der Herstellerangaben gemäß DGUV I 215-313

Tragfähigkeit von Anschlagketten für Lasten über Personen

Ketten-Nenndicke	Tragfähigkeit WLL	Einzelstrang	Doppelstrang mit symmetrischer Belastung	
			7° bis 45°	45° bis 60°
			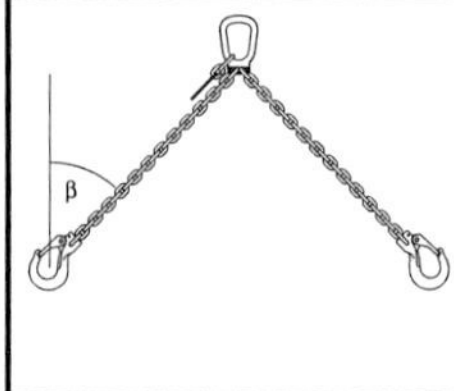	
6 mm	1120 kg	560 kg	784 kg	560 kg
8 mm	2000 kg	1000 kg	1400 kg	1000 kg
10 mm	3150 kg	1575 kg	2205 kg	1575 kg

Bei der Dimensionierung eines unsymmetrisch belasteten Doppelstrangs, ist nur ein Strang als tragend anzunehmen; bei mehreren Strängen dürfen nur zwei Stränge als tragend angenommen werden. Dies gilt nicht, wenn sichergestellt ist, dass sich die Last gleichmäßig auch auf weitere Stränge verteilt. Bei ungleicher Lastverteilung darf die zulässige Belastung der einzelnen Stränge nicht überschritten werden.

Betriebskoeffizienten von Anschlagmitteln

	keine Personen unter der Last	Personen unter der Last
	Betriebskoeffizient*	Verdoppelter Betriebskoeffizient* zur Erreichung der Eigensicherheit nach DGUV V 17/18 (alt: BGV C 1)
Drahtseile und Rundschlingen mit Drahtseileinlage	5	10
Anschlagketten	4	8
Rundschlingen und Hebebänder aus Chemiefasern	7	14**
Als Anschlagmittel verwendete Metallteile***	4	8

*) Der Begriff Betriebskoeffizient ersetzt die Begriffe Sicherheitsbeiwert und Sicherheitsfaktor
**) Einsatz nur mit zusätzl. metallischer Sekundärsicherung zulässig (vgl. DGUV I 215-313 Abschn. 2.1.2.1 (alt: BGI 8
***) z. B. Schäkel, Seilschlösser, Schnellverbindungsglieder, Spannschlösser, Lastmesseinrichtungen, Trägerklam

Berechnungsformel für Treppen

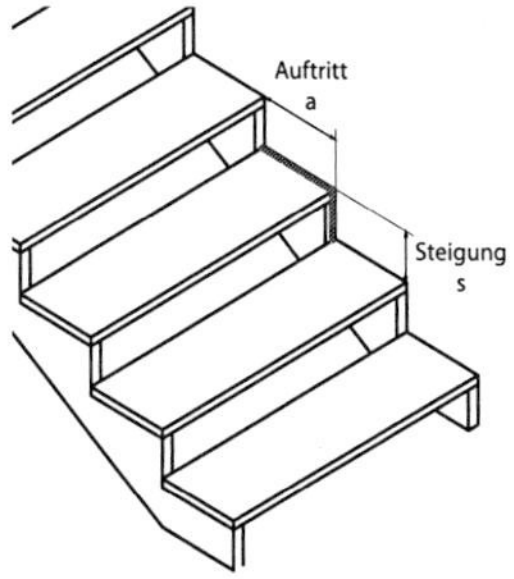

Schrittmaßformel

$$\text{Auftritt } (a) + 2 \cdot \text{Steigung } (s) = 63 \text{ cm} \pm 3 \text{ cm}$$

Stufentiefe (Auftritt) und Steigung unterschiedlicher Treppen

Anwendungsbereich	Auftritt *a* (cm)	Steigung *s* (cm)
Freitreppen	32-30	14-16
Versammlungsstätten, Verwaltungsgebäude	31-29	15-17
gewerbliche Bauten	30-26	16-19
Wohnbauten	27	18
Kellertreppen	21	21

Systemgerüstbau*

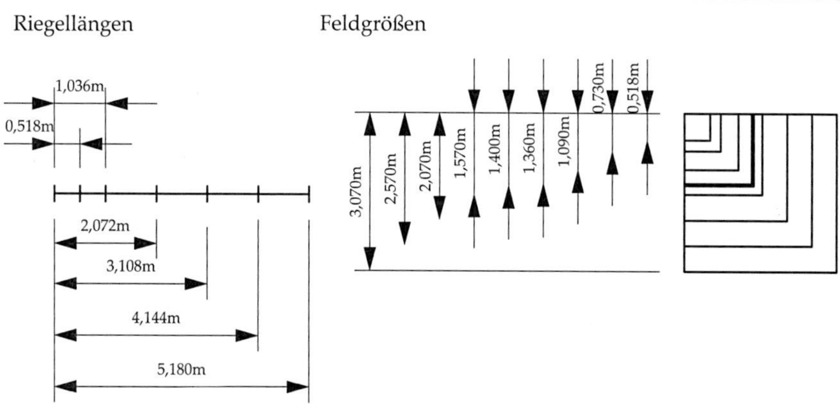

* System "Allround" (Layher), Vertikalstiele im metrischen Raster (0,5m, 1m, 1,5m etc. Ausnahme: unteres Feld, hier 0,4m Höhe für Drehspindelausgleich)

Gleichmäßig belastete Platte

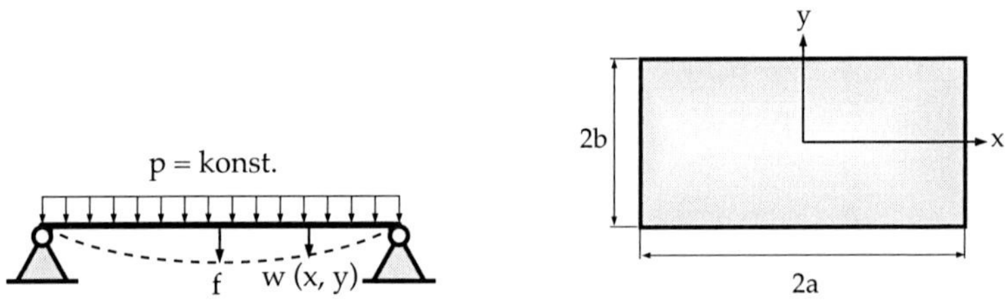

Ringsum gelenkig gelagerter Rand

$$\sigma_x = \frac{c_1 \cdot p \cdot b^2}{h^2}$$

$$\sigma_y = \frac{c_2 \cdot p \cdot b^2}{h^2}$$

$$f = \frac{c_3 \cdot p \cdot b^4}{E \cdot h^3}$$

a/b	c_1	c_2	c_3	c_4
1	1,15	1,15	0,71	0,26
1,5	1,2	1,95	1,35	0,34
2	1,11	2,44	1,77	0,37
3	0,97	2,85	2,14	0,37
4	0,92	2,96	2,24	0,38
∞	0,9	3	2,28	0,38

Die maximalen Spannungen und Durchbiegungen treten in Plattenmitte auf.
In den Ecken ergeben sich abhebende Einzelkräfte $F = c_4 \cdot p \cdot b^2$, die zu verankern sind. (Beiwerte c_i s. Tab.)

Ringsum eingespannter Rand

$$\sigma_y = \frac{c_5 \cdot p \cdot b^2}{h^2}$$

mit

$$\sigma_x = 0,3 \cdot \sigma_y$$

a/b	c_1	c_2	c_3	c_5
1	0,53	0,53	0,225	1,24
1,5	0,48	0,88	0,394	1,82
2	0,31	0,94	0,431	1,92
3	--	--	--	--
4	--	--	--	--
∞	0,3	1	0,455	2

Neben den Spannungen und Durchbiegungen in Plattenmitte treten maximale Biegespannungen in der Mitte des langen Rands auf (c_i-Werte s. Tab.)
Abhebende Auflagekräfte in den Ecken in Form von Einzelkräften treten nicht auf.

σ = Spannung $[\sigma] = N/mm^2$, f = Durchbiegung $[f]$ = mm, p = Flächenlast, a,b = Maße der Platte,
E = Elastizitätsmodul $[E] = N/mm^2$

Kapitel 9

Wärmelehre

Die Wärmelehre (auch Thermodynamik) hat ihren Ursprung in der Zeit der Dampfmaschinen. Thermische Vorgänge, Wärmeleitung oder Ausdehnung von Stoffen bzw. die Mischung von Stoffen unterschiedlicher Temperaturen werden in diesem Kapitel behandelt.

Temperatureinheiten

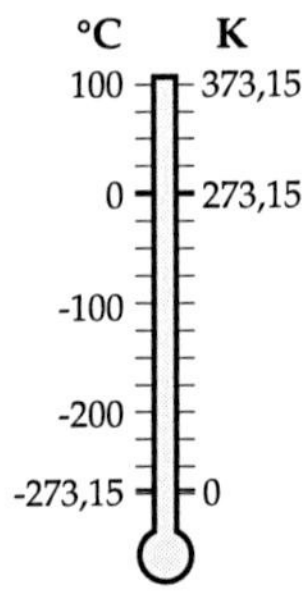

Temperaturmessung in °C
absoluter Nullpunkt bei -273,15 °C entspricht 0 K

Bei 0 °C bzw. 273,15 K gefriert Wasser (Eispunkt), der Siedepunkt liegt bei 100 °C

Längenausdehnung von schlanken, festen Körpern

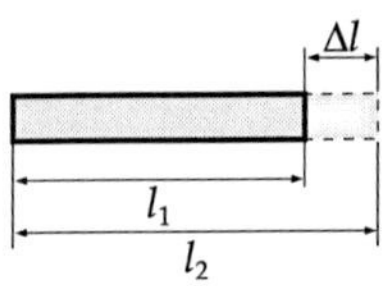

Temperaturdifferenz

$$\Delta T = \frac{\Delta l}{l_1 \cdot \alpha}$$

Längendifferenz

$$\Delta l = l_1 \cdot \alpha \cdot \Delta T$$

Länge vor Erwärmung

$$l_1 = \frac{l_2}{1 + \alpha \cdot \Delta T}$$

Länge nach Erwärmung

$$l_2 = l_1 \cdot (1 + \alpha \cdot \Delta T)$$

Längenausdehnungskoeffizient

$$\alpha = \frac{\Delta l}{l_1 \cdot \Delta T}$$

l = Länge [l] = m; T = Temperaturen [T] = K oder °C; α = Längenausdehnungskoeffizient [α] = 1/K

Volumenausdehnung von gedrungenen oder festen Körpern oder Flüssigkeiten

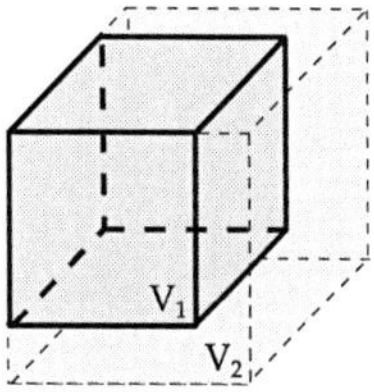

Temperaturdifferenz

$$\Delta T = \frac{\Delta V}{V_1 \cdot \gamma}$$

Raumdifferenz

$$\Delta V = V_1 \cdot \gamma \cdot \Delta T$$

Rauminhalt vor Erwärmung

$$V_1 = \frac{\Delta V}{\Delta T \cdot \gamma} \qquad V_1 = \frac{V_2}{1 + \gamma \cdot \Delta T}$$

Rauminhalt nach Erwärmung

$$V_2 = V_1 \cdot (1 + \gamma \cdot \Delta T)$$

Raumausdehnungskoeffizient

$$\gamma = \frac{\Delta V}{\Delta T \cdot V_1}$$

Wärmemischung

Mischtemperatur (Mischung gleicher Stoffe)

$$T_m = \frac{m_1 \cdot T_1 + m_2 \cdot T_2}{m_1 + m_2}$$

gleiche Wärmekapazität

Mischtemperatur (Mischung verschiedener Stoffe)

$$T_m = \frac{m_1 \cdot c_1 \cdot T_1 + m_2 \cdot c_2 \cdot T_2}{m_1 \cdot c_1 + m_2 \cdot c_2}$$

unterschiedliche Wärmekapazitäten

T = Temperatur [T] = K oder °C, V = Volumen [V] = m^3, γ = Raumausdehnungskoeffizient [γ] = 1/K,
T_m = Mischtemperatur, m = Masse [m] = kg, c = spezifische Wärmekapazität [c] = kJ/kg·K

Volumenausdehnung gasförmiger Stoffe

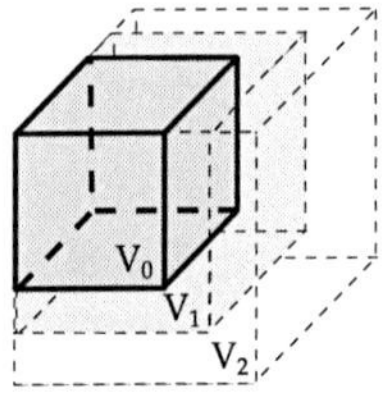

Rauminhalt bei 0°C

$$V_0 = \frac{V_1}{1+\gamma \cdot \Delta T_1} \quad V_0 = \frac{V_2}{1+\gamma \cdot \Delta T_2}$$

Temperaturdifferenz vor Erwärmung

$$\Delta T_1 = T_1 - T_0$$

Temperaturdifferenz nach Erwärmung

$$\Delta T_2 = T_2 - T_0$$

Rauminhalt vor Erwärmung

$$V_1 = V_0 \cdot (1+\gamma \cdot \Delta T_1)$$

Rauminhalt nach Erwärmung

$$V_2 = V_0 \cdot (1+\gamma \cdot \Delta T_2)$$

Raumausdehnungskoeffizient

$$\gamma = \frac{1}{273,15} \quad [\gamma] = \frac{1}{K}$$

Thermische Zustandsgleichung idealer Gase

$p \cdot V = m \cdot R \cdot T$ auch als universelle Gasgleichung bekannt

Wärmeleitung

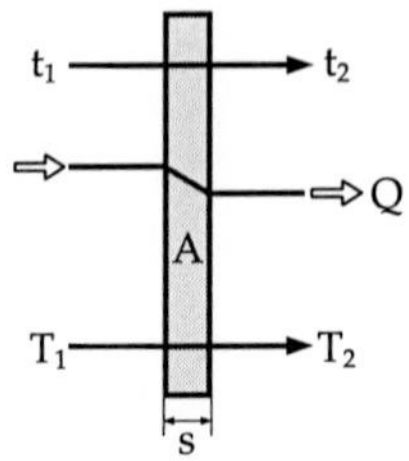

Wärmemenge

$$Q = \frac{\lambda}{s} \cdot A \cdot t \cdot \Delta T$$

Temperaturdifferenz

$$\Delta T = \frac{Q \cdot s}{\lambda \cdot A \cdot t}$$

T = Temperatur [T] = K oder °C, V = Volumen [V] = m³, γ = Raumausdehungskoeffizient [γ] = 1/K
p = Druck [p] = Pascal, R = spezifische Gaskonstante (siehe Tabelle im Anhang) [R] = kJ/kg·K, Q = Wärmemenge [Q] = kJ, λ = Wärmeleitfähigkeit [λ] = kJ/m·s·K, s = Wandstärke, A = Wandfläche, t = Zeit [t] = s

Wärmekapazität von Körpern und Flüssigkeiten

Masse

$$m = \frac{Q}{\Delta T \cdot c}$$

Temperaturdifferenz

$$\Delta T = \frac{Q}{m \cdot c}$$

Wärmemenge

$$Q = m \cdot c \cdot \Delta T$$

Wärmekapazität von Gasen

bei konstantem Volumen

$$Q = m \cdot c_v \cdot \Delta T$$

bei konstantem Druck

$$Q = m \cdot c_p \cdot \Delta T$$

Zusammenhang zwischen Druck und Volumen

$$c_p = c_v + R$$

Verbrennung

Wärmemenge

$$Q = m \cdot H_u \qquad Q = V \cdot \rho \cdot H_u$$

Masse

$$m = \frac{Q}{H_u}$$

Volumen

$$V = \frac{Q}{\rho \cdot H_u}$$

m = Masse, Q = Wärmemenge [Q] = kJ, c = spezifische Wärmekapazität [c] = kJ / kg·K, R = spezifische Gaskonstante (siehe Tabellenteil) [R] = kJ / kg·K, H_u = spezifischer Heizwert (siehe Tabellenteil) [H_u] = MJ / Kg, ρ = Dichte [ρ] = kg / m^3

Längenausdehnungskoeffizient α

Werkstoff	α	Werkstoff	α
Aluminium	23,8	Molybdän	5,2
Beton	12	Neusilber	18
Blei	29	Nickel	13
Bronze	17,5	Platin	9
Chromnickel	18	Platin-Iridium (0,2Ir)	8,3
Chromstahl	10	Polyamid (Dederon)	110
Diamant	1,3	Polyethylen	200
Eisen	12,2	Polystyrol	75
Elektron	24	Polyvinylchlorid	80
Glas, Jena 16 III	8,1	Porzellan	3
Gold	14,2	Quarzglas	0,6
Gusseisen	10	Silber	19,5
Invarstahl	1,5	Stahl	11,7
Iridium	6,5	Supra-Stahl	0,5
Kadmium	31,5	hochlegierter Stahl X 10CrNiTi18,9 (V2A)	16
Konstantan	15,2		
Kupfer	16,5	Wolfram	4,5
Mangan	23	Zink	29
Messing	18,4	Zinn	26,7

Raumausdehnungskoeffizient γ

Werkstoff	γ bei 20°C	Werkstoff	γ bei 20°C
Azeton	1,43	Quecksilber	0,181
Benzin	1	Quecksilber in Jenaer Glas 16 III	0,157
Benzol	1,06		
Ether	1,62	Quecksilber in Quarzglas	0,179
Ethylalkohol	1,1		
Glycerin	0,59	Schwefelsäure	0,55
Methylalkohol	1,19	Salpetersäure	1,24
Pentan in Jenaer Glas 16 III	0,151	Terpentinsäure	0,97
		Toluol	1,08
Petroleum	0,96	Wasser	0,18

α = Längenausdehnungskoeffizient [α] in 10^{-6}/K bei 20 °C
γ = Raumausdehnungskoeffizient [γ] in 10^{-3}/K bei 20 °C

Wärmeleitfähigkeit λ

gute Wärmeleiter	λ
Silber	419
Kupfer	372
Gold	308
Aluminium	209
Rotguss	128
Messing	93
Platin	70
Zinn	64
Bronze	58
Nickel	52
Stahl	50
Grauguss	49
Blei	35

schlechte Wärmeleiter	λ
Kesselstein	1,2...3,5
Quecksilber	8,4
Graphit	5
Sandstein	2,3
Eis	1,7
Stahlbeton	1,7
Kiesbeton	1,5
Quarz	1,1
Glas	0,6...1,0
Porzellan	0,9
Ziegelstein	0,8
Wasser	0,6
Glimmer	0,3

Wärmeisolatoren	λ
Holz	0,17
Asbest	0,17
Plaste	0,17
Leder	0,15
Holzkohle	0,08
Schlackenwolle	0,07
Kork	0,05
Torf	0,05
Piatherm	0,05
Glaswolle	0,03
Luft	0,02
Bettfedern	0,02
Vakuum	0

Spezifische Wärmekapazität c für feste und flüssige Stoffe bei 20°C

feste Stoffe	c	feste Stoffe	c
Aluminium	0,896	Silber	0,234
Beton	0,92	Schamotte	0,84
Blei	0,13	hochlegierter Stahl	0,481
Eis (0°C)	2,09	Wolfram	0,134
Eisen, rein	0,465	Ziegelstein	0,92
Glas, Jena	0,779	Zink	0,389
Gold	0,13	Zinn	0,218
Grauguss	0,54	**flüssige Stoffe**	**c**
Holz	2,4	Azeton	2,16
Iridium	0,134	Eisen, flüssig	0,71
Konstantan	0,41	Ethylalkohol	2,4
Kupfer	0,385	Glycerin	2,4
Messing	0,385	Leichtbenzin	2,1
Molybdän	0,251	Maschinenöl	1,7
Nickel	0,448	Methylalkohol	2,5
Platin	0,134	Pentan	2,2
Porzellan	0,8	Toluol	1,72
Quarzglas	0,729	Quecksilber	0,138
		Wasser	4,19

λ = Wärmeleitfähigkeit [λ] = J/s K m = W/K m
c = spezifische Wärmekapazität [c] = kJ/kg K

Spezifische Wärmekapazität c_p für gasförmige Stoffe

Gas	c_p	R (spezifische Gaskonstante)
Helium	5,24	2,077
Argon	0,52	0,208
Wasserstoff	14,2	4,124
Stickstoff	1,039	0,297
Sauerstoff	0,915	0,259
Luft	1,004	0,287
Kohlenmonoxid	1,04	0,297
Kohlendioxid	0,817	0,189
Ammoniak	2,056	0,488
Methan	2,156	0,518

Spezifischer Heizwert fester und flüssiger Stoffe

feste Stoffe	H_u
Anthrazit	~ 33,5
Braunkohlenbrikett	~ 21
Holz, frisch	~ 8,4
Holz, lufttrocken	~ 15,5
Holzkohle	~ 30,6
Koks	~ 29,3
Rohbraunkohle	~ 12,5
Steinkohle	~ 29,3
Torf, trocken	~ 14,2

flüssige Stoffe	H_u
Ether	34
Benzin	~ 43
Benzol	40
Dieselöl	~ 43
Heizöl	~ 41
Petroleum	41
Methylalkohol	40
Rohöl	41
Spiritus	25
Ethylalkohol	27

Spezifischer Heizwert gasförmiger Stoffe (bei 0°C und 1013 hPa - normaler Luftdruck)

Gas	H_u	Gas	H_u
Ammoniak	14,2	Methan	35,9
Azetylen	64,5	Propan	93,2
Butan	60	„Stadtgas"	16,7
Ethan	56,9	Wassergas	10,3
Ethylen	124	Wasserstoff	10,8

c_p = spezifische Wärmekapazität $[c_p]$ = kJ/kg K, R = spezifische Gaskonstante [R] = kJ/kg K
H_u = spezifischer Heizwert $[H_u]$ = MJ/kg

Kapitel 10

Elektrotechnik

Die Elektrotechnik ist ein zentrales Gebiet innerhalb der Veranstaltungstechnik:
Fast jede Veranstaltung benötigt eine Energieversorgung. Dieses Kapitel zeigt neben nötigen Grundlagen auch spezifische Themen der Veranstaltungstechnik, wie z.B. Leitungsarten oder Anschlussbelegungen von Verbindungen.

Ohmsches Gesetz

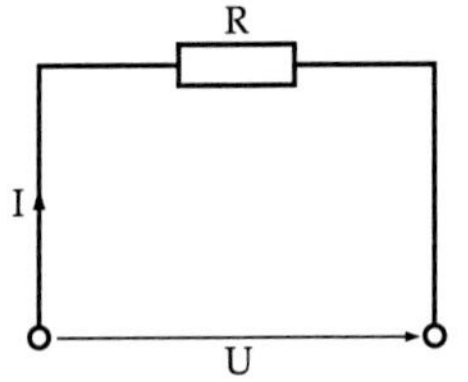

$U = R \cdot I$

$R = \frac{U}{I}$

$I = \frac{U}{R}$

Stromdichte

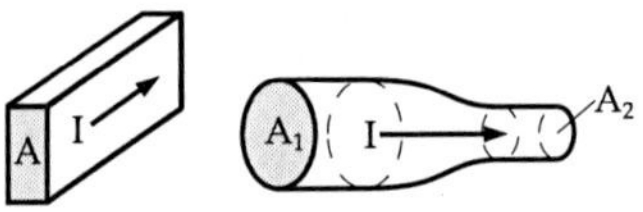

$J = \frac{I}{A}$

$J_1 = \frac{I}{A_1} < J_2 = \frac{I}{A_2}$

Widerstand, Leiter und Temperatur (siehe Tab. S. 135)

Leiterwiderstand	$R = \rho \cdot \frac{l}{A} = \frac{l}{\kappa \cdot A}$
Widerstand und Temperatur	$R_2 = R_1 \cdot (1 + \alpha \cdot \Delta T)$
Temperaturbeiwert (für Kupfer CU)	$\alpha_{cu} = \frac{1}{235K + T_1}$ $\alpha_{CU} = 0{,}0039 \frac{1}{K}$

Reihenschaltung von Widerständen

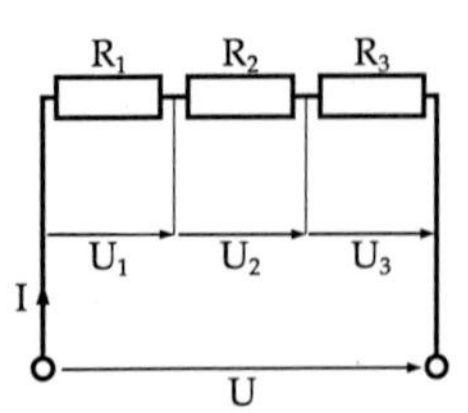

$R = \sum R_n = R_1 + R_2 + R_3 ...$

$U = \sum U_n = U_1 + U_2 + U_3 ..$ $U = I \cdot R$

$U_1 = I \cdot R_1$ $U_2 = I \cdot R_2$ $U_3 = I \cdot R_3$

$\frac{U}{U_1} = \frac{R}{R_1}$ $\frac{U_1}{U_2} = \frac{R_1}{R_2}$

bei gleichgroßen Widerständen gilt $R_{ges} = n \cdot R$

U = Spannung $[U]$ = V, R = ohmscher Widerstand $[R] = \Omega$, I = Strom $[I]$ = A; J = Stromdichte $[J] = A/mm^2$, A = Fläche; ρ = spezifischer Widerstand $[\rho] = \Omega \cdot mm^2/m$, α = Temperaturbeiwert (auch Temperaturkoeffizient) $[\alpha] = 1/K$, T = Temperatur [T] = K, κ = Leitfähigkeit $[\kappa] = m/\Omega \cdot mm^2$, ΔT = Temperaturdifferenz

Parallelschaltung von zwei Widerständen

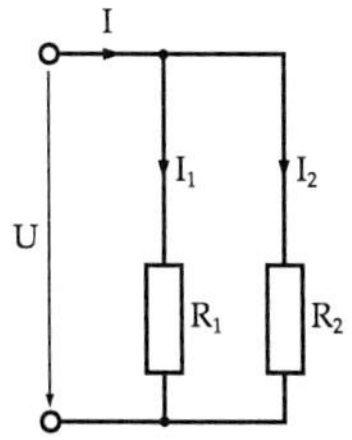

$$R = \frac{R_1 \cdot R_2}{R_1 + R_2} \qquad R_1 = \frac{R_2 \cdot R}{R_2 - R}$$

$$I = I_1 + I_2$$

$$I_1 = \frac{U}{R_1} \qquad \frac{I_1}{I_2} = \frac{R_2}{R_1}$$

Parallelschaltung von mehr als zwei Widerständen

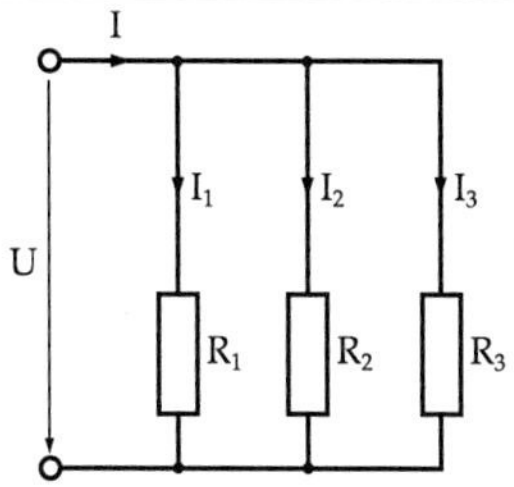

$$\frac{1}{R} = \frac{1}{R_1} + \frac{1}{R_2} + \frac{1}{R_3} + \ldots \qquad I = I_1 + I_2 + I_3 + \ldots$$

$$I_1 = \frac{U}{R_1};\ I_2 = \frac{U}{R_2};\ I_3 = \frac{U}{R_3} \qquad I = \frac{U}{R}$$

bei gleichgroßen Widerständen gilt $R = \frac{R_1}{n}$ $\quad I = \frac{n \cdot U}{R_1}$

Knotenregel (1. Kirchhoffsches Gesetz)

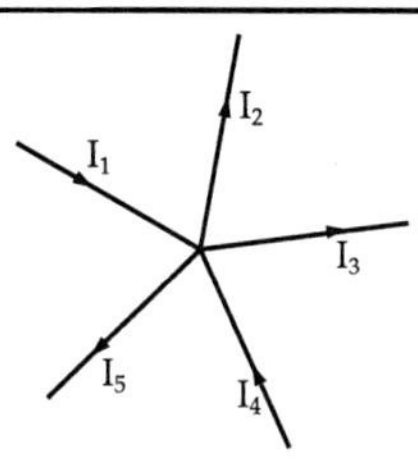

$$\sum I_{zu} = \sum I_{ab}$$

$$I_1 + I_4 = I_2 + I_3 + I_5$$

$$I_1 = I_2 + I_3 + I_5 - I_4$$

In jedem Stromverzweigungpunkt ist die Summe der zufließenden Ströme gleich der Summe der abfließenden Ströme.

Maschenregel (2. Kirchhoffsches Gesetz)

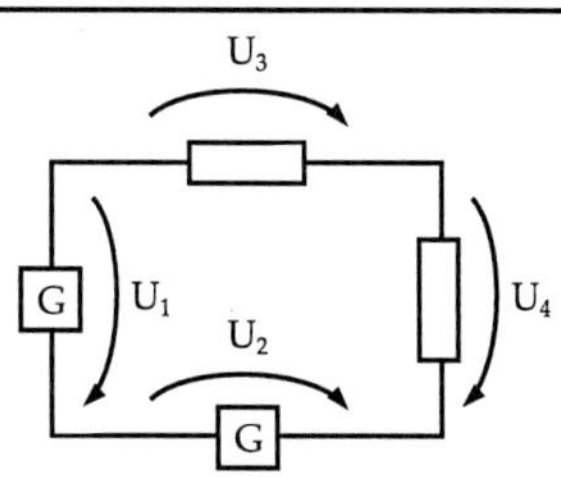

$$\sum U_{erz} = \sum U_{ver}$$

$$\sum U = 0 \text{ (Vorzeichen beachten)}$$

$$U_1 + U_2 = U_3 + U_4$$

In jedem geschlossenen Stromkreis ist die Summe der erzeugten Spannungen gleich der Summe der vebrauchten Spannungen.

R = ohmscher Widerstand [R] = Ω, I = Strom [I] = A, U = Spannung [U] = V, n Anzahl der ohmschen Widerstände

Unbelasteter Spannungsteiler

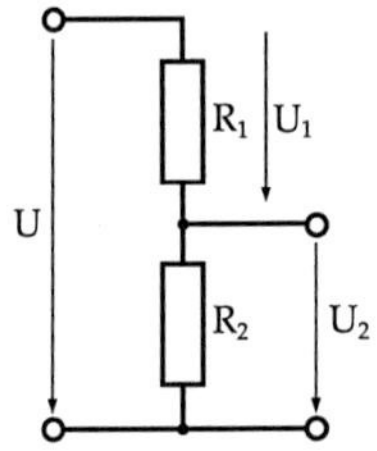

$$U_2 = \frac{U \cdot R_2}{R_1 + R_2} \qquad R_2 = \frac{U_2 \cdot R_1}{U - U_2}$$

$$R_1 = \frac{R_2 \cdot (U - U_2)}{U_2} \qquad \frac{U_2}{U_1} = \frac{R_2}{R_1}$$

Belasteter Spannungsteiler

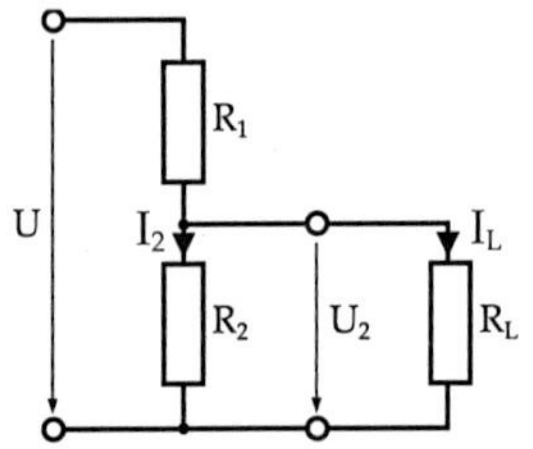

$$U_2 = \frac{U}{\frac{R_1 \cdot (R_2 + R_L)}{R_2 \cdot R_L} + 1} \qquad R_2 = \frac{R_1}{\frac{U}{U_2} - 1 - \frac{R_1}{R_L}}$$

$$R_1 = \left(\frac{U}{U_2} - 1\right) \cdot \frac{R_2 \cdot R_L}{R_2 + R_L} \qquad q = \frac{I_2}{I_L} = \frac{R_L}{R_2}$$

Widerstandsbrücke (Wheatstone-Brücke)

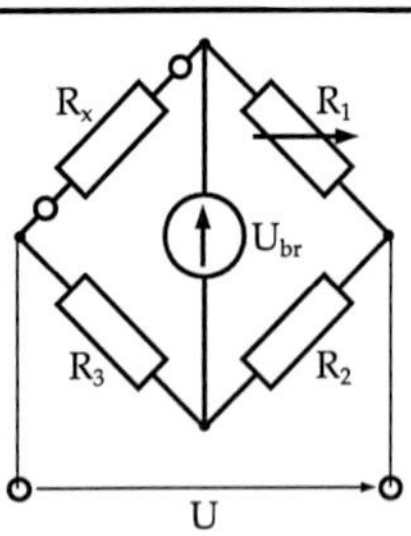

$$\frac{R_x}{R_1} = \frac{R_3}{R_2}$$

$$R_x = \frac{R_1 \cdot R_3}{R_2} \qquad U_{br} = 0$$

durch Variation von R_1 (Potentiometer)
"abgeglichene Brücke"

Allgemeine Spannungsquelle

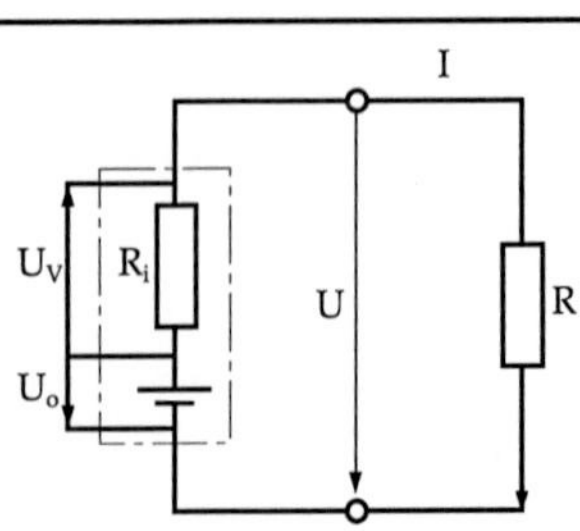

$$U = U_0 - U_V$$

$$U = U_0 - I \cdot R_i$$

$$I_K = \frac{U_0}{R_i}$$

$$R_i = \frac{\Delta U}{\Delta I} = \frac{U_0 - U}{I}$$

U = Klemmenspannung , U_{br} = Brückenspannung, U_0 = Quellenspannung, U_v = Spannungsverlust [U] = V, I_K = Kurzschlussstrom [I] = A, R_i = Innenwiderstand, R_L = Lastwiderstand, R_x = unbekannter Widerstand [R] = Ω, q = Querstromverhältnis

Stern-Dreieck-Umwandlung

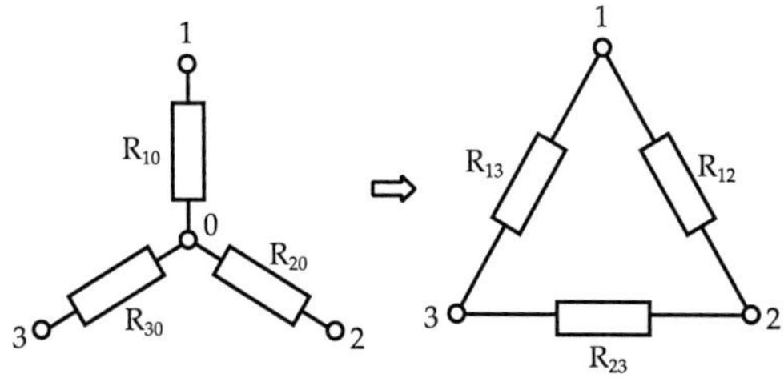

$$R_{12} = \frac{R_{10} \cdot R_{20}}{R_{30}} + R_{10} + R_{20}$$

$$R_{13} = \frac{R_{10} \cdot R_{30}}{R_{20}} + R_{10} + R_{30}$$

$$R_{23} = \frac{R_{20} \cdot R_{30}}{R_{10}} + R_{20} + R_{30}$$

Dreieck-Stern-Umwandlung

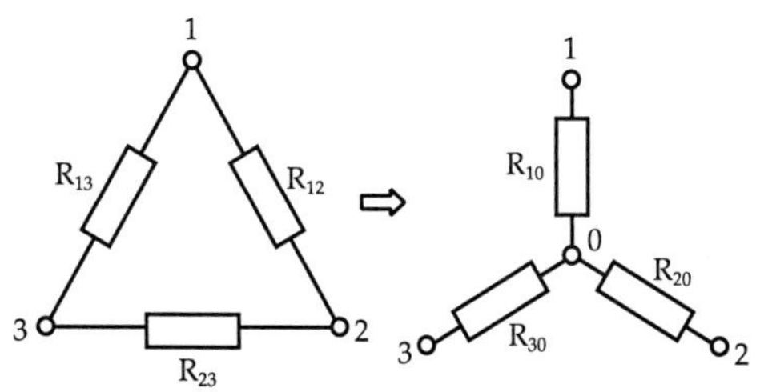

$$R_{10} = \frac{R_{12} \cdot R_{13}}{R_{12} + R_{13} + R_{23}}$$

$$R_{20} = \frac{R_{23} \cdot R_{12}}{R_{12} + R_{13} + R_{23}}$$

$$R_{30} = \frac{R_{23} \cdot R_{13}}{R_{12} + R_{13} + R_{23}}$$

Elektrische Leistung

Allgemein

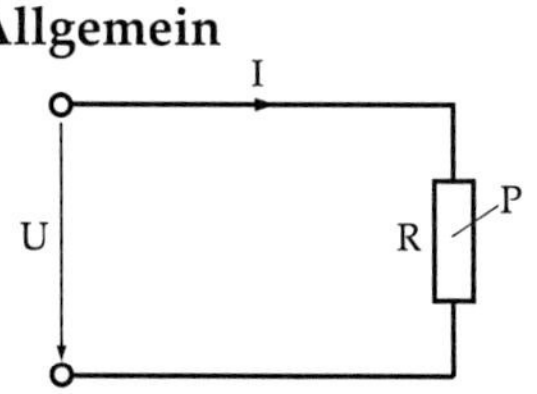

$$P = U \cdot I \qquad P = I^2 \cdot R$$

$$P = \frac{U^2}{R} = \frac{W}{t} \qquad I = \sqrt{\frac{P}{R}} \qquad U = \sqrt{P \cdot R}$$

Siehe auch S. 133 für Wechselstromleistung.

Abhängigkeit von Spannung und Strom bei konstantem Widerstand

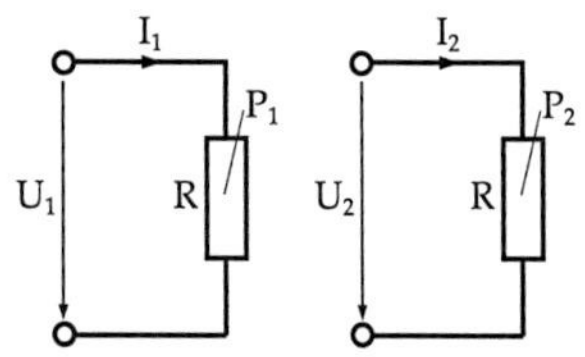

$$\frac{P_1}{P_2} = \frac{U_1^2}{U_2^2} = \frac{I_1^2}{I_2^2}$$

$$P_2 = P_1 \cdot \left(\frac{U_2}{U_1}\right)^2 = P_1 \cdot \left(\frac{I_2}{I_1}\right)^2$$

R_{10} R_{20} R_{30} = Widerstände in Sternschaltung, R_{12} R_{13} R_{23} = Widerstände in Dreieckschaltung [R] = Ω
P = Leistung [P] = W, t = Zeit [t] = s, W = elektrische Arbeit [W] = W·s = J (Joule)

Elektrische Arbeit

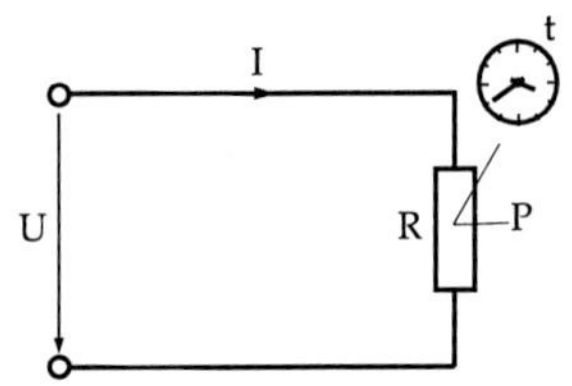

Arbeit in Ws

$$W = U \cdot I \cdot t = U \cdot Q$$

$$W = P \cdot t$$

$$W = I^2 \cdot R \cdot t$$

$$W = \frac{U^2}{R} \cdot t$$

Arbeit in kWh*

$$W = P \cdot t$$

$$W = \frac{U \cdot I \cdot t}{1000}$$

$$W = \frac{I^2 \cdot R \cdot t}{1000}$$

$$W = \frac{U^2}{1000 \cdot R} \cdot t$$

Wirkungsgrad

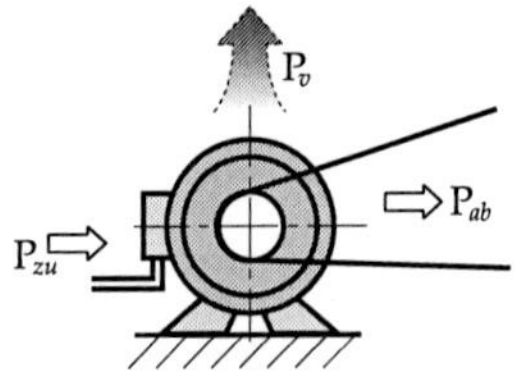

$$P_V = P_{zu} - P_{ab}$$

$$\eta = \frac{P_{ab}}{P_{zu}} \qquad \eta = \frac{P_{ab}}{P_{ab} + P_V} \qquad \eta = \frac{P_{ab}}{U \cdot I} \text{ einphasig}$$

$$\eta = \frac{P_{ab}}{\sqrt{3} \cdot U \cdot I} \text{ dreiphasig}$$

Gesamtwirkungsgrad

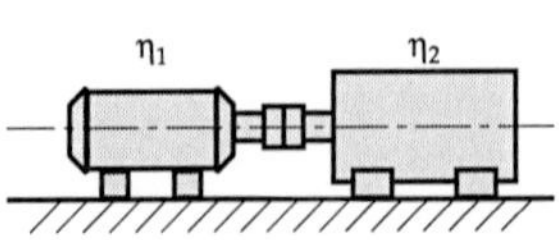

$$\eta_g = \eta_1 \cdot \eta_2 \ldots$$

W = elektrische Arbeit $[W]$ = W·s = J, t = Zeit [t] = s, Q = Ladung $[Q]$ = A·s; P_V = Verlustleistung $[P]$ = W, P_{zu} zugeführte Leistung, P_{ab} abgegebene Leistung (Nennleistung), η = Wirkungsgrad (liegt immer zwischen 0 u
*gilt nur wenn t in Stunden (Umrechnungsfaktor von Sekunde nach Stunde = s ·3.600) und P in kW angegeben

Magnetische Durchflutung

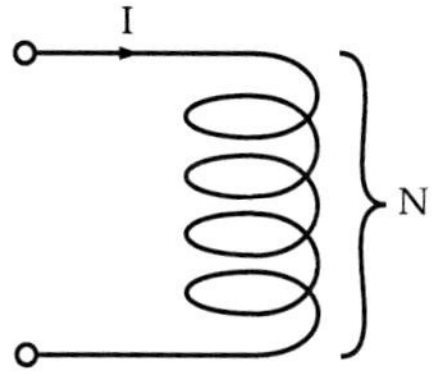

$$\Theta = I \cdot N$$

Magnetische Feldstärke

Kreisringspule

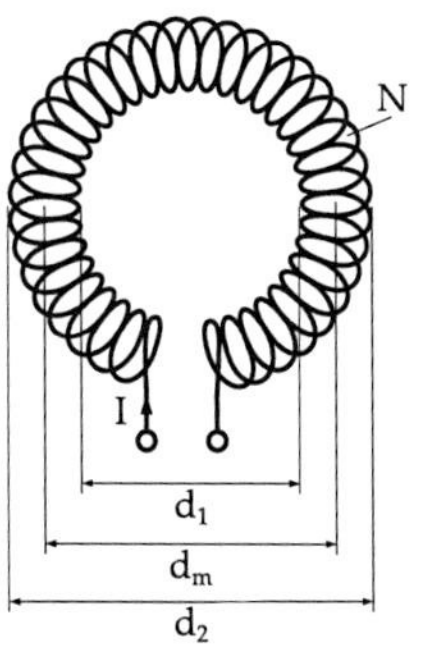

$$H = \frac{\Theta}{l_m} \qquad H = \frac{I \cdot N}{l_m}$$

$$H = \frac{I \cdot N}{\pi \cdot d_m} \qquad d_m = \frac{d_1 + d_2}{2}$$

$$I_m = \pi \cdot d_m$$

Schlanke Spule

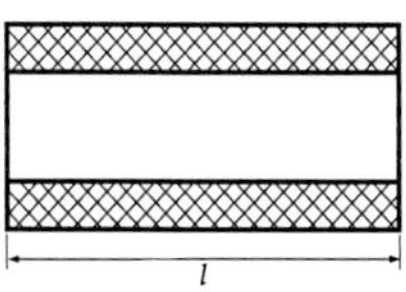

$$H = \frac{\Theta}{l_m} \qquad H \approx \frac{\Theta}{l}$$

$$l_m \approx l$$

Θ Durchflutung (magnetische Spannung) $[\Theta]$ = A, H Feldstärke $[H]$ = A / m, l_m mittlere Feldlinienlänge, d Durchmesser, N Windungszahl

Magnetischer Fluss

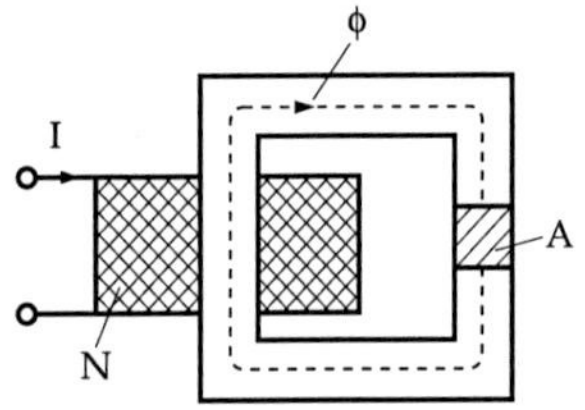

$$\Phi = B \cdot A$$

$$B = \mu_0 \cdot H$$

Magnetische Zugkraft

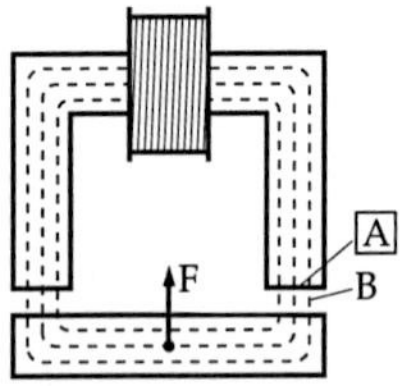

$$F = 40 \cdot A \cdot B^2$$ (Faustformel)

Kraft auf stromdurchflossenen Leiter

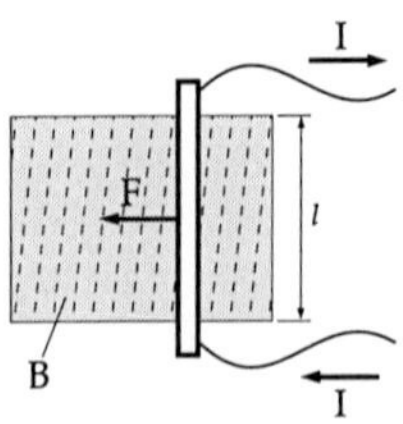

$$F = B \cdot I \cdot l$$

Kraft zwischen stromdurchflossenen Leitern

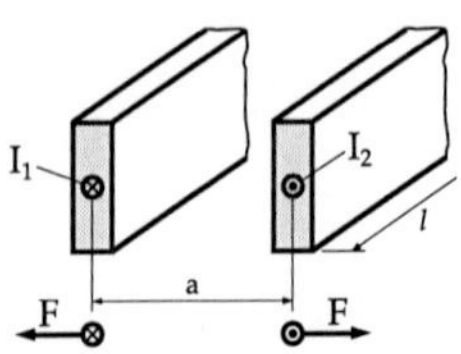

$$F = \frac{\mu_0 \cdot l \cdot I_1 \cdot I_2}{2 \cdot \pi \cdot a}$$

Φ = magnetischer Fluss [Φ] = V·s = Wb (Weber), B = Flussdichte [B] = V · s/m² (Tesla); l = Leiterlänge, a = Abstand, μ_0 = magnetische Feldkonstante ≈ 1,26 · 10^{-6} V · s/(A · m), H = Feldstärke [H] = A/m

Induktion der Ruhe (Transformator-Prinzip)

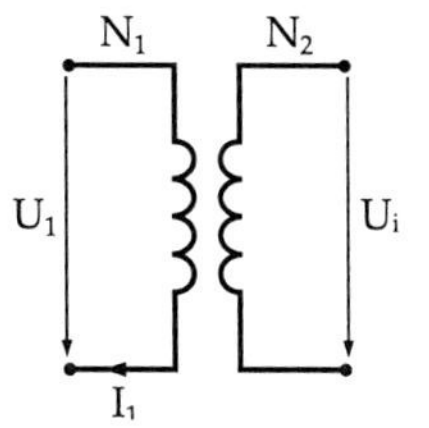

Induktion durch Stromänderung ΔI

$$U_i = -L \cdot \frac{\Delta I}{\Delta t}$$

Induktion durch Flussänderung ΔΦ

$$U_i = -N \cdot \frac{\Delta \Phi}{\Delta t}$$

Induktion der Bewegung (Generator-Prinzip)

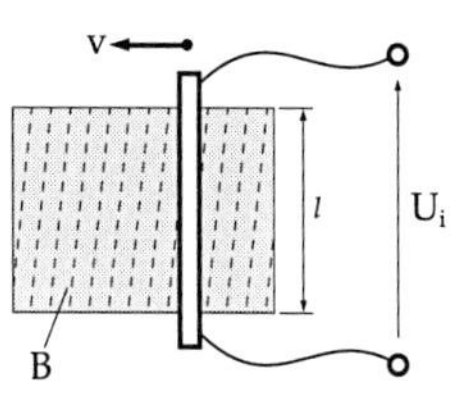

Bei einem Leiter

$$U_i = B \cdot l \cdot v$$

Bei mehreren (n) Leitern

$$U_i = n \cdot B \cdot l \cdot v$$

Induktivität einer Spule

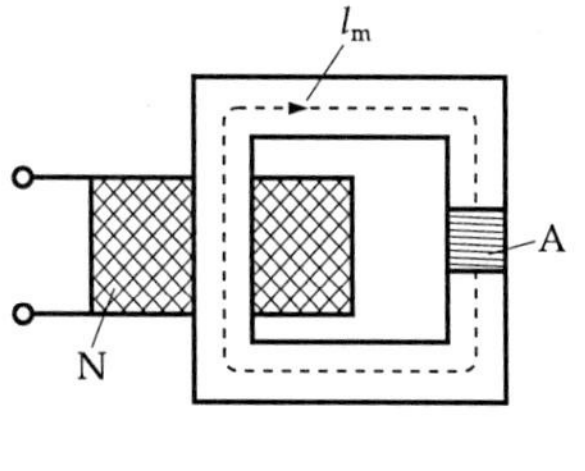

$$L = \frac{\mu_0 \cdot \mu_r \cdot A \cdot N^2}{l_m}$$

$$\mu_0 = 4\pi \cdot 10^{-7} \left[\frac{V \cdot s}{A \cdot m}\right]$$

$$\approx 1{,}26 \cdot 10^{-6} \left[\frac{V \cdot s}{A \cdot m}\right]$$

μ_0 = magnetische Feldkonstante ≈ 1,26 · 10^{-6} V · s / (A · m), μ_r = Permeabilitätszahl (materialabhängig)
L = Induktivität [L] = H (Henry) = V · s / A

Reihenschaltung von Induktivitäten

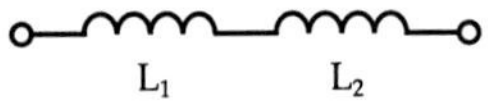

$$L = \sum L_n = L_1 + L_2 + \ldots$$

Parallelschaltung von zwei Induktivitäten

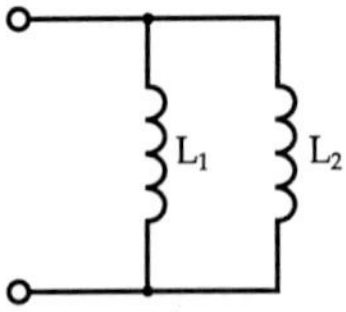

$$L = \frac{L_1 \cdot L_2}{L_1 + L_2}$$

Parallelschaltung von mehreren Induktivitäten

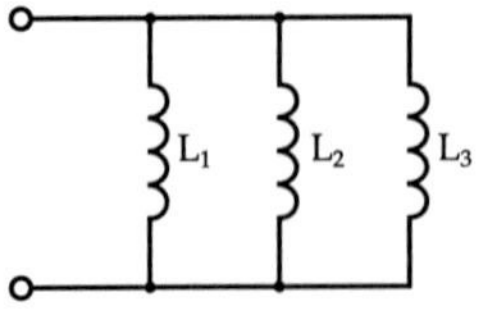

$$\frac{1}{L} = \frac{1}{L_1} + \frac{1}{L_2} + \frac{1}{L_3} + \ldots$$

L Induktivität $[L]$ = H (Henry) = V · s/A

Ein- und Ausschaltvorgang Spule an Gleichspannung

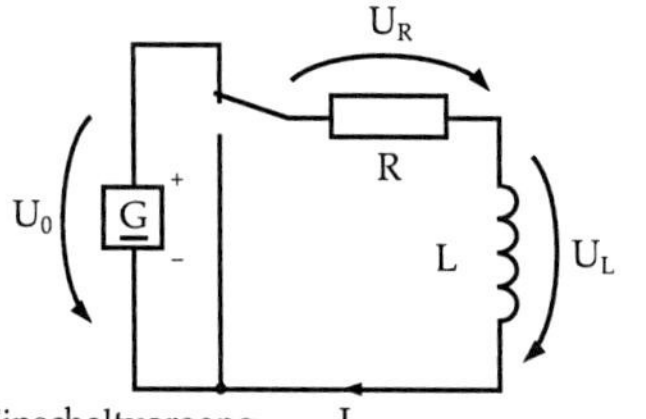

Einschaltvorgang

$$u_L(t) = U_0 \cdot e^{-\frac{t}{\tau}} \qquad \tau = \frac{L}{R} \quad [\tau] = \frac{H}{\Omega} = \frac{V \cdot s}{A \cdot \Omega} = s$$

$$i_L(t) = \frac{U_0}{R} \cdot (1 - e^{-\frac{t}{\tau}}) \qquad I_0 = \frac{U_0}{R}$$

bei t = 5τ erreicht I_L den Maximalwert, beim Abschalten ist $I_L = 0$ nach t = 5τ

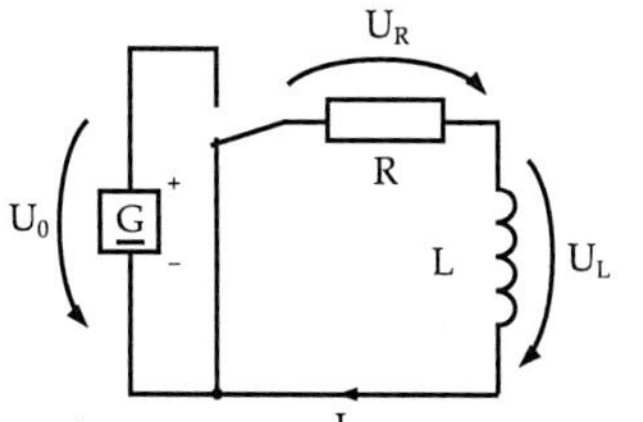

Ausschaltvorgang

$$u_L(t) = -U_0 \cdot e^{-\frac{t}{\tau}}$$

$$i_L(t) = \frac{-U_0}{R} \cdot e^{-\frac{t}{\tau}}$$

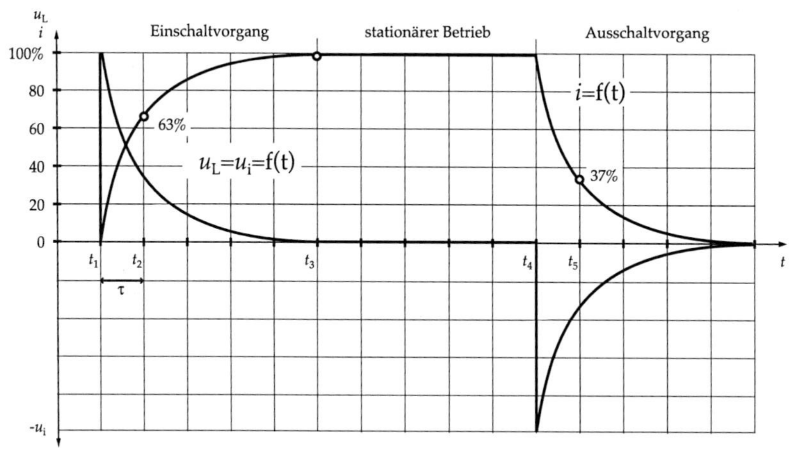

$u_L(t)$ = Augenblickswert Spannung, $i_L(t)$ = Augenblickswert Strom, τ = Zeitkonstante

Elektrische Feldstärke

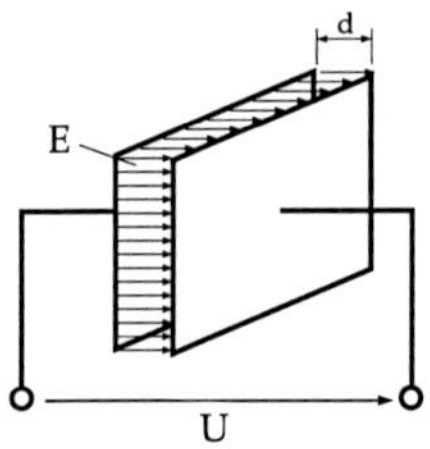	$E = \frac{U}{d}$ $E = \frac{F}{Q}$

Kapazität eines Kondensators

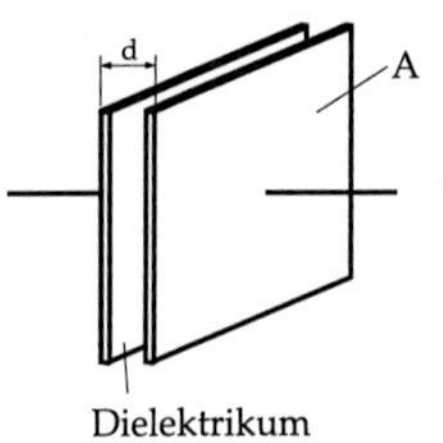	$C = \varepsilon_0 \cdot \varepsilon_r \cdot \frac{A}{d}$ $\varepsilon_0 = 8,9 \cdot 10^{-12} \left[\frac{A \cdot s}{V \cdot m}\right]$ $\varepsilon_{r\,Luft} \approx 1 \quad \varepsilon_{r\,Vakuum} = 1$

E = Feldstärke $[E]$ = V/m, Q = Ladungsmenge $[Q]$ = A · s = C (Coulomb); $\varepsilon_0 \approx 8{,}9 \cdot 10^{-12}$ A · s/(V · m) elektrische Feldkonstante, ε_r = Permittivitätszahl (relative Dielektrizitätszahl), C = Kapazität [C] = F (Farad)

Ladungs- und Entladungsvorgang Kondensator an Gleichspannung

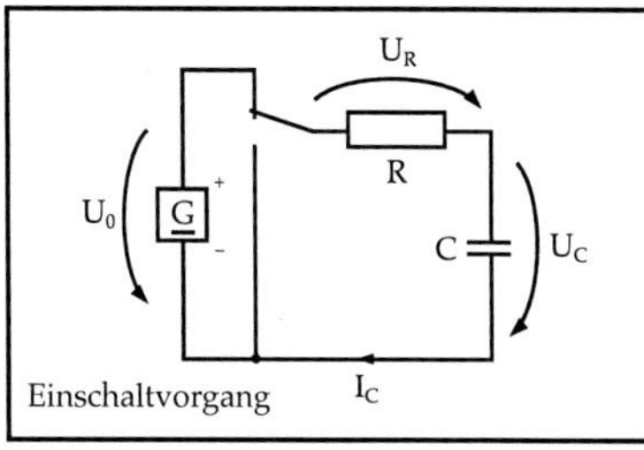

$$u_C(t) = U_0 \cdot (1 - e^{-\frac{t}{\tau}}) \qquad \tau = R \cdot C$$

$$i_C(t) = \frac{U_0}{R} \cdot e^{-\frac{t}{\tau}} \qquad I_0 = \frac{U_0}{R}$$

bei t = 5τ sind Lade - bzw. Entladevorgang praktisch abgeschlossen

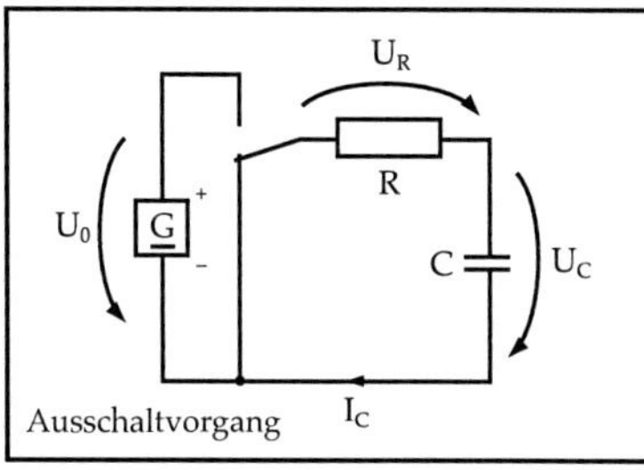

$$u_C(t) = U_0 \cdot e^{-\frac{t}{\tau}} \qquad t = 5 \cdot \tau = 5 \cdot R \cdot C$$

$$i_C(t) = -\frac{U_0}{R} \cdot e^{-\frac{t}{\tau}} \qquad Q = C \cdot U$$

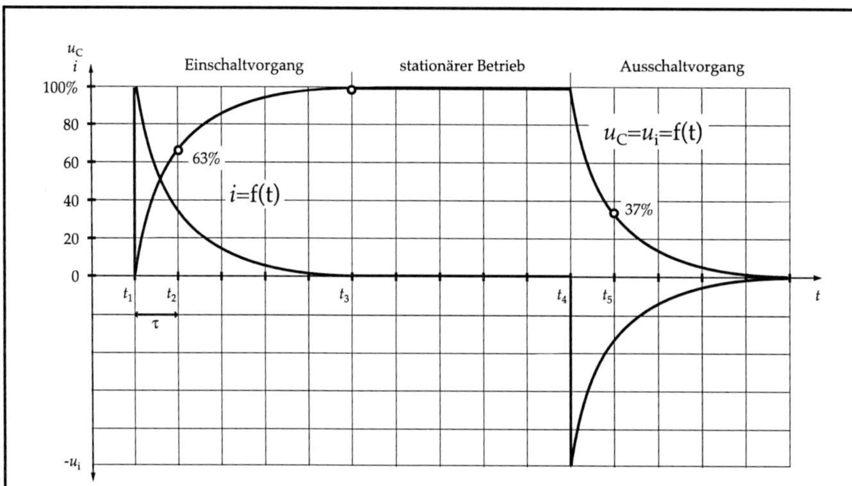

$u_C(t)$ = Augenblickswert Spannung, $i_C(t)$ = Augenblickswert Strom, τ Zeitkonstante

Parallelschaltung von Kondensatoren

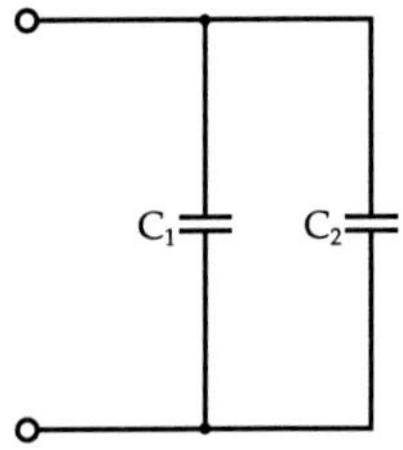

$$C = \sum C_n = C_1 + C_2 + \ldots$$

Reihenschaltung von zwei Kondensatoren

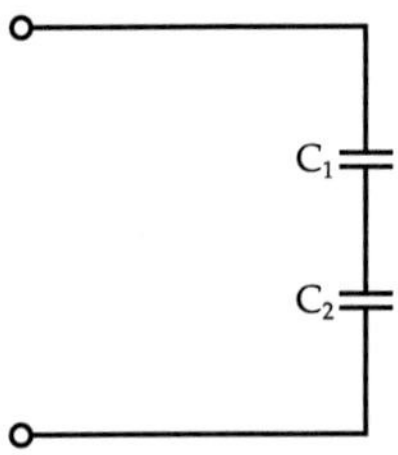

$$C = \frac{C_1 \cdot C_2}{C_1 + C_2}$$

$$C_1 = \frac{C_2 \cdot C}{C_2 - C}$$

Reihenschaltung von mehr als zwei Kondensatoren

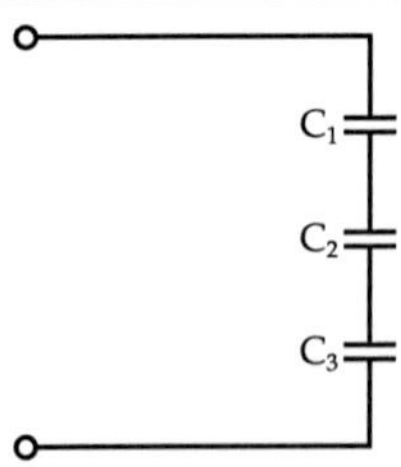

$$\frac{1}{C} = \frac{1}{C_1} + \frac{1}{C_2} + \frac{1}{C_3} + \ldots$$

bei gleichgroßen Kapazitäten gilt

$$C = \frac{C_1}{n}$$

Spannungsteilung bei Reihenschaltung

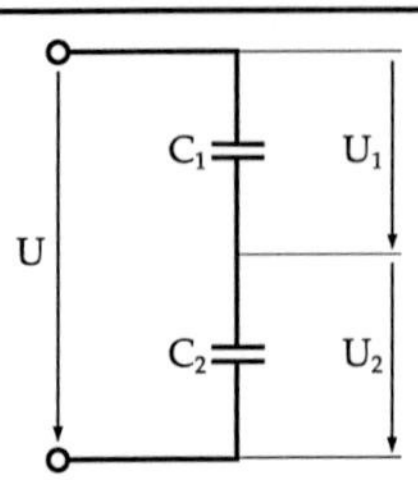

$$U = U_1 + U_2$$

$$\frac{C_1}{C_2} = \frac{U_2}{U_1}$$

C = Kapazität [C] = A · s/V = F (Farad), U = Spannung [U] = V

Elektrolyse

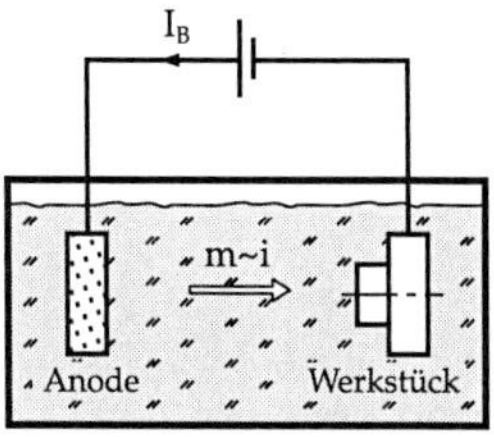

$$m = c \cdot I \cdot t$$

$$I = \zeta_i \cdot I_B$$

Galvanisches Element

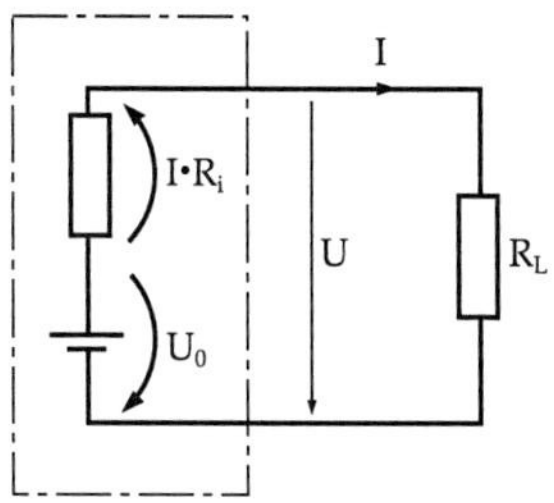

Belastung: $R_L > 0$

$$U = U_0 - I \cdot R_i \qquad I = \frac{U_0}{R_L + R_i}$$

Leerlauf:

$$I \approx 0 \quad U \approx U_0 \quad R \approx 0 \quad I_k \approx \frac{U_0}{R_i}$$

Reihenschaltung von gleichartigen galvanischen Elementen

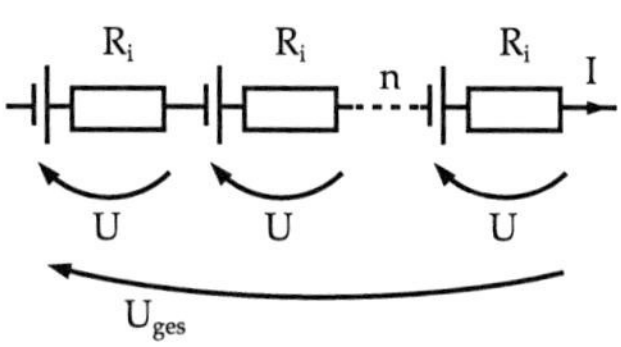

$$U_{ges} = n \cdot U$$

$$R_{i\,ges} = n \cdot R_i$$

$$K_{ges} = K$$

Parallelschaltung von gleichartigen galvanischen Elementen

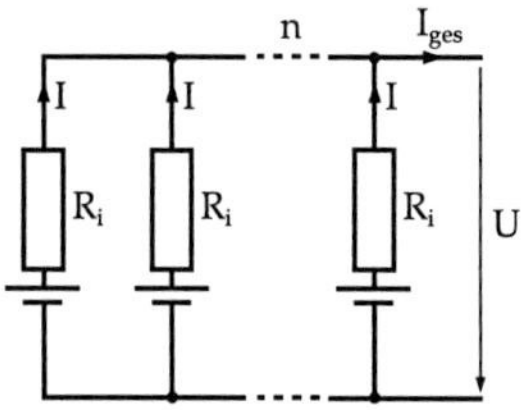

$$I_{ges} = n \cdot I$$

$$R_{i\,ges} = \frac{R_i}{n}$$

$$K_{ges} = n \cdot K$$

m = Stoffmenge (durch Elektrolyse abgeschieden), c = elektrochemisches Äquivalent [c] = mg / A·s, ζ_i = Stromausbeute [ζ] = A, K = Kapazität eines Elements [K] = A·h oder A·s, t = Zeit, U_0 = Urspannung, U = Klemmenspannung, I = Strom [I] = A, I_K = Kurzschlussstrom, I_B = Badstrom

Akkumulatoren

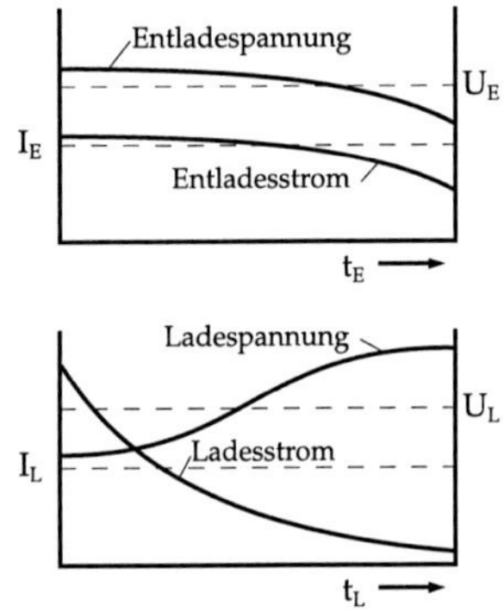

$$K_L = I_L \cdot t_L \qquad K_E = I_E \cdot t_E$$

$$a = \frac{K_L}{K_E} \qquad \zeta_{Ah} = \frac{K_E}{K_L}$$

$$\zeta_{Wh} = \frac{U_E \cdot I_E \cdot t_E}{U_L \cdot I_L \cdot t_L} \qquad K_{10} \Rightarrow K_E \text{ bei } t_E = 10\text{h} \qquad K_{20} \Rightarrow K_E \text{ bei } t_E = 20\text{h}$$

Ersatzstromquelle

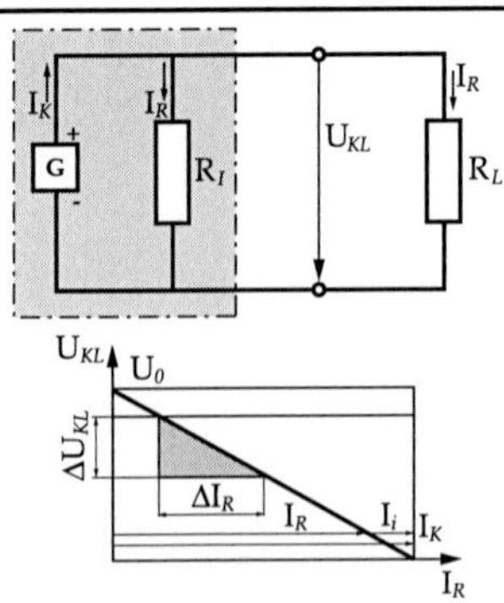

$$I = I_K - I_i \qquad I_i = \frac{U_{Kl}}{R_i} \qquad R_i = \frac{U_{Kl}}{I_i} = \frac{U_{Kl}}{I_a}$$

$$U_{Kl} = I_K \cdot \frac{R_i \cdot R_a}{R_i + R_a} \qquad I_K = \frac{U_0}{R_i}$$

Spannungsanpassung: $R_a \gg R_i \quad U_{Kl} \approx U_0$

Stromanpassung: $R_a \ll R_i \quad I_a \approx I_K$

Leistungssanpassung: $R_a = R_i \quad U_{Kl} = \frac{1}{2} U_0$

$$I = \frac{1}{2} I_K \qquad P_{a,\max} = \frac{1}{4} U_0 \cdot I_K$$

Ersatzspannungsquelle

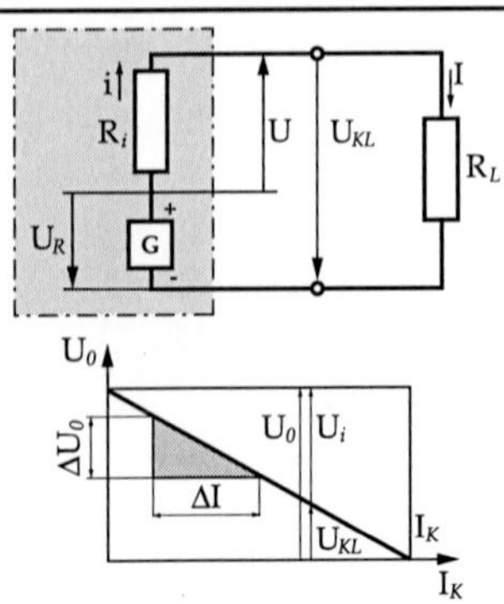

$$U_{Kl} = U_0 - U_i \qquad U_i = I \cdot R_i \qquad R_i = \frac{U_{Kl}}{I}$$

$$I = \frac{U_0}{R_a + R_i} \qquad I_K = \frac{U_0}{R_i}$$

Spannungsanpassung: $R_a \gg R_i \quad U_{Kl} \approx U_0$

Stromanpassung: $R_a \ll R_i \quad I_a \approx I_K$

Leistungssanpassung: $R_a = R_i \quad U_{Kl} = \frac{1}{2} U_0$

$$I = \frac{1}{2} I_K \qquad P_{a,\max} = \frac{1}{4} U_0 \cdot I_K$$

K_L = Ladekapazität, K_E = Entladekapazität, a = Ladefaktor, ζ_{Ah} = Ladungsnutzungsgrad (Energieverhältnis), U_L = mittlere Ladespannung [U] = V, U_E = mittlere Entladespannung, I_L = mittlerer Ladestrom [I] = A, I_E = mittlerer Entladestrom; U_{KL} = Klemmenspannung, U_0 = Urspannung (Quellenspannung), I_a = Laststrom, I_K = Kurzschlusstrom, I_i = Strom durch Innenwiderstand, R_i = Innenwiderstand, R_a = Außen(Last)Wiederstand, P_a = Abgabeleistung

Frequenz, Periodendauer, Kreisfrequenz

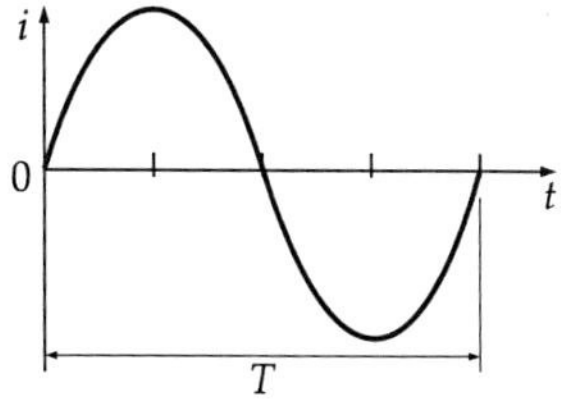

$$f = \frac{1}{T}$$

$$\omega = 2 \cdot \pi \cdot f$$

Phasenverschiebungswinkel

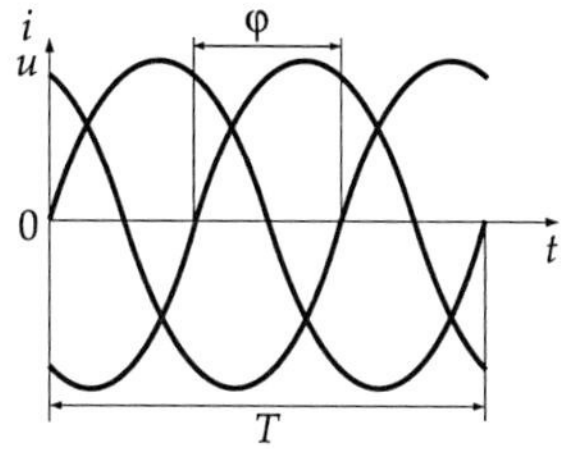

$$\varphi = \frac{360° \cdot t}{T}$$

Scheitelwert, Effektivwert, Augenblickswert, Spitze-Spitze-Wert*

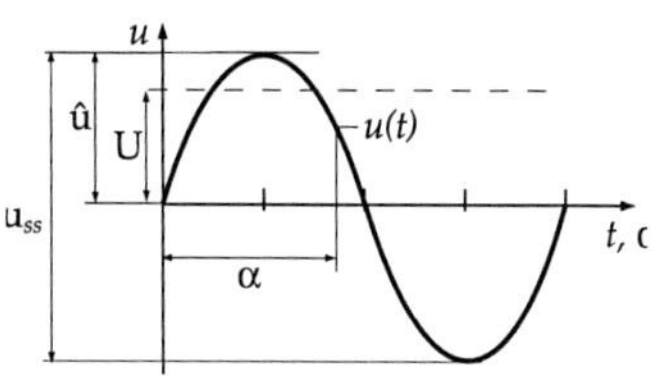

$$U = \frac{\hat{u}}{\sqrt{2}} = \frac{\hat{u}}{1,41}$$

$$u(t) = \hat{u} \cdot \sin\alpha$$

$$U_{SS} = 2 \cdot \hat{u} = 2,83 \cdot U$$

Arithmetischer Mittelwert*

Einweggleichrichtung

$$\bar{i} = 0,32 \cdot \hat{i}$$

$$\bar{i} = 0,45 \cdot I$$

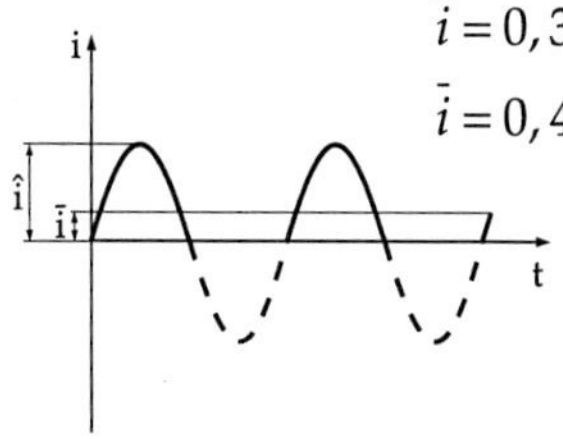

Zweiweggleichrichtung

$$\bar{i} = 0,64 \cdot \hat{i}$$

$$\bar{i} = 0,9 \cdot I$$

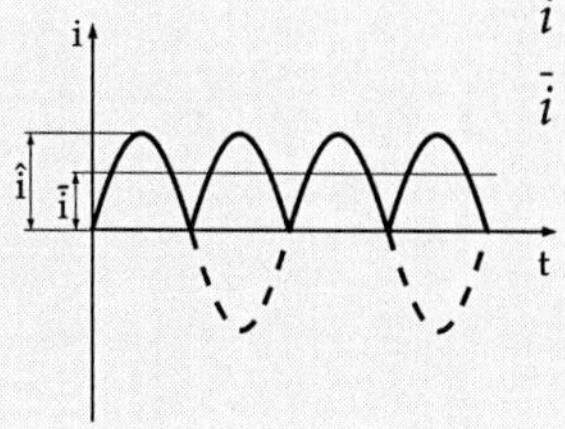

f = Frequenz $[f] = 1/s$ = Hz (Hertz), T = Periodendauer, ω = Kreisfrequenz [ω] = 1/s, φ = Phasenverschiebungswinkel [φ] = °, $\hat{u}$ = Scheitelwert Spannung, U_{SS} = Spannung Spitze-Spitze, U = Effektivwert Spanung, $u(t)$ = Augenblickswert Spannung [U] = V, $\bar{i}$ = arithm. Mittelwert Strom, $\hat{i}$ = Scheitelwert Strom; *gilt nur für sinusförmige Spannungen! Gleichungen gelten äquivalent für Stromstärken!

Transformator

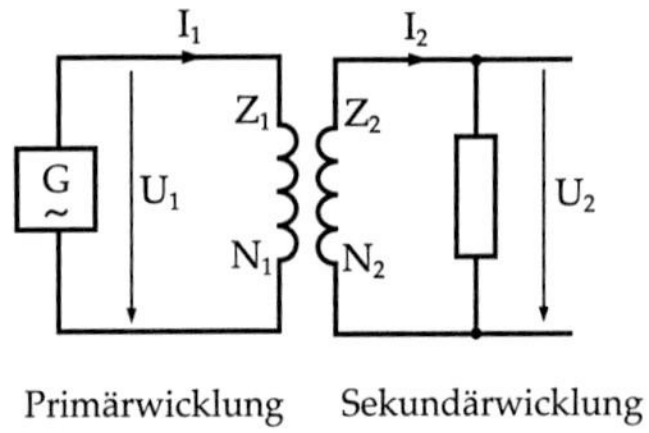

$$\ddot{u} = \frac{U_1}{U_2} = \frac{N_1}{N_2} = \frac{I_2}{I_1}$$

$$\ddot{u}^2 = \frac{Z_1}{Z_2}$$

Kapazitiver Blindwiderstand

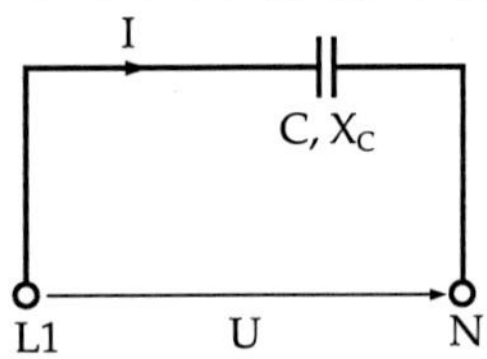

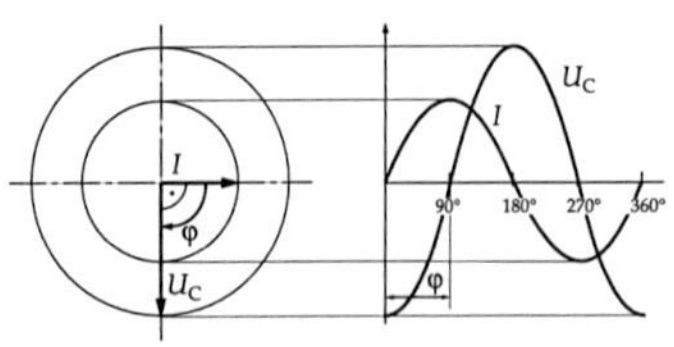

$$X_C = \frac{1}{\omega \cdot C} = \frac{1}{2 \cdot \pi \cdot f \cdot C}$$

$$I = \frac{U}{X_C} = U \cdot \omega \cdot C \qquad Q = I^2 \cdot X_C$$

$$I = 2 \cdot \pi \cdot f \cdot C \cdot U \qquad Q = U^2 \cdot \omega \cdot C$$

$$Q = U \cdot I$$

Induktiver Blindwiderstand

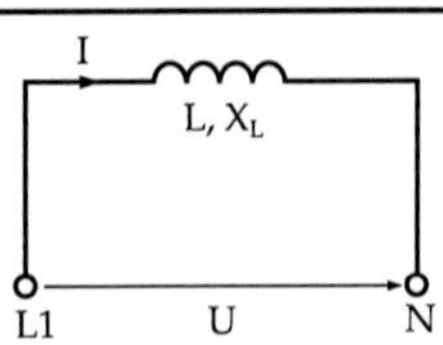

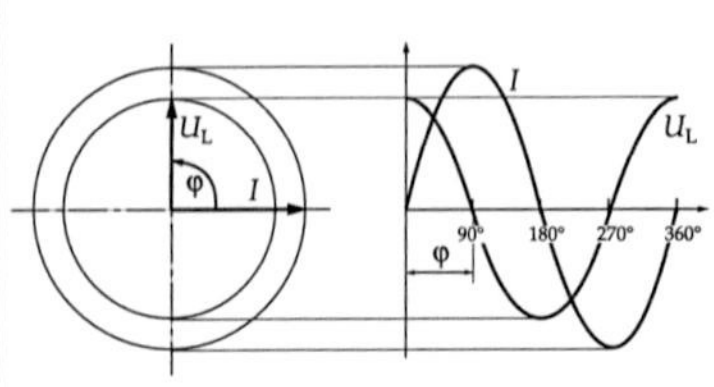

$$X_L = \omega \cdot L = 2 \cdot \pi \cdot f \cdot L$$

$$I = \frac{U}{X_L} = \frac{U}{\omega \cdot L} \qquad Q = I^2 \cdot X_L$$

$$I = \frac{U}{2 \cdot \pi \cdot f \cdot L} \qquad Q = \frac{U^2}{X_L}$$

$$Q = U \cdot I$$

$\ddot{u}$ = Übersetzungsverhältnis; Z_1 = Scheinwiderstand Primärwicklung, Z_2 = Scheinwiderstand Sekundärwicklung; N_1 = Windungszahl Primärwicklung, N_2 = Windungszahl Sekundärwicklung
X_C = kapazitiver Blindwiderstand; X_L = induktiver Blindwiderstand; Q = Blindleistung $[Q]$ = var

R-C Reihenschaltung

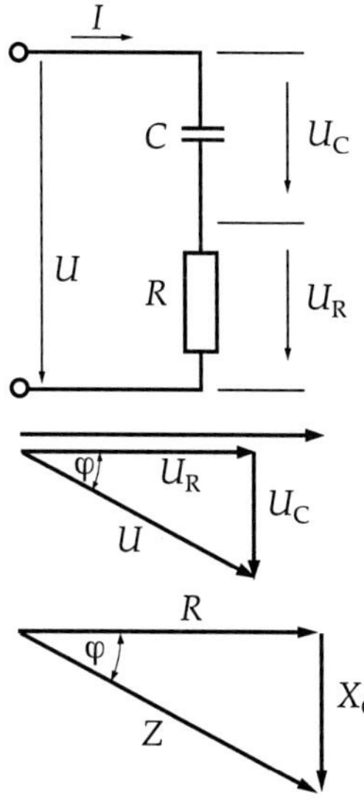

$$Z = \frac{U}{I} \qquad S = U \cdot I$$

$$Z = \sqrt{R^2 + X_C^2} \qquad U = \sqrt{U_R^2 + U_C^2}$$

$$S = \sqrt{P^2 + Q_C^2} \qquad \cos\varphi = \frac{R}{Z} = \frac{U_R}{U} = \frac{P}{S}$$

$$\sin\varphi = \frac{X_C}{Z} = \frac{U_C}{U} = \frac{Q_C}{S}$$

$$\tan\varphi = \frac{X_C}{R} = \frac{U_C}{U_R} = \frac{Q_C}{P}$$

R-L Reihenschaltung

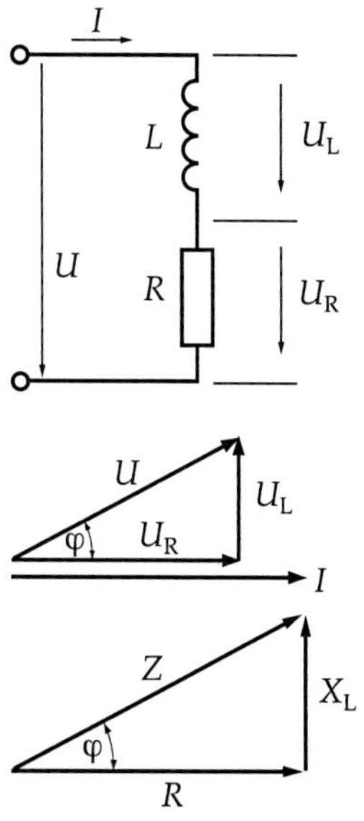

$$Z = \frac{U}{I} \qquad S = U \cdot I$$

$$Z = \sqrt{R^2 + X_L^2} \qquad U = \sqrt{U_R^2 + U_L^2}$$

$$S = \sqrt{P^2 + Q_L^2} \qquad \cos\varphi = \frac{R}{Z} = \frac{U_R}{U} = \frac{P}{S}$$

$$\sin\varphi = \frac{X_L}{Z} = \frac{U_L}{U} = \frac{Q_L}{S}$$

$$\tan\varphi = \frac{X_L}{R} = \frac{U_L}{U_R} = \frac{Q_L}{P}$$

U = Spannung, U_R = Wirkspannung, U_C = kapazitive Blindspannung, I = Stromstärke, φ = Phasenverschiebungswinkel [φ] = °, cosφ = Wirkleistungsfaktor, R = Wirkwiderstand [R] = Ω, Z = Scheinwiderstand [Z] = Ω, X_C = kapazitiver Blindwiderstand [X_C] = Ω, S = Scheinleistung [S] = VA, P = Wirkleistung [P] = W, Q_C = kapazitive Blindleistung [Q_C] = var, U_L = induktive Blindspannung, X_L = induktiver Bindwiderstand [X_L] = Ω, Q_L = induktive Blindleistung [Q_L] = var

R-C Parallelschaltung

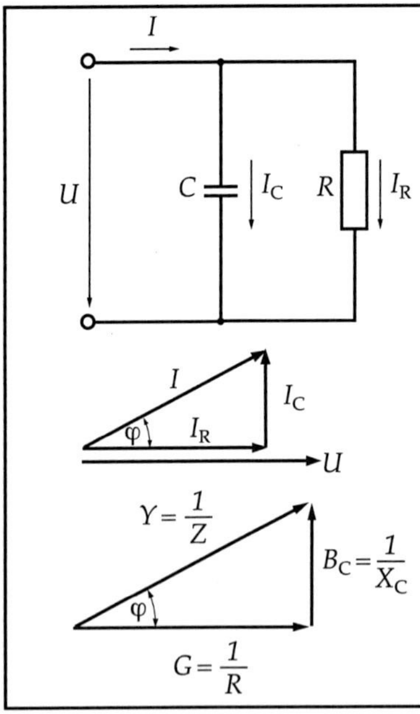

$$Z = \frac{U}{I} \quad Y = \frac{I}{U} \quad S = U \cdot I$$

$$Y = \sqrt{G^2 + B_C^2} \qquad I = \sqrt{I_R^2 + I_C^2}$$

$$S = \sqrt{P^2 + Q_C^2}$$

$$\cos\varphi = \frac{G}{Y} = \frac{I_R}{I} = \frac{P}{S} = \frac{Z}{R}$$

$$\sin\varphi = \frac{B_C}{Y} = \frac{I_C}{I} = \frac{Q_C}{S} = \frac{Z}{X_C}$$

$$\tan\varphi = \frac{B_C}{G} = \frac{I_C}{I_R} = \frac{Q_C}{P} = \frac{R}{X_C}$$

R-L Parallelschaltung

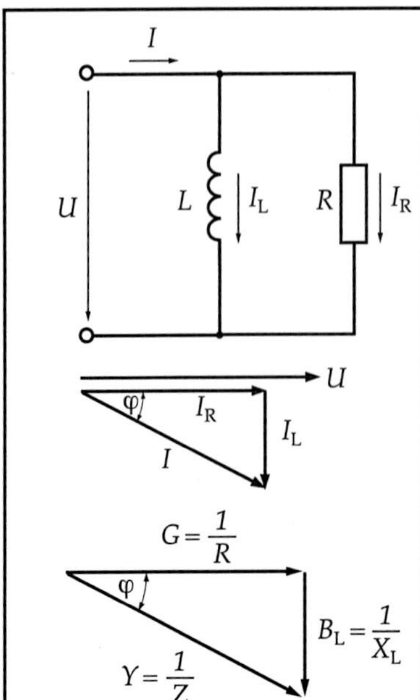

$$Z = \frac{U}{I} \quad Y = \frac{I}{U} \quad S = U \cdot I$$

$$Y = \sqrt{G^2 + B_L^2} \qquad I = \sqrt{I_R^2 + I_L^2}$$

$$S = \sqrt{P^2 + Q_L^2}$$

$$\cos\varphi = \frac{G}{Y} = \frac{I_R}{I} = \frac{P}{S} = \frac{Z}{R}$$

$$\sin\varphi = \frac{B_L}{Y} = \frac{I_L}{I} = \frac{Q_L}{S} = \frac{Z}{X_L}$$

$$\tan\varphi = \frac{B_L}{G} = \frac{I_L}{I_R} = \frac{Q_L}{P} = \frac{Z}{X_L}$$

U = Spannung, I = Stromstärke (gesamt), I_R = Wirkstrom, I_C = kapazitiver Blindstrom, I_L = induktiver Blindstrom, φ = Phasenverschiebungswinkel [φ] = °, Z = Scheinwiderstand [Z] = Ω, Y = Scheinleitwert [S] = 1/Ω=S, G = Wirkleitwert [G] = 1/Ω=S, B_C = kapazitiver Blindleitwert [B] = 1/Ω=S, B_L = induktiver Blindleitwert, S = Scheinleistung [S] = VA, P = Wirkleistung [P] = W, Q_C = kapazitive Blindleistung [Q_C] = var, U_L = induktive Blindspannung, Q_L = induktive Blindleistung [Q_L] = var

Zusammenhang RC/RL Reihen- und Parallelschaltung

	Reihenschaltung	Parallelschaltung
Bezugsgröße	Stromstärke I	Spannung U
	Widerstandsdreieck	Leitwertdreieck
· Bezugsgröße	$R \cdot I = U$	$G \cdot U = I$
	Spannungsdreieck	Stromdreieck
· Bezugsgröße	$U \cdot I = P$	$I \cdot U = P$
	Leistungsdreieck	Leistungsdreieck

R-C-L Reihenschaltung (Reihenschwingkreis)

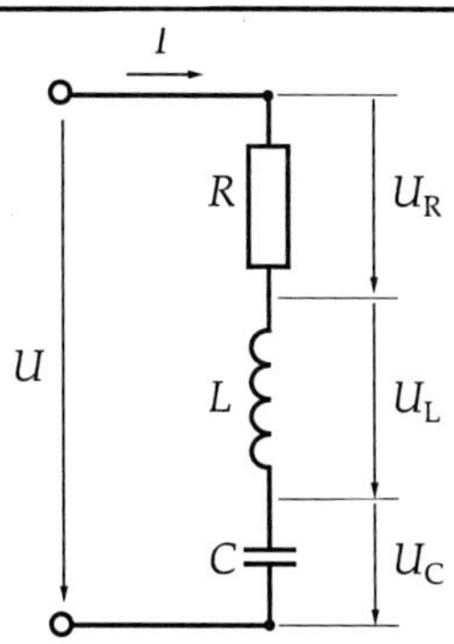

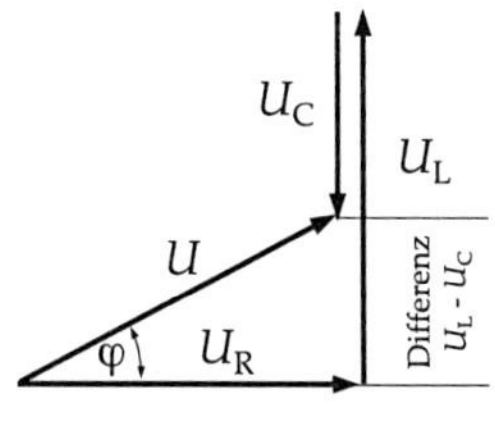

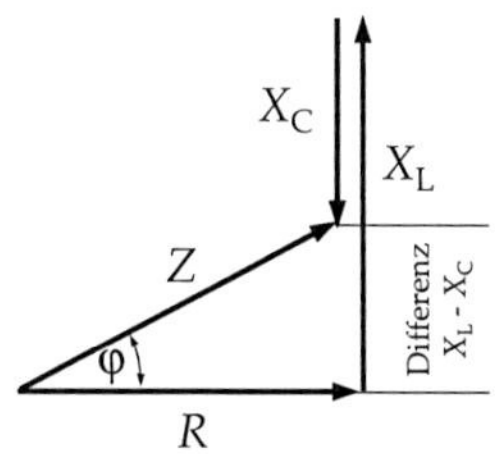

$$Z = \frac{U}{I} \quad S = U \cdot I$$

$$Z = \sqrt{R^2 + (X_L - X_C)^2}$$

$$U = \sqrt{U^2 + (U_L - U_C)^2}$$

$$S = \sqrt{P^2 + (Q_L - Q_C)^2}$$

$$\cos\varphi = \frac{R}{Z} = \frac{U_R}{U} = \frac{P}{S}$$

$$\sin\varphi = \frac{X_L - X_C}{Z} = \frac{U_L - U_C}{U} = \frac{Q_L - Q_C}{S}$$

$$\tan\varphi = \frac{X_L - X_C}{R} = \frac{U_L - U_C}{U_R} = \frac{Q_L - Q_C}{P}$$

$$f_0 = \frac{1}{2\pi\sqrt{C \cdot L}}$$

U = Spannung (gesamt), I = Stromstärke (gesamt), U_R = Wirkspannung, U_C = kapazitive Blindspannung, U_L = induktive Blindspannung, φ = Phasenverschiebungswinkel [φ] = °, rad, Z = Scheinwiderstand [Z] = Ω, R = Wirkwiderstand [R] = W, X_L = induktiver Blindwiderstand [X_L] = W, X_C = kapazitiver Blindwiderstand [X_C] = W, S = Scheinleistung [S] = VA, P = Wirkleistung [P] = W, Q_C = kapazitive Blindleistung [Q_C] = var, Q_L = induktive Blindleistung [Q_L] = var, f_0 = Resonanzfrequenz [f] = 1/s, Hz

R-C-L Parallelschaltung (Parallelschwingkreis)

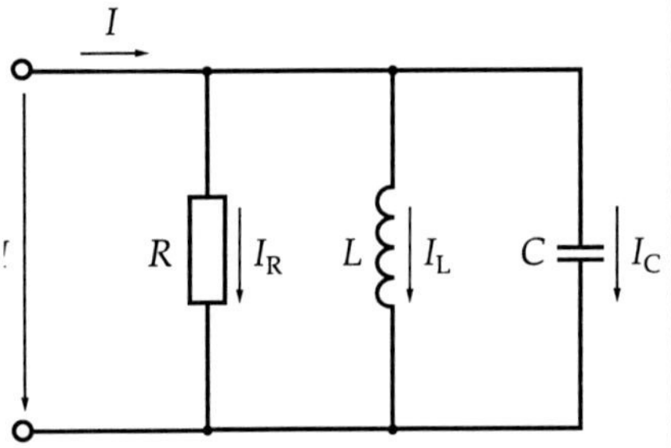

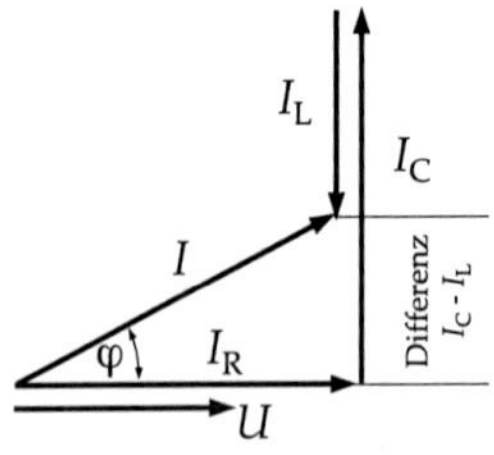

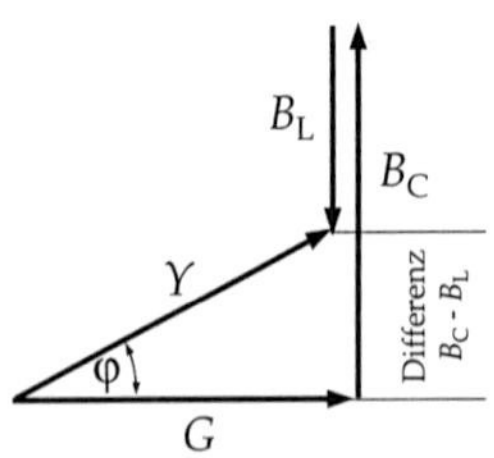

$$Z = \frac{U}{I}$$

$$Y = \frac{I}{U}$$

$$S = U \cdot I$$

$$Y = \sqrt{G^2 + (B_L - B_C)^2}$$

$$I = \sqrt{I_R^2 + (I_L - I_C)^2}$$

$$S = \sqrt{P^2 + (Q_L - Q_C)^2}$$

$$\cos\varphi = \frac{G}{Y} = \frac{I_R}{I} = \frac{P}{S}$$

$$\sin\varphi = \frac{B_L - B_C}{Y} = \frac{I_L - I_C}{I} = \frac{Q_L - Q_C}{S}$$

$$\tan\varphi = \frac{B_L - B_C}{G} = \frac{I_L - I_C}{I_R} = \frac{Q_L - Q_C}{P}$$

$$f_0 = \frac{1}{2\pi\sqrt{C \cdot L}}$$

U = Spannung, I = Stromstärke (gesamt), I_R = Wirkstrom, I_C = kapazitiver Blindstrom, I_L = induktiver Blindstrom, φ = Phasenverschiebungswinkel [φ] = °, rad, Z = Scheinwiderstand [Z] = Ω, Y = Scheinleitwert [S] = 1/Ω=S, G = Wirkleitwert [G] = 1/Ω=S, B_C = kapazitiver Blindleitwert [B] = 1/Ω=S, B_L = induktiver Blindleitwert, S = Scheinleistung [S] = VA, P = Wirkleistung [P] = W, Q_C = kapazitive Blindleistung [Q_C] = var, Q_L = induktive Blindleistung [Q_L] = var, f_0 = Resonanzfrequenz [f] = 1/s, Hz

Filterschaltungen: RC-Hochpass

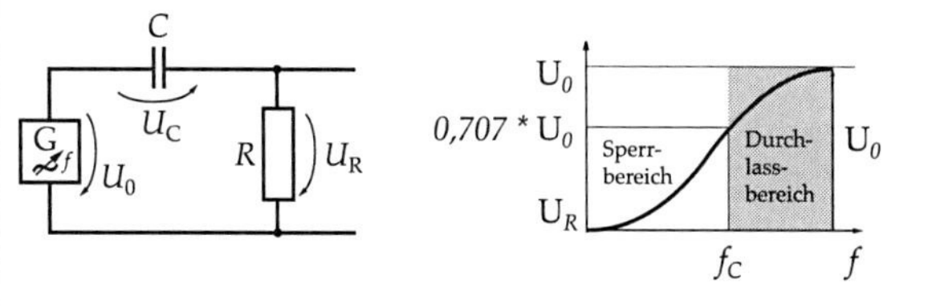

$$f_C = \frac{1}{2\pi RC}$$

$$\frac{U_R}{U_0} = \frac{R}{\sqrt{R^2 + \left(\frac{1}{2\pi fC}\right)^2}}$$

RL-Hochpass

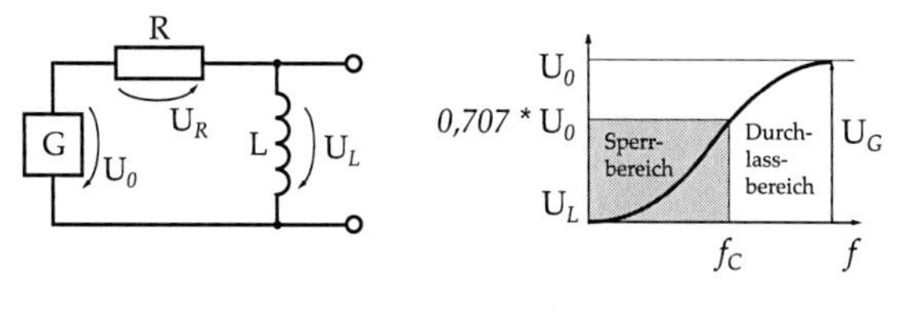

$$f_C = \frac{R}{2\pi L}$$

$$\frac{U_L}{U_0} = \frac{R}{\sqrt{1 + \left(\frac{R}{2\pi fL}\right)^2}}$$

RC-Tiefpass

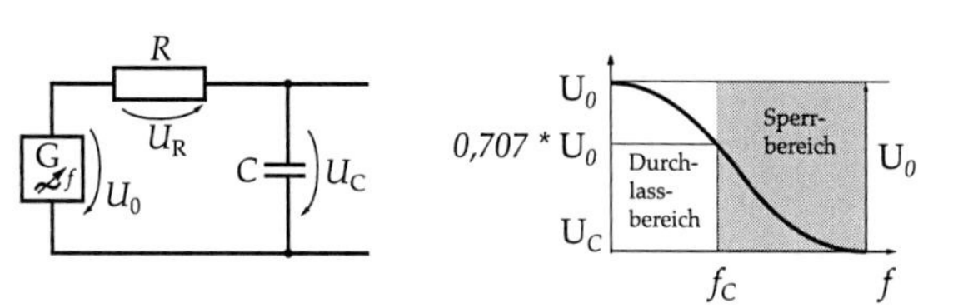

$$f_C = \frac{1}{2\pi RC}$$

$$\frac{U_C}{U_0} = \frac{1}{\sqrt{1 + (2\pi fRC)^2}}$$

RL-Tiefpass

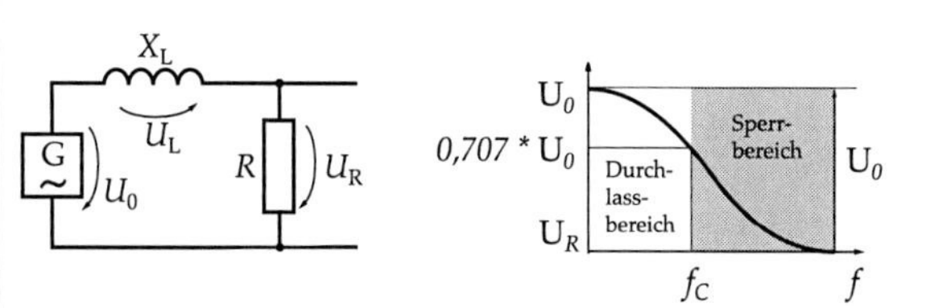

$$f_C = \frac{R}{2\pi L}$$

$$\frac{U_R}{U_0} = \frac{1}{\sqrt{1 + \left(\frac{2\pi fL}{R}\right)^2}}$$

f_C = Grenzfrequenz, R = Widerstand, C = Kapazität, L = Induktivität, U = Spannung

Sternschaltung

Ströme und Spannungen

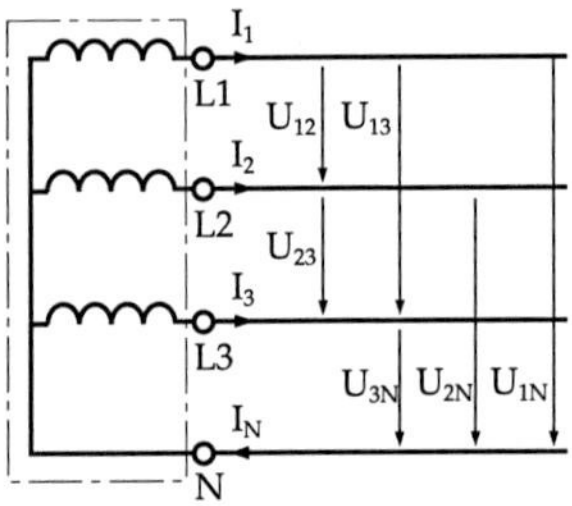

$$U_{12} = \sqrt{3} \cdot U_{1N} = 1{,}73 \cdot U_{1N}$$

$$\sum I_n = I_N$$

$$U_{1N} = U_{2N} = U_{3N}$$

$$U_{12} = U_{23} = U_{13}$$

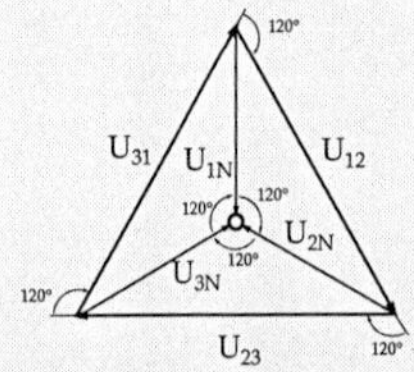

Rein symmetrische Wirklast

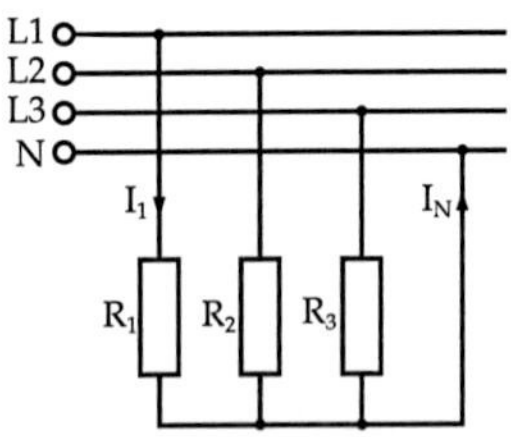

$$I_1 = \frac{U_{1N}}{R_1} = \frac{U_{12}}{\sqrt{3} \cdot R_1} \qquad I_N = 0$$

$$P_1 = U_{1N} \cdot I_1 = \frac{U_{1N}^2}{R_1} \qquad P = 3 \cdot P_1$$

Rein symmetrische Blindlast

kapazitiv

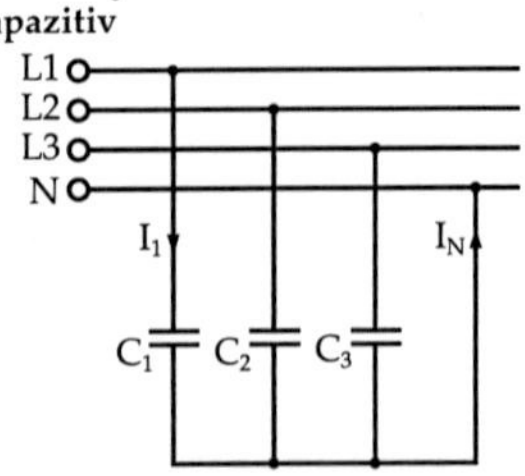

$$I_1 = \frac{U_{1N}}{X_{C_1}} = \frac{U_{12}}{\sqrt{3} \cdot X_{C_1}} \qquad I_N = 0$$

$$Q_1 = U_{1N} \cdot I_1 = \frac{U_{1N}^2}{X_{C_1}} \qquad Q = 3 \cdot Q_1$$

Symmetrische Wirk- und Blindlast

induktiv

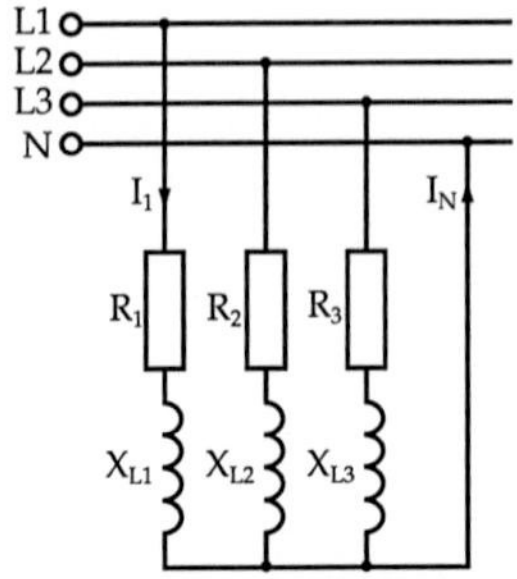

$$I_1 = \frac{U_{1N}}{Z_1} = \frac{U_{1N}}{\sqrt{R_1^2 + X_{L_1}^2}} \qquad I_1 = \frac{U_{12}}{\sqrt{3} \cdot \sqrt{R_1^2 + X_{L_1}^2}}$$

$$S = 3 \cdot S_1 = \sqrt{3} \cdot U_{12} \cdot I_1 \qquad S_1 = U_{1N} \cdot I_1$$

$$\cos\varphi = \frac{R_1}{Z_1} = \frac{P}{S}$$

$$P = \sqrt{3} \cdot U_{12} \cdot I_1 \cdot \cos\varphi$$

$$Q = \sqrt{3} \cdot U_{12} \cdot I_1 \cdot \sin\varphi$$

$\sqrt{3}$ = Verkettungsfaktor, U_{12} U_{13} U_{23} = Außenleiterspannungen, U_{1N} U_{2N} U_{3N} = Strangspannungen, I_N = Strom im Neutralleiter, P = Drehstromwirkleistung $[P]$ = W, Q = Drehstromblindleistung $[Q]$ = var, S = Drehstromscheinleistung $[S]$ = VA, X_C = kapazitiver Blindwiderstand, X_L = induktiver Blindwiderstand

Dreieckschaltung

Ströme und Spannungen

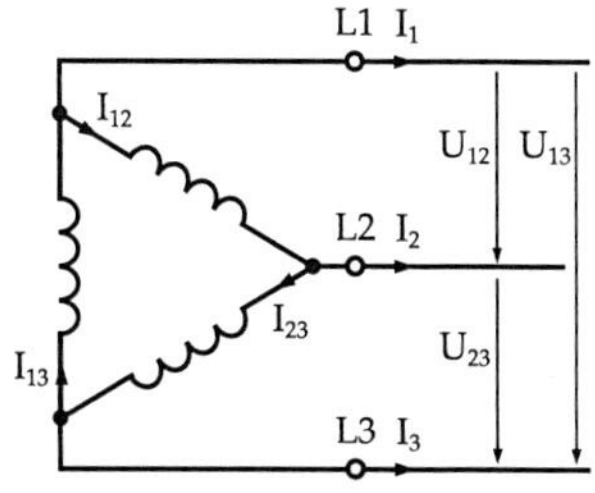

$$U_{12} = U_{13} = U_{23}$$

$$I_1 = \sqrt{3} \cdot I_{12} = 1{,}73 \cdot I_{12}$$

Rein symmetrische Wirklast

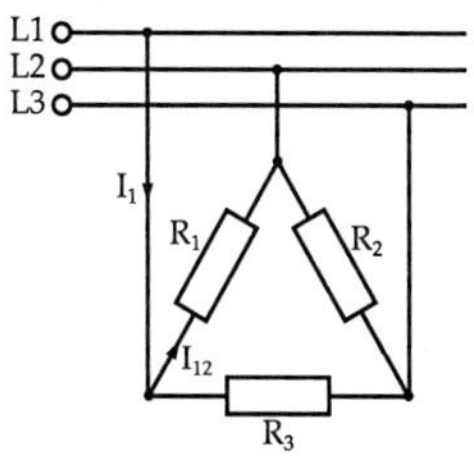

$$I_{12} = \frac{U_{12}}{R_1} \qquad I_1 = \frac{\sqrt{3} \cdot U_{12}}{R_1}$$

$$P_1 = U_{12} \cdot I_{12} = \frac{U_{12}^2}{R_1} \qquad P = 3 \cdot P_1$$

Rein symmetrische Blindlast

kapazitiv

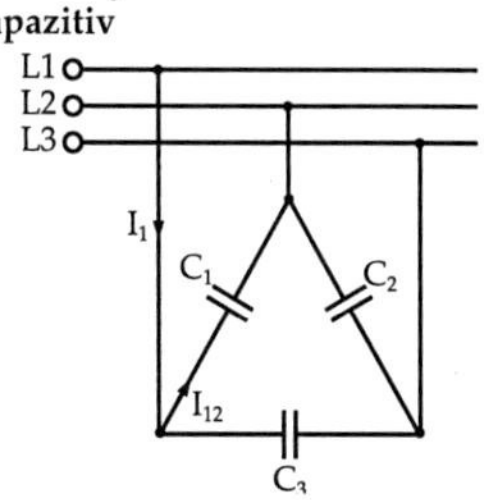

$$I_{12} = \frac{U_{12}}{X_{C_1}} \qquad I_1 = \frac{\sqrt{3} \cdot U_{12}}{X_{C_1}}$$

$$Q_1 = U_{12} \cdot I_{12} = \frac{U_{12}^2}{X_{C_1}} \qquad Q = 3 \cdot Q_1$$

Symmetrische Wirk- und Blindlast

induktiv

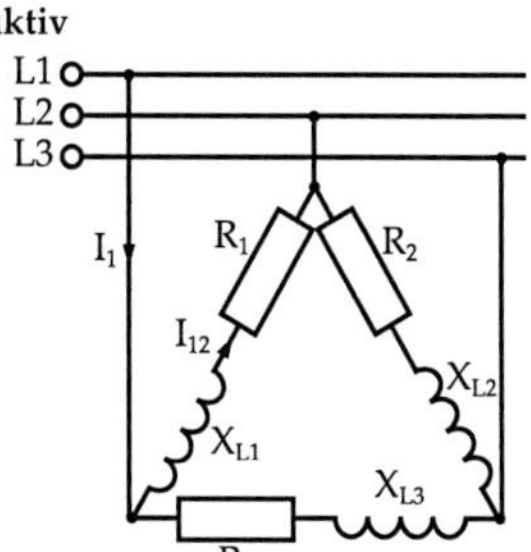

$$I_{12} = \frac{U_{12}}{\sqrt{R_1^2 + X_{L_1}^2}} = \frac{U_{12}}{Z_1} \qquad I_1 = \frac{\sqrt{3} \cdot U_{12}}{\sqrt{R_1^2 + X_{L_1}^2}}$$

$$S = 3 \cdot S_1 = \sqrt{3} \cdot U_{12} \cdot I_1 \qquad S_1 = U_{12} \cdot I_{12}$$

$$\cos\varphi = \frac{R_1}{Z_1} = \frac{P}{S}$$

$$P = \sqrt{3} \cdot U_{12} \cdot I_1 \cdot \cos\varphi$$

$$Q = \sqrt{3} \cdot U_{12} \cdot I_1 \cdot \sin\varphi$$

Unsymmetrische Belastung Sternschaltung

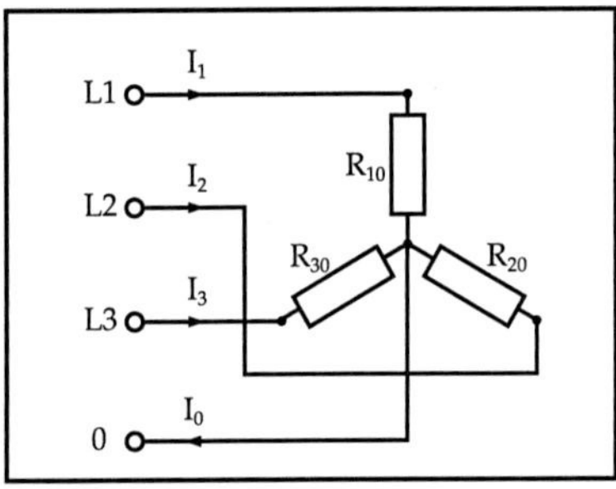

$$R_{10} \neq R_{20} \neq R_{30}$$

$$U_{10} = U_{20} = U_{30}$$

$$I_1 \neq I_2 \neq I_3$$

$$I_N = \sqrt{(I_1 - 0{,}5 \cdot I_2 - 0{,}5 \cdot I_3)^2 + 0{,}75 \cdot (I_2 - I_3)^2}$$

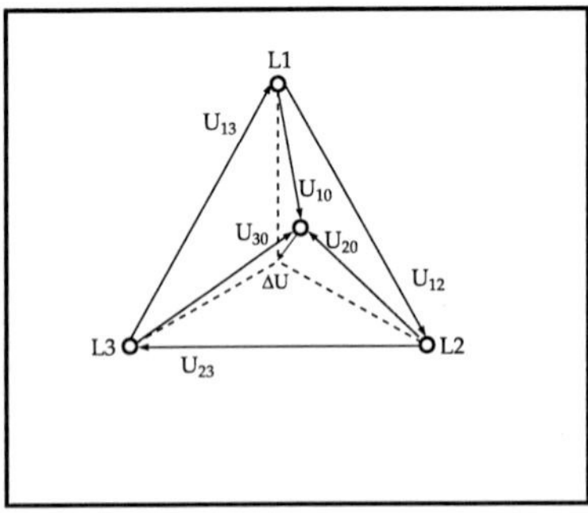

$I_N \neq 0$

falls $I_N = 0$ (Neutralleiter unterbrochen):

$U_{10} \neq U_{20} \neq U_{30} \Rightarrow$ Gefahr für Verbraucher!

min. eine Strangspannung wird größer!

„Sternpunktverschiebung"

Unsymmetrische Belastung Dreiecksschaltung

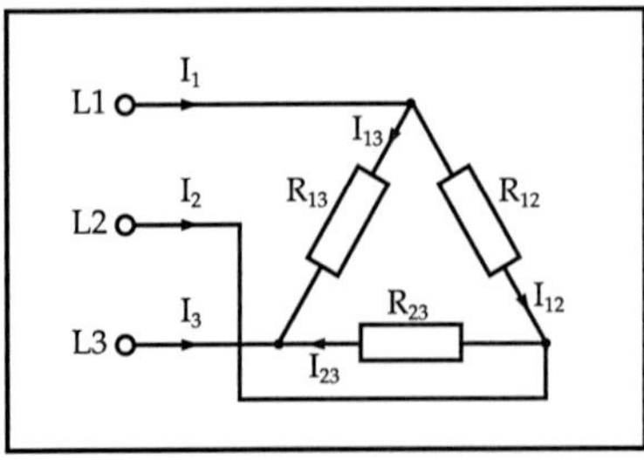

$$R_{13} \neq R_{12} \neq R_{23}$$

$$U_{12} = U_{13} = U_{23}$$

$$I_1 \neq I_2 \neq I_3$$

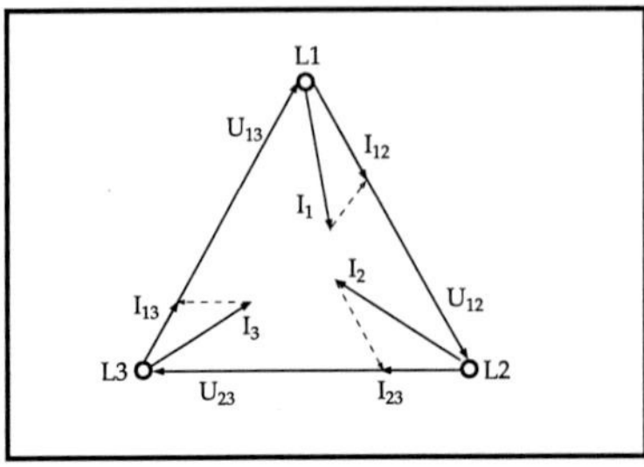

Die Strangströme werden bei unsymmetrischer Belastung unterschiedlich hoch. Anschlussorgane oder Leitungen können überlastet werden, obwohl das System in der Summe der Gesamtlast den Anschlusswert nicht überschreitet

R_{10} R_{20} R_{30} = Wirklast (Widerstand), U_{10} U_{20} U_{30} = Strangspannungen, I_N = Strom im Neutralleiter, I_1 I_2 I_3 = Strangströme

Drehstromleistung unabhängig von der Schaltung der Verbraucher

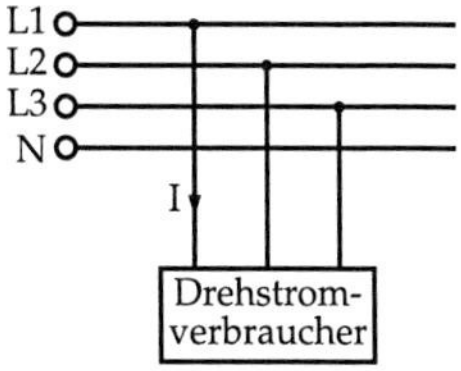

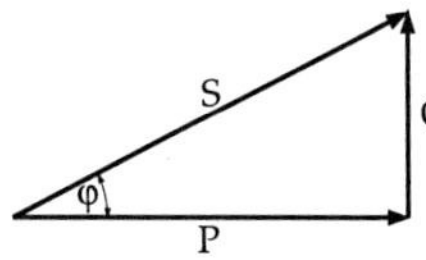

$$S = \sqrt{3} \cdot U \cdot I = \sqrt{P^2 + Q^2}$$

$$P = S \cdot \cos\varphi = \sqrt{3} \cdot U \cdot I \cdot \cos\varphi$$

$$Q = S \cdot \sin\varphi = \sqrt{3} \cdot U \cdot I \cdot \sin\ \varphi$$

$$I = \frac{P}{\sqrt{3} \cdot U \cdot \cos\varphi}$$

Leistung bei Stern- und Dreieckschaltung

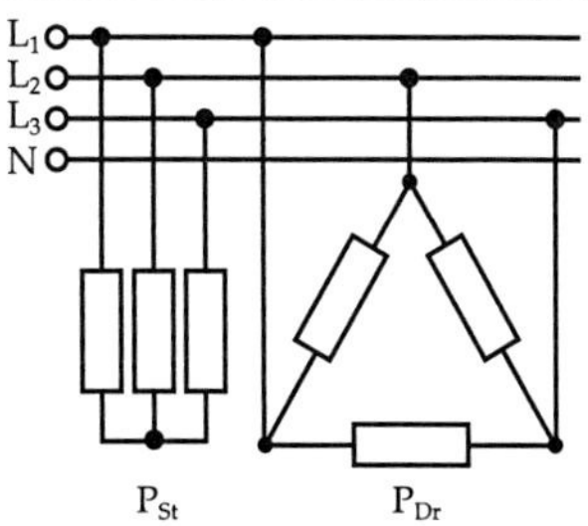

$$\frac{P_{St}}{P_{Dr}} = \frac{1}{3}$$

$$P_{St} = \frac{P_{Dr}}{3}$$

$$P_{Dr} = 3 \cdot P_{St}$$

Blindleistungskompensation (Parallelkompensation)

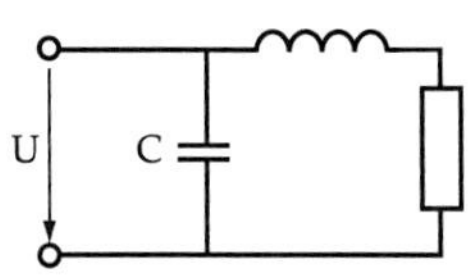

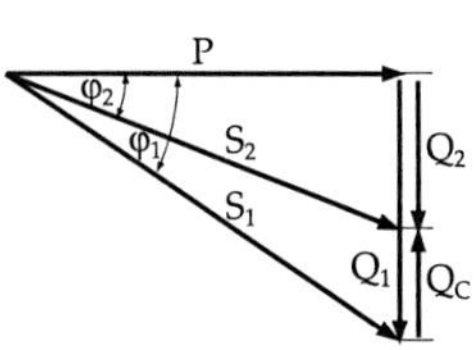

$$S_1 = \frac{P}{\cos\varphi_1} \qquad S_2 = \frac{P}{\cos\varphi_2}$$

$$Q_1 = S_1 \cdot \sin\varphi_1 \qquad Q_2 = S_2 \cdot \sin\varphi_2$$

$$Q_C = Q_1 - Q_2$$

$$Q_C = P \cdot (\tan\varphi_1 - \tan\varphi_2)$$

$$C = \frac{Q_C}{\omega \cdot U^2} = \frac{Q_C}{2 \cdot \pi \cdot f \cdot U^2}$$

Blindleistungskompensation (Reihenkompensation)

Diese Variante wird beim Einsatz von Leuchstoffröhren verwendet (sog. Duoschaltung). Induktivität und Kapazität sind dabei in Reihe geschaltet.

$$C = \frac{I_C^2}{\omega \cdot Q_C}$$

U = Spannung [U] = V, I = Strom [I] = A, P = Drehstromwirkleistung [P] = W, Q = Drehstromblindleistung [Q] = var, S = Drehstromscheinleistung [S] = VA, P_{St} = Leistung bei Sternschaltung, P_{Dr} = Leistung bei Dreieckschaltung, φ = Phasenverschiebungswinkel, f = Netzfrequenz [f] = 1/s, ω = Kreisfrequenz, I_c = Strom durch Kapazität

Unverzweigte Leitungen

Leitung für Gleichstrom

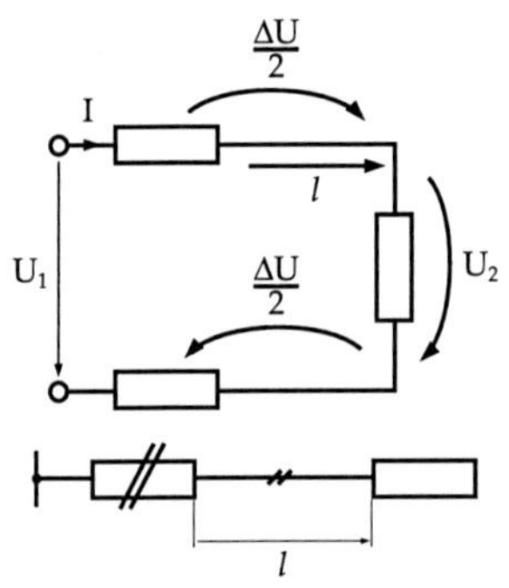

$$\Delta U = U_1 - U_2$$

$$\Delta U = \frac{2 \cdot I \cdot l}{\kappa \cdot A} \qquad \Delta U = \frac{2 \cdot P \cdot l}{\kappa \cdot A \cdot U}$$

$$\Delta u = \frac{\Delta U}{U} \cdot 100\% \qquad P_v = \frac{2 \cdot I^2 \cdot l}{\kappa \cdot A}$$

Leitung für Wechselstrom

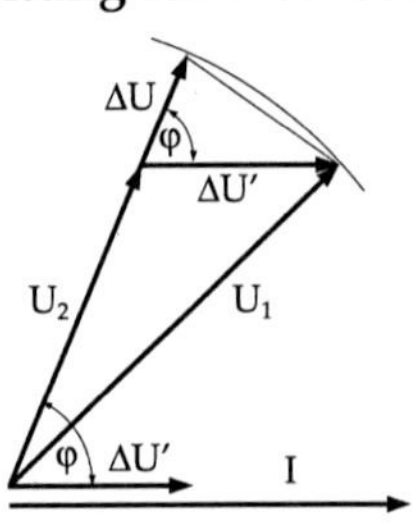

$$\Delta U \approx U_1 - U_2$$

$$\Delta U = \frac{2 \cdot I \cdot l \cdot \cos\varphi}{\kappa \cdot A} \qquad \Delta U = \frac{2 \cdot P \cdot l}{\kappa \cdot A \cdot U}$$

$$A = \frac{2 \cdot I \cdot l \cdot \cos\varphi}{\kappa \cdot \Delta U} \qquad A = \frac{2 \cdot P \cdot l}{U \cdot \Delta U \cdot \kappa}$$

$$\Delta u = \frac{\Delta U}{U} \cdot 100\% \qquad P_v = \frac{2 \cdot I^2 \cdot l}{\kappa \cdot A}$$

Leitung für Drehstrom (bei symmetrischer Belastung)

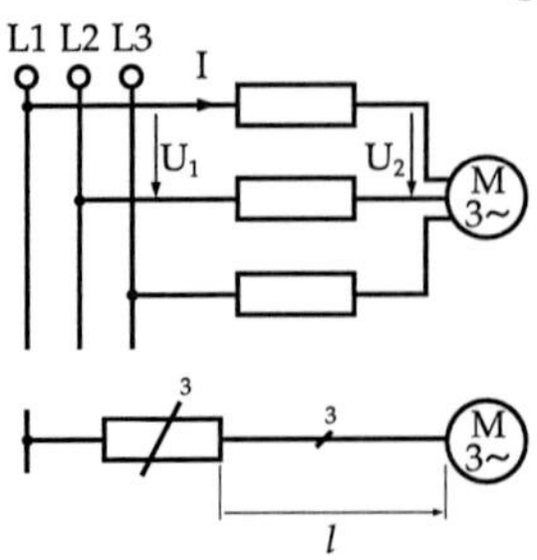

$$\Delta U \approx U_1 - U_2$$

$$\Delta U = \frac{\sqrt{3} \cdot I \cdot l \cdot \cos\varphi}{\kappa \cdot A} \qquad \Delta U = \frac{P \cdot l}{\kappa \cdot A \cdot U}$$

$$A = \frac{\sqrt{3} \cdot I \cdot l \cdot \cos\varphi}{\kappa \cdot \Delta U} \qquad A = \frac{P \cdot l}{U \cdot \Delta U \cdot \kappa}$$

$$\Delta u = \frac{\Delta U}{U} \cdot 100\% \qquad P_v = \frac{3 \cdot I^2 \cdot l}{\kappa \cdot A}$$

U = Spannung [U] = V, I = Strom [I] = A, l = Leitungslänge [l] = m, A = Leiterquerschnitt [A] = mm², κ = Leitfähigkeit [κ] = 1/ρ = m/Ω·mm², Δu = Spannungsfall in %, ΔU = Spannungsfall [U] = V, P_v = Leistungsverlust

Elektrischer Widerstand und Leitwert verschiedener Werkstoffe

Spezifischer elektrischer Widerstand ρ und Leitfähigkeit κ von Leitern bei T = 20° C

Werkstoff	$[\rho]=\frac{\Omega\cdot mm^2}{m}$	$[\kappa]=\frac{m}{\Omega\cdot mm^2}$	Werkstoff	$[\rho]=\frac{\Omega\cdot mm^2}{m}$	$[\kappa]=\frac{m}{\Omega\cdot mm^2}$
Aluminium	0,0278	35,97	Magnesium	0,043	23
Antimon	0,417	2,40	Manganin	0,423	2,36
Blei	0,208	4,81	Messing Ms 58	0,059	17
Chrom-Ni-Fe	0,10	10,0	Messing Ms 63	0,071	14
Eisen, rein	0,10	10,0	Neusilber	0,369	2,71
Flussstahl	0,15	6,7	Nickel	0,087	11,5
Gold	0,022	45	Nickelin	0,5	2,0
Graphit	8,00	0,125	Platin	0,11	9
Gusseisen	≈ 1	≈ 1	Quecksilber	0,941	1,063
Kadmium	0,076	13,1	Silber	0,016	62,5
Kohle	40,0	0,025	Wolfram	0,055	18,2
Konstantan	0,48	2,08	Zink	0,0606	16,5
Kupfer, E-Cu	0,018	57	Zinn	0,11	9,1

κ = Leitfähigkeit [κ] = 1/ρ = m/Ω·mm²

Verteilungssysteme nach Art der Erdverbindung

TN-S System	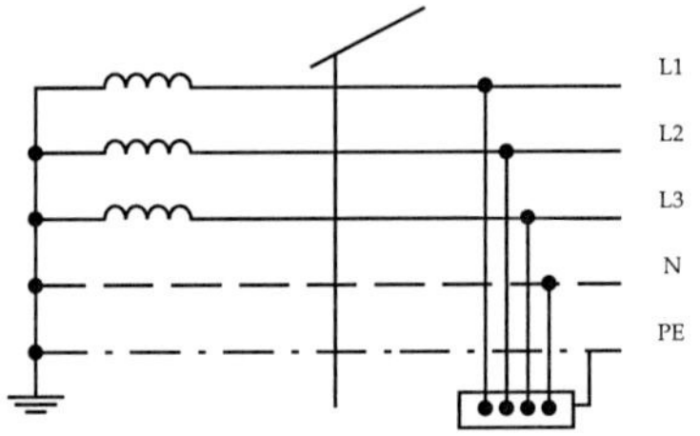
TN-C System	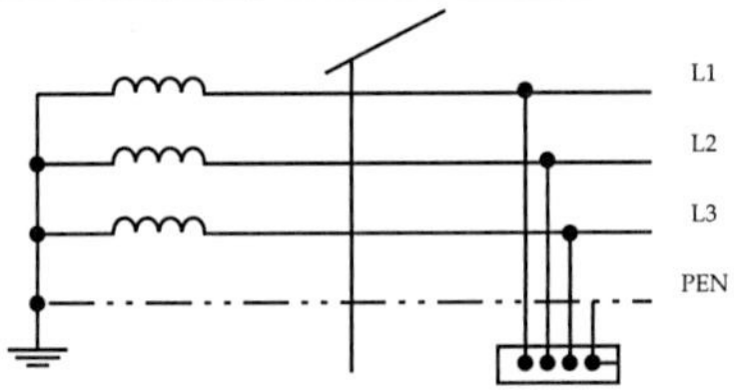
TN-C-S System	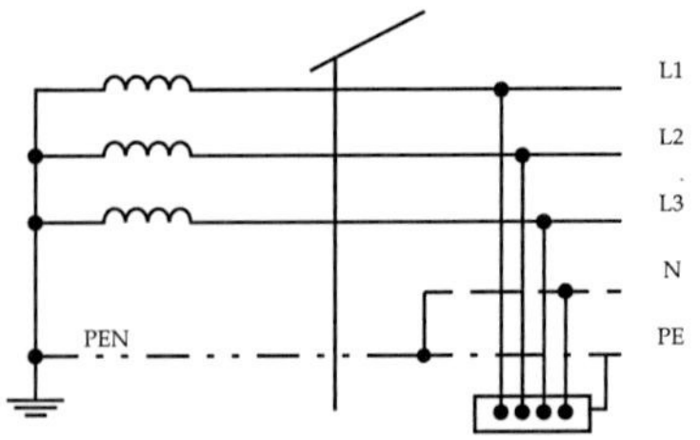
TT-System	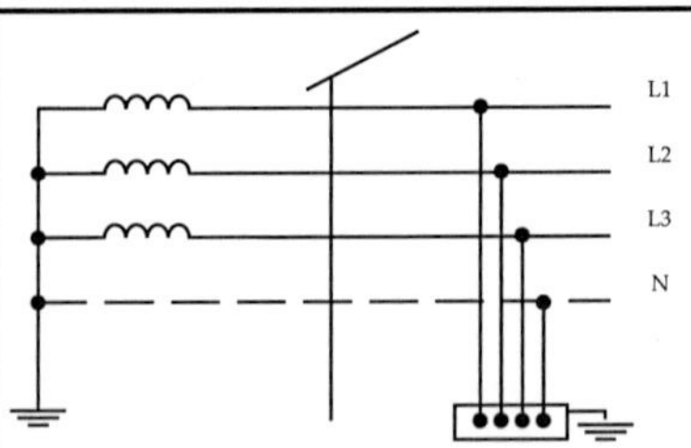
IT-System	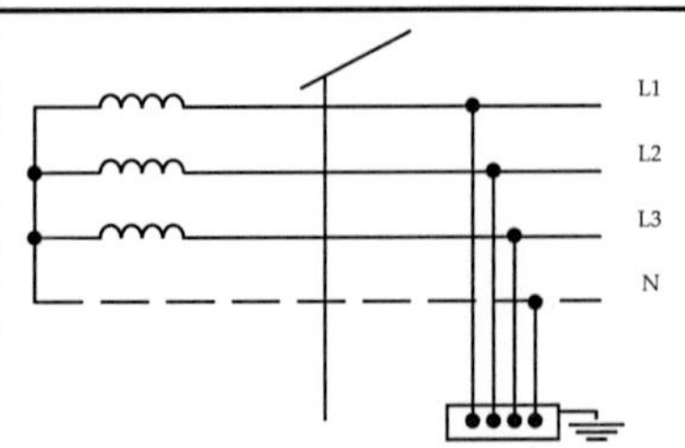

1. Buchstabe: Erdung der speisenden Stromquelle - direkte Erdung Sternpunkt (T Terra), Isolierung des Sternpunkts (I)
2. Buchstabe: Erdung der Körper in der Anlage - direkte Erdung Körper (T Terra), Verbindung mit Sternpunkt (N)
weitere Buchstaben: Anordnung von Neutralleiter und Schutzleiter - N und PE separat verlegt (S separated), N und PE sind zusammengefasst (C combined)

Bezeichnung und Kennfarben von Leitern in Wechselstrom- und Drehstromnetzen

Leiterart	Kurzzeichen	Farbe	Bemerkung
Außenleiter	L1; L2; L3	Farbe nicht festgelegt	Üblich*: Braun, Schwarz, Grau
Neutralleiter	N	Blau	
Schutzleiter	PE	Grün-Gelb	⏚
Neutralleiter mit Schutzfunktion	PEN	Grün-Gelb**	⏚
Erde, Potenzialausgleich	E	Farbe nicht festgelegt	⏚

Adern bei isolierten Leitungen für flexible Verlegung

Aderzahl	Schutzleiter	Leiterfarben			
3	Grün-Gelb	Blau	Braun		
4	Grün-Gelb		Braun	Schwarz	Grau
5	Grün-Gelb	Blau	Braun	Schwarz	Grau
6 und mehr	Grün-Gelb	Alle anderen Adern immer Schwarz mit Zahlenaufdruck			

Leitungen für flexible Verlegung (Beispiele)

Kurzzeichen	Bezeichnung	Verwendung
H05VV-F	Mittlere Kunststoffschlauchleitung	Mittlere mechanische Beanspruchung in Haushalten, Küchen und Büroräumen, Heimwerkergeräte Feste Verlegung in Möbeln, Stellwänden. Nicht zugelassen für Verwendung im Freien und zum Anschluss von gewerblich genutzten Elektrowerkzeugen.
H07RN-F	Schwere Gummischlauchleitung	Mittlere mechanische Beanspruchung in trockenen und feuchten Räumen und im Freien.

* falls kein N-Leiter vorhanden ist, auch Blau
** an beiden Leiterenden Blau markiert, z.B. mit PVC-Isolierband oder Schrumpfschlauch

Aufbau und Kurzbezeichnung von harmonisierten Leitungen*

H	07	R	N			-	F	5	G	2,5

Kennzeichnung	H	harmonisierte Typen
Nennspannung	01 03 05 07	100 V 300/ 300 V „leichte Leitung" 300/ 500 V „mittlere Leitung" 450/ 750 V „schwere Leitung"
Isolierwerkstoff	V V2 V3 V4 R S Z	PVC PVC wärmebeständig PVC kältebeständig PVC vernetzt Natur- und / oder Synthetischer Kautschuk Silikonkautschuk PE – Polyethylen, vernetzt*
Mantelwerkstoff	V V2 V3 V4 V5 N R J T T2 Z	PVC PVC wärmebeständig PVC kältebeständig PVC vernetzt PVC ölbeständig Chloroprenkautschuk Natur- und / oder Styrol - Butadienkautschuk Glasfasergeflecht Textilgeflecht Textilbeflechtung mit flammwidriger Masse PE – Polyethylen, vernetzt**
Aufbau	H H2 H8 FM	flache, aufteilbare Leitung flache, nicht aufteilbare Leitung Wendelleitung Fernmeldeadern in Starkstromleitungen
Leiterart	U R K F H Y	Eindrähtig, rund Mehrdrähtig, rund feindrähtig bei Leitungen für feste Verlegung feindrähtig bei flexiblen Leitungen feinstdrähtig bei flexiblen Leitungen Lahnlitze
Aderanzahl	...	
Schutzleiter	X G	ohne Schutzleiter mit Schutzleiter
Leiter-Querschnitt		in mm^2

* nach DIN VDE 0292: 2007-5
** im Brandfall wenig korrosive Gase und wenig Rauch

Strombelastbarkeit für flexible Leitungen bei Verlegung auf oder an Flächen* Umgebungstemperatur: +30°C

	mehradrige Leitungen für Haus- und Handgeräte	**mehradrige Leitungen für Haus- und Handgeräte**	**mehradrige Leitungen für alle anderen Anwendungen****
Beispiele:	H05RR-F H05RN-F H07RN-F H03VV-F H07ZZ-F	H05RR-F H05RN-F H07RN-F H03VV-F H07ZZ-F	H05RR-F H05RN-F H07RN-F H05VV5-F H07ZZ-F
Belastete Adern	2	3	2 oder 3
Nennquerschnitt (mm^2)	Strombelastbarkeit in A		
0,75	6	6	12
1,0	10	10	15
1,5	16	16	18
2,5	25	20	26
4	32	25	34
6	40	-	44
10	63	-	61
16	-	-	82
25	-	-	108
35	-	-	135
50	-	-	168

	einadrige Leitungen gummi-isoliert, PVC-isoliert o. wärmebeständig***
Beispiele:	H07RN-F, H07ZZ-F, H05VV5-F
Belastete Adern	3 frei in Luft
Nennquerschnitt (mm^2)	Strombelastbarkeit in A
70	185
95	222
120	260
150	300
185	341
240	407

*nach DIN VDE 0298-4: 2003-06
** gewerbliche und industrielle Anwendungen
*** größere Querschnitte (z.B. 300 mm^2) sind möglich, vgl. DIN VDE 0298-4
die Verlegebedingungen A-G dürfen nicht angewendet werden

Umrechnungsfaktoren für „Strombelastbarkeit" für abweichende Umgebungstemperaturen

Material	Zulässige Betriebstemperatur	Umgebungstemperatur					
		20° C	30° C	35° C	40° C	45° C	50° C
Gummi Naturkautschuk Synthetischer Kautschuk	60° C	1,15	1	0,91	0,82	0,71	0,58
PVC PE	70° C	1,12	1	0,94	0,87	0,79	0,71

Umrechnungsfaktoren für vieladrige Leitungen mit Leitungsquerschnitt bis 10 mm²

Anzahl der stromführenden Adern	5	7	10	14	19	24
Umrechnungsfaktor bei Verlegung in Luft	0,75	0,65	0,55	0,5	0,45	0,4

Umrechnungsfaktoren für aufgewickelte Leitungen

Anzahl der Lagen auf Trommeln, Spulen	1	2	3	4	5
Umrechnungsfaktor	0,8	0,61	0,49	0,42	0,38

Umrechnungsfaktoren für Häufung auf dem Fußboden oder an der Wand

	Anzahl der Leitungen mit 2 bzw. 3 stromführenden Leitern									
Verlegung	1	2	3	4	5	6	7	8	9	10
gebündelt 	1	0,8	0,7	0,65	0,6	0,57	0,54	0,52	0,5	0,48
einlagig 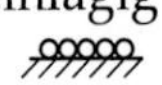	1	0,85	0,79	0,75	0,73	0,72	0,72	0,71	0,7	0,7

PVC Polyvinylchlorid, PE Polyethylen: Isolierstoffe aus Kunststoff

Geräte- bzw. Feinsicherungen
Bemessungsströme (I_n): von 0,025 A bis 10 A

Kurzbezeichnung	Auslöseverhalten	Minimaler Auslösestrom
FF	superflink	2,0 x I_n
F	flink	4,5 x I_n
M	mittelträge (normal)	8,5 x I_n
T	träge	15 x I_n
TT	superträge	30 x I_n

Beim angegebenen Bemessungsstrom findet keine Auslösung statt.
Ab Strömstärken größer ca. 1,5 x Bemessungsstrom beginnt der Bereich, der zur Auslösung führt.

Niederspannungssicherungen

Funktionsklassen	g	**Ganzbereichssicherungen** Ganzbereichssicherungen übernehmen Überlast- und Kurzschlussschutz
	a	**Teilbereichssicherungen** Teilbereichssicherungen schützen nur bei Kurzschluss
Betriebsklassen	gG*	Ganzbereichs - Kabel- und Leitungsschutz
	gR	Ganzbereichs - Halbleiterschutz
	gB	Ganzbereichs - Bergbauschutz
	gTr	Ganzbereichs - Transformatorenschutz
	aM	Teilbereichs - Schaltgeräteschutz
	aR	Teilbereichs - Halbleiterschutz

Kennlinien Gerätesicherung (Beispiel gG 13A)

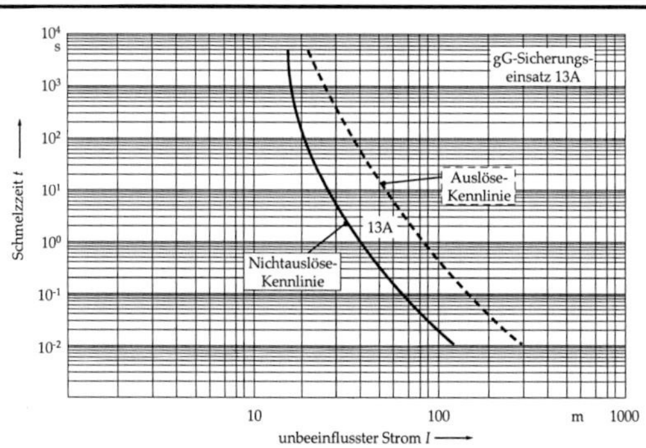

* früher gL

DIAZED (D-System) und NEOZED (DO-System) (Sicherungen)

Nennstrom in A	Kennfarbe
2	rosa
4	braun
6	grün
10	rot
16	grau
20	blau
25	gelb
35	schwarz
50	weiß
63	kupfer
80	silber
100	rot

NH-System (Niederspannungs-Hochleistungssicherung)

Baugröße/ Länge in mm	Nennströme in A
00 / 80	6...100
0 / 125	6...160
1 /135	80...250
2 / 150	125 / 400
3 / 150	315...630
4 / 200	500...1000
4a / 200	500...1250

Aufgrund der freiliegenden Messerkontakte kein Berührschutz und nicht unverwechselbar!
NH-Sicherungseinsätze dürfen nur von einer Fachkraft mit geeignetem Werkzeug (Ausziehgriff mit Unterarmstulpe) und notwendiger Schutzausrüstung (in der Regel Helm mit Gesichtsschutz, Isolierschutzmatte und isolierende Handschuhe) ausgetauscht werden. Die Stromkreise, die bearbeitet werden sollen, müssen vor Beginn der Arbeiten freigeschaltet, d.h. spannungsfrei gemacht werden. Beim Ziehen eines Sicherungseinsatzes in einer Verteilung kann unter Umständen durch Berühren eines nicht freigeschalteten Nachbarstromkreises einen Querkurzschlusses mit Zünden eines Lichtbogens erfolgen.
Dadurch kann sehr heißes, flüssiges Kontaktmetall verspritzt werden. Das kann schwere bis tödliche Verletzungen zur Folge haben.

DIAZED (D - System) und NEOZED (DO - System) unterscheiden sich in der Baugröße.

Leitungsschutzschalter (LS – Schalter)

Leitungsschutzschalter verfügen über einen thermischen und einen elektromagnetischen Auslöser. Sie schützen sowohl vor Überlastung als auch gegen Kurzschluss.

Auslöse-Charakteristik	Anwendungsbeispiele	Thermischer Überstromschutz	Auslöse-Zeit	Elektromagnetischer Kurzschlussschutz	Auslöse-Zeit
B	Licht- und Steckdosenstromkreise in Hausinstallationen	1,13 x I_n	> 1 h	3...5 x I_n	< 0,1 s
		1,45 x I_n	< 1 h		
C	Stromkreise mit hohen Einschaltströmen von Scheinwerfern oder Verstärkern	1,13 x I_n	> 1 h	5...10 x I_n	< 0,1 s
		1,45 x I_n	< 1 h		
D	Transformatoren, Scheinwerfer	1,13 x I_n	> 1 h	10...20 x I_n	< 0,1 s
		1,45 x I_n	< 1 h		
K	Stromkreise mit sehr hohen Einschaltströmen bei gleichzeitigem sensiblen thermischen Schutz	1,05 x I_n	> 1 h	8...14 x I_n	< 0,1 s
		1,2 x I_n	< 1 h		
Z	Halbleiterschutz	1,05 x I_n	> 1 h	2...3 x I_n	< 0,1 s
		1,2 x I_n	< 1 h		

Bemessungsstromstärken: 6, 10, 13, 16, 20, 25, 32, 40, 50, 63 A

Leistungsschutzschalter (LS – Schalter) werden auch als MCB (miniature circuit breaker) bezeichnet.

Auslösecharakteristiken von Leitungsschutzschaltern

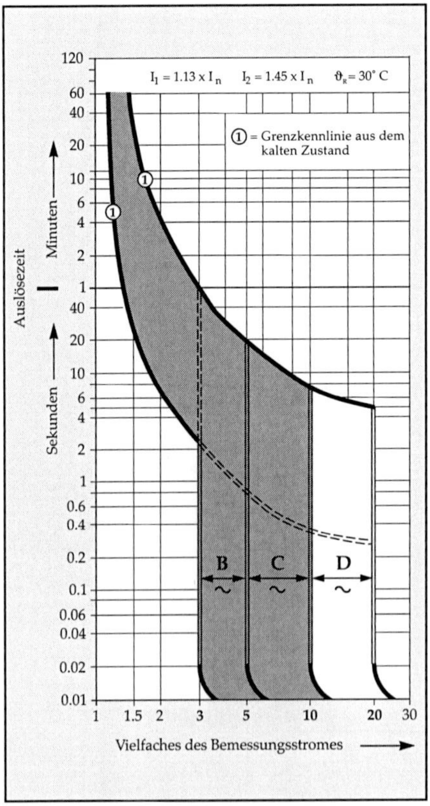

Auslösecharakteristik B, C, D nach VDE 0641-11

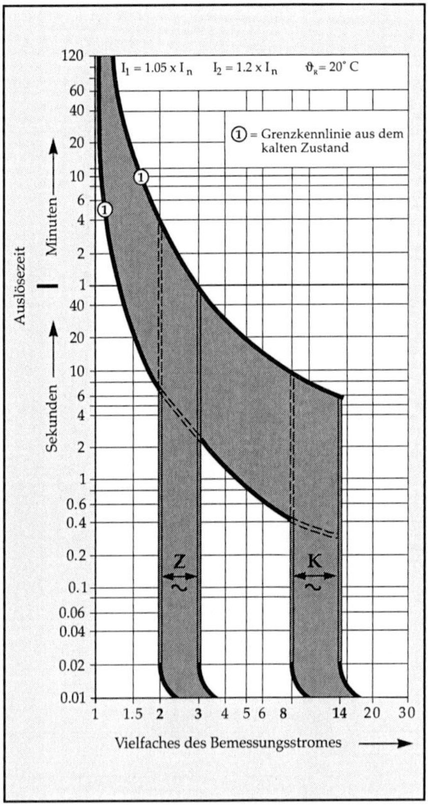

Auslösecharakteristik Z, K nach VDE 0641-11

Oberschwingungen

Auslegung des Leiterquerschnitts bei Drehstromleitungen mit Oberschwingungsbelastung (nach VDE 0298-4)

Auswahl der 3. Oberschwingung (150 Hz) am Außenleiterstrom: Verhältnis der 3. Oberschwingung und der Grundschwingung in %	Reduktionsfaktor	
	Auswahl des Querschnitts nach dem Außenleiterstrom	Auswahl des Querschnitts nach dem Neutralleiterstrom
0 % bis 15 %	1,0	-
über 15 % bis 33 %	0,86	-
über 33 % bis 45 %	-	0,86
über 45 %	-	1,0

Fehlerstromschutzschalter
(RCD - Residual Current protective Device)*

Baugrößen	Personenschutz: $I_{\Delta n}$ 10 mA, 30 mA Geräte- Anlagen- und Brandschutz: $I_{\Delta n}$ 100 mA, 300 mA, 500 mA
Abschaltzeiten	Bei $I_{\Delta n}$: max. 0,3 s Bei 5-fachem $I_{\Delta n}$: max. 0,04 s
Selektive RCD	lösen erst bei 2-fachem $I_{\Delta n}$ aus und dürfen nur als vorgeschaltete RCD in Verteilstromkreisen eingesetzt werden Kennzeichnung: [S]
Abschaltzeit	max. 0,5 s

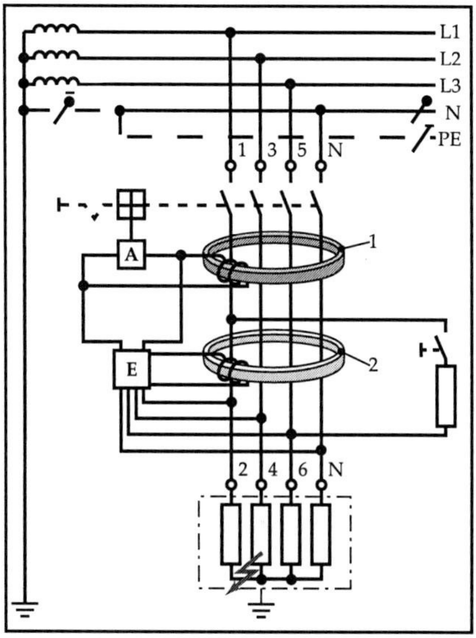

Fehlerstromschutzschalter – Summenstromwandler
Sind nur als zusätzlicher Schutz zugelassen (immer in Kombination mit Überstrom-Schutzeinrichtungen)

A Abschaltschloss
E Elektronische Schaltung mit Hallgenerator
1,2 Eisenkerne des Summenstromwandlers

RCD Typen

Typ AC	Fehlerstrom-Schutzeinrichtungen vom Typ AC sind lediglich zur Erfassung von sinusförmigen Wechselfehlerströmen geeignet. Dieser Gerätetyp ist in Deutschland nicht zugelassen und darf dementsprechend nicht verwendet werden.
RCD Typ A	Fehlerstrom-Schutzeinrichtungen vom Typ A erfassen sinusförmige Wechselfehlerströme und pulsierende Gleichfehlerströme. Standardtyp in Deutschl. für alle üblichen Anwendungen.
RCD Typ F	Wie Typ A, aber zusätzlich auch zur Erfassung von höherfrequenten Fehlerströmen geeignet.
RCD Typ B	Wie Typ A, aber zusätzlich auch zur Erfassung von glatten Gleichfehlerströmen. Für den Einsatz in allen Stromkreisen geeignet. Auslösewerte sind bis 2 kHz definiert.
RCD Typ B+ kHz	Wie Typ B, aber zusätzlich sind die Auslösebedingungen bis 20 kHz definiert.
RCD Typ [K] super-resistent	Zur Vermeidung von unerwünschtem Auslösen aufgrund von kurzzeitigen Einschaltströmen. köst Kurzzeitverzögert aus, hält aber die geforderten Abschaltbedingungen für Personenschutz ein.
RCD Typ [S] selektiv	Um bei der Reihenschaltung von Fehlerstrom-Schutzeinrichtungen im Fehlerfall eine selektive Abschaltung zu erreichen, müssen die RCDs sowohl im Bemessungsdifferenzstrom $I_{\Delta n}$ als auch in der Auslösezeit gestaffelt sein. Der selektive RCD löst zeitverzögert aus und hält die geforderten Abschaltbedingungen für Personenschutz nicht ein.

* Begriffe aufgrund der Europäischen Harmonisierung; Sonderformen des RCD:
RCBO = RCD mit Overload Breaker (LS-Schalter) kombiniert, auch Fi/LS-Schalter
RCU = Residual Current Units, Fehlerstromschutz zum Anbau an Leistungsschalter

Maximale Abschaltzeiten in Wechselstromnetzen*

Endstromkreise mit einem Nennstrom nicht größer als 63 A

Verteil-system	Spannungsbereiche			
	$50V < U_0 \leq 120V$	$120V < U_0 \leq 230V$	$230V < U_0 \leq 400V$	$U_0 > 400V$
TN-System	0,8 s	0,4 s	0,2 s	0,1 s
TT-System	0,3 s	0,2 s	0,07 s	0,04 s

Verteilstromkreise und alle anderen Stromkreise*

TN-System	5,0 s	TT-Sytem	1,0 s

Wenn die maximalen Abschaltzeiten nicht mit Überstrom – Schutzeinrichtungen erreicht werden können, sind zusätzlich RCD zu verwenden.

Nennstromregel* - Zuordnung von Überstrom- Schutzeinrichtungen zu Nennquerschnitten

Bedingung : $I_b \leq I_n \leq I_z$

Fehlerarten in elektrischen Anlagen

Kurz-schluss	Eine durch einen Fehler entstandene leitende Verbindung zwischen betriebsmäßig gegeneinander unter Spannung stehenden Leitern (aktiven Teilen), wenn kein Nutzwiderstand im Stromkreis liegt.
Leiter-schluss	Eine durch einen Fehler entstandene leitende Verbindung zwischen betriebsmäßig gegeneinander unter Spannung stehenden Leitern, wenn ein Nutzwiderstand im Stromkreis liegt.
Körper-schluss	Eine durch einen Fehler entstandene leitende Verbindung zwischen Körpern und aktiven Teilen elektrischer Betriebsmittel.
Erd-schluss	Eine durch einen Fehler oder Lichtbogen entstandene leitende Verbindung eines Außenleiters mit Erde oder geerdeten Teilen.

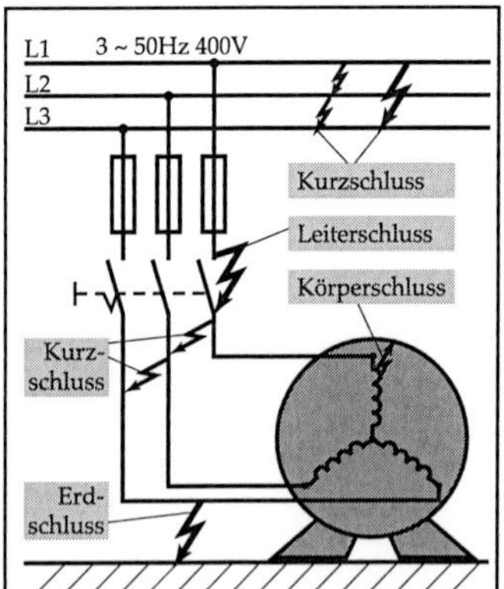

I_b Betriebsstrom des Verbrauchers, I_n Bemessungsstrom / Nennstrom der Überstromschutzeinrichtung, I_z zulässige Strombelastbarkeit der Leitung, *DIN VDE 0100 Teil 430
* DIN VDE 0100 Teil 410: 2018-10

Berührspannungen

Die maximal zulässigen Berührspannungen sind wie folgt festgelegt:
Für Menschen: AC: 50 V, DC 120 V
Für besondere Anwendungen (z.B. Kinderspielzeug, Tierhaltung, medizinische Bereiche) gelten die halbierten Werte: AC: 25 V, DC 60 V

Fehlerstromkreis

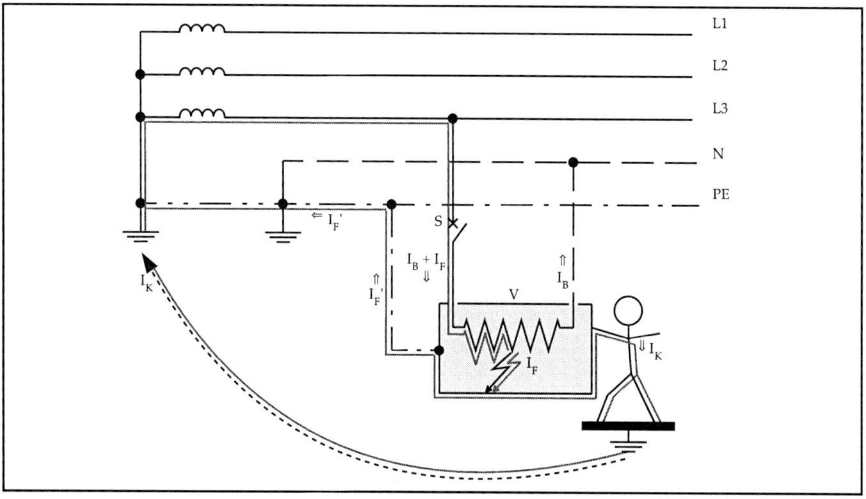

Schutzmaßnahmen

Wirkung auf den menschlichen Körper

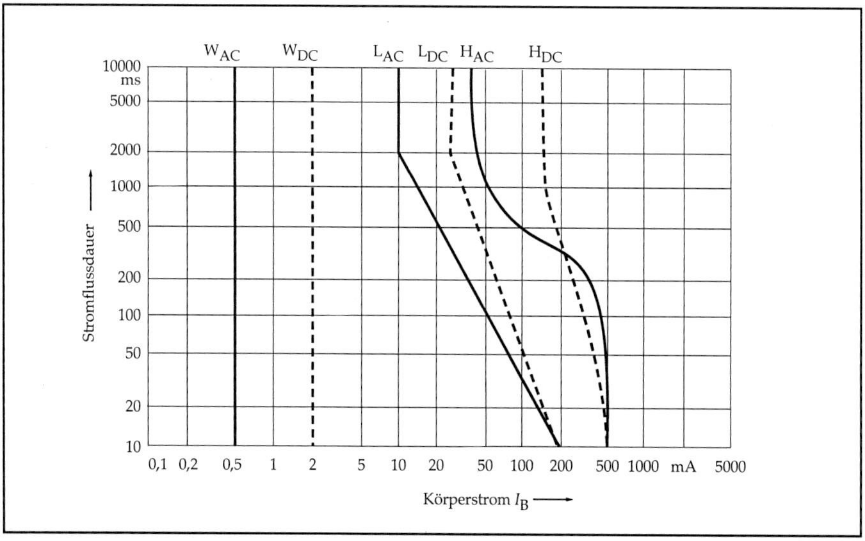

AC Wechselspannung, DC Gleichspannung

Schutz gegen elektrischen Schlag

a) Direktes Berühren	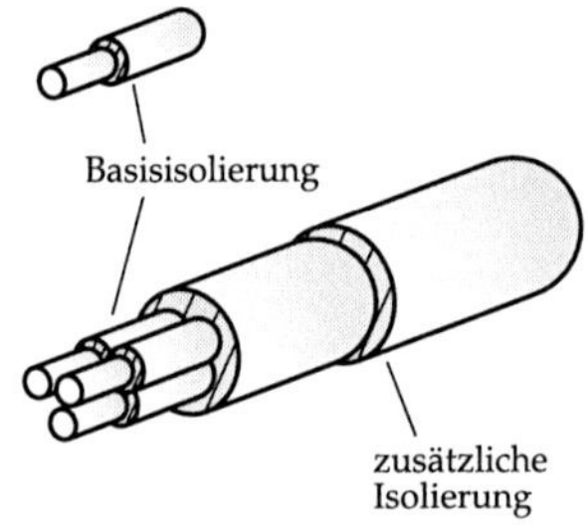	Berühren eines aktiven Teiles, z.B. blanker Außenleiter Schutz z.B. durch: - Isolierung - Abdeckung - Abstand
b) Indirektes Berühren	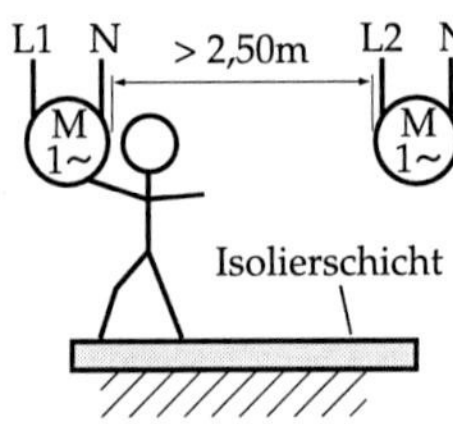	Berühren eines leitenden Teiles, welches infolge eines Fehlers (Körperschluss) unter Spannung steht Schutz z.B. durch: - Schutztrennung - Isolierung
	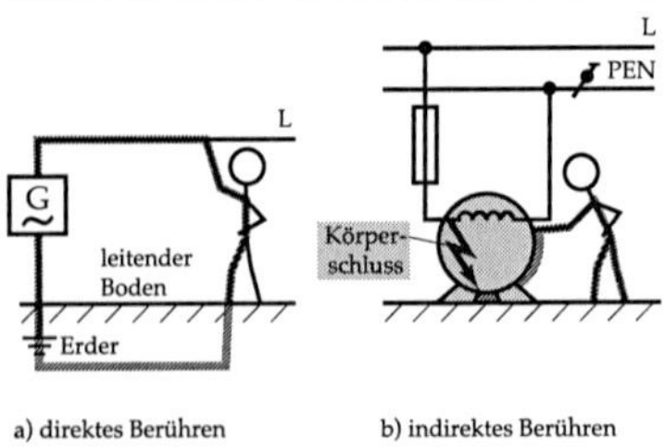	

Basisschutz - Schutz gegen direktes Berühren	Isolierung aktiver Teile Abdeckung oder Umhüllung Hindernisse Abstand SELV
Fehlerschutz - Schutz bei indirektem Berühren	Automatische Abschaltung (z.B. durch Überstromschutzeinrichtung) Potenzialausgleich Schutz durch doppelte oder verstärkte Isolation SELV oder PELV Schutztrennung
Zusätzlicher Schutz	Schutz durch RCD

AC Wechselstrom, *DC* Gleichstrom

Schutz durch Kleinspannung, Berührungsschutz
SELV (Safety Extra Low Voltage)
PELV (Protective Extra Low Voltage)

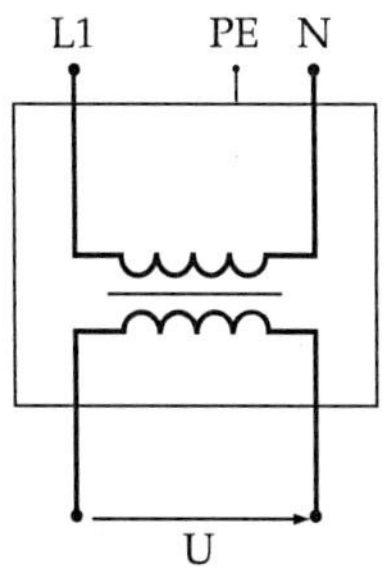

- Trennung von Primär- und Sekundärstromkreis, kein Kurzschluss möglich
- Spannung so klein, dass keine Gefahren für den menschlichen Körper
- andernfalls besondere Anforderungen an die Isolierung

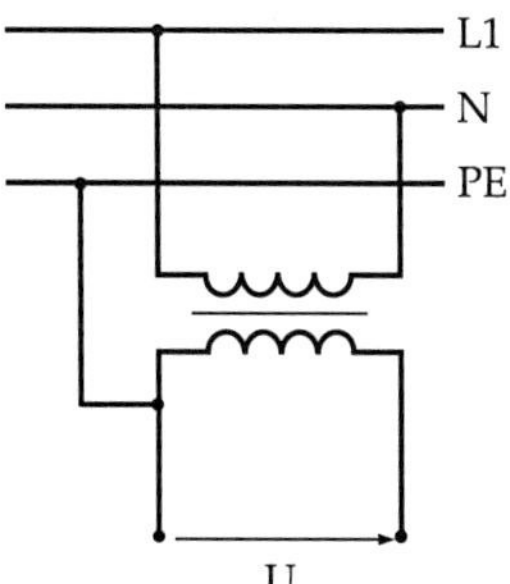

- aktive Teile im Gegensatz zu SELV geerdet und mit Schutzleiter verbunden
- Primär- und Sekundärkreis durch doppelte oder verstärkte Isolierung getrennt
- PE als Funktion („Funktionserdung“)

Schutz sowohl gegen direktes als auch gegen indirektes Berühren - Schutz durch Kleinspannung.
Begrenzung der Spannung auf die maximale Berührspannung.
Sichere Trennung der SELV bzw. PELV Stromkreise von allen anderen Stromkreisen durch Verwendung von Sicherheitstransformatoren oder elektrochemischen Stromquellen (Batterien).

Mobile Potenzialausgleichsysteme
(DIN 15700 Veranstaltungstechnik)

1. Alle elektrisch leitfähigen Teile, die gefährliche Berührungsspannungen annehmen können, sind untereinander niederohmig und mit dem Schutzleiter zu verbinden.
Zu diesen leitfähigen Teilen gehören insbesondere:

Traversen
Stative
Bühnen- und Gerüstkonstruktionen (Podeste, Geländer, Kulissen)
Metallkonstruktionen
Zeltkonstruktionen

2. Leitungen müssen vom Typ H07RN-F oder vergleichbar sein.

3. Kunststoff-Schlauchleitungen und Kunststoff-Einzeladern sind ungeeignet.

4. Der Querschnitt von Schutzpotenzialausgleichsleitern muss mindestens 16 mm^2 (Kupfer) betragen und braucht nicht größer als 25 mm^2 (Kupfer) zu sein.

Schutzklassen

Schutzklasse	Kennzeichen	Praktische Umsetzung
I		Schutzleiter (Verbindung des Betriebsmittels mit Schutzleitersystem der Anlage) z.B. Dimmergehäuse
II		Schutzisolierung (Betriebsmittel ist doppelt oder verstärkt isoliert) z.B. Kunststoffhandleuchte
III		Kleinspannung (Betriebsmittel ist nur an PELV- und SELV-Kreise angeschlossen) z.B. Unterwasserleuchte

Kurzzeichen an elektrischen Betriebsmitteln

Kurzzeichen	Erläuterung
	Bescheinigung des Herstellers für die Übereinstimmung mit EU-Richtlinien. Das CE-Zeichen ist kein Prüfzeichen, sondern ein Freiverkehrszeichen im europ. Binnenmarkt
	Geprüfte Sicherheit: Sicherheitszeichen zum Maschinenschutzgesetz (heute Produktsicherheitsgesetz ProdSG)
	Elektrotechnische Erzeugnisse und Produkte im Sinne des ProdSG nach VDE-/EN-/IEC-Normen und sonstigen technischen Bestimmungen bezgl. Sicherheitsanforderungen
	Das Zeichen bestätigt die Konformität mit europäischen Sicherheitsnormen (European Norms Electrical Certification)

Messkategorien nach DIN EN 61010-1 (VDE 0411, Teil 1)

gelten für Mess- und Prüfgeräte sowie Zubehör (Messleitungen, Prüfspitzen etc.)	
Messkategorie I (CAT I)	Messungen an Stromkreisen, die nicht direkt mit dem Netz verbunden sind (z.B. Batteriestromkreise)
Messkategorie II (CAT II)	Messungen an Stromkreisen, die mit dem Niederspannungsnetz verbunden sind (z.B. tragbare Werkzeuge, Betriebsmittel Veranstaltungstechnik)
Messkategorie III (CAT III)	Messungen an der Gebäudeinstallation
Messkategorie IV (CAT IV)	Messungen an der Quelle von Niederspannungsinstallationen

IP Schutzarten (IP-Code) - Schutzarten durch Gehäuse

Kurzzeichen: IP gefolgt von zwei Kennziffern z.B. IP 65

Schutz gegen Eindringen von Festkörpern und Staub

1. Ziffer		
0		nicht geschützt
1		Schutz gegen Fremdkörper ø ≥ 50 mm
2		Schutz gegen Fremdkörper ø ≥ 12,5 mm
3	2,5 mm	Schutz gegen Fremdkörper ø ≥ 2,5 mm
4	1,0 mm	Schutz gegen Fremdkörper ø ≥ 1 mm
5		staubgeschützt
6		staubdicht

Wird eine von beiden Kennziffern nicht benötigt, so wird sie durch ein "X" ersetzt, z.B. IP X8.
Die beiden Kennziffern können durch zwei weitere Buchstaben ergänzt werden, wobei der erste den Berührungsschutz kennzeichnet (A Handrücken, B Finger, C Werkzeug, D Draht). Der zweite Buchstabe ergänzt spezielle Prüfbedingungen oder steht für besondere Betriebsmittelklassen.

Schutz gegen Eindringen von Wasser

2. Ziffer		
0		nicht geschützt
1		Schutz gegen senkrecht fallende Tropfen
2		Schutz gegen schräg fallende Tropfen (bis 15°)
3		Schutz gegen Sprühwasser (bis 60° Neigung)
4		Schutz gegen Spritzwasser aus jeder Richtung
5		Schutz gegen Strahlwasser aus jeder Richtung
6		Schutz gegen starkes Strahlwasser aus jeder Richtung
7		Schutz gegen zeitweiliges Untertauchen
8 *		Schutz gegen dauerndes Untertauchen

IP engl. "International Protection" (internationale Schutzart).
*zusätzlich Druckangabe in bar.

Sicherheitsregeln

1. Freischalten	Es müssen alle Teile der Anlage freigeschaltet werden, an denen gearbeitet werden soll. Netzstecker ziehen. Entfernen von Sicherungseinsätzen, Abschalten von LS- Schaltern.
2. Gegen Wiedereinschalten sichern	Für die Dauer der Arbeit muss ein Verbotsschild zuverlässig dort angebracht sein, wo ein Anlagenteil freigeschaltet worden ist oder unter Spannung gesetzt werden kann. Herausgenommene Sicherungseinsätze sicher verwahren oder durch Schraubkappen bzw. Blindeinsätze, die nur mit besonderem Werkzeug entfernbar sind, ersetzen. Zum Freischalten verwendete festeingebaute Leitungsschutzschalter sind durch geeignete Maßnahmen, z.B. Klebefolien, gegen Wiedereinschalten zu sichern.
3. Spannungsfreiheit feststellen	Spannungsfreiheit nur durch eine Elektrofachkraft oder unterwiesene Person feststellen. Spannungsfreiheit an der Arbeitsstelle allpolig feststellen. Vorzugsweise zweipolige Spannungsprüfer verwenden.
4. Erden und Kurzschließen	In Anlagen sowie für schutzisolierte Freileitungen mit Nennspannungen bis 1 kV darf vom Erden und Kurzschließen abgesehen werden, wenn der spannungsfreie Zustand gemäß der Maßnahmen 1., 2. und 3. sichergestellt ist. Ggf. Persönliche Schutzausrüstung (Helm mit Gesichtsschutz, eng anliegende Kleidung, Handschuhe) tragen
5. Abdecken und Abschranken benachbarter, unter Spannung stehender Teile	Benachbarte, unter Spannung stehende Teile sind durch feste und zuverlässig angebrachte isolierende Abdeckungen gegen zufälliges Berühren zu sichern, wenn aus zwingenden Gründen das Herstellen des spannungsfreien Zustandes nicht möglich ist.

Prüfung von Schutzmaßnahmen gemäß VDE 0100-600

1. Besichtigen (an der spannungsfreien Anlage!)		
Richtige Auswahl der Betriebsmittel und Schutzeinrichtungen, Leitungsverlegung, Kennzeichnung, Querschnitt Schutzleiter, Potenzialausgleichsleitung		
2. Erproben und Messen*		
a) Durchgängigkeit der Schutzleiter und Schutzpotenzialausgleichsleiter: Widerstand der Verbindungen niederohmig (2 Ω)**		
b) Isolationswiderstand der Anlage	R_{ISO} gefordert	R_{ISO} Mindestmesswert
SELV / PELV (250V / DC)	≥ 500 k Ω	≥ 715 k Ω
Netzspannung bis 500V / AC	≥ 1 M Ω	≥ 1,43 M Ω
Netzspannung über 500V / AC	≥ 1 M Ω	≥ 1,43 M Ω
c) Schutz durch automatische Abschaltung*** Einhaltung der Abschaltbedingung $Z_S \cdot I_a \leq U_0$ Bei RCD: Abschaltung bei $I_{\Delta n}$		im TT-System gilt $R_A \leq \frac{50V}{I_{\Delta N}}$
d) Spannungspolarität: korrekte Belegung von Steckdosen		
e) Phasenfolge der Außenleiter: Rechtsdrehfeld in Drehstromkreisen		
f) Spannungsfall berechnen und nachweisen		

Prüfung elektrischer Geräte gemäß VDE 0701-0702

Prüfung	Betriebsmittel mit Schutzleiter	Betriebsmittel ohne Schutzleiter
1. Sichtprüfung	Ja	Ja
2. Schutzleiterwiderstand	Bis 5 m Anschlussleitung max. 0,3 Ω, zuzüglich 0,1 Ω je weitere 7,5m Maximalwert 1 Ω	entfällt
3. Isolationswiderstand, soweit technisch möglich	Minimalwert 1,0 M Ω	Schutzklasse 2: Minimalwert 2,0 MΩ Schutzklasse 3: Minimalwert 250 kΩ
4. Messung Schutzleiterstrom	Allg. Grenzwert 3,5 mA Ausnahme: Heizgeräte über 3,5 kW – Max 1 mA pro 1 kW Heizleistung. Bis zu einem Höchstwert von max. 10 mA	entfällt
5. Messung Berührungsstrom	entfällt	Maximalwert 0,5 mA

* sämtliche Messungen sind mit Messgeräten durchzuführen, die DIN VDE 0413 entsprechen
** praxisnaher Grenzwert (KEIN Normwert)
*** TN-System: Schleifenwiderstandsmessung Z_S = bzw. max. Kurzschlusstrom I_K, TT-System: Messung des Erdungswiderstands R_A des Erders für die Anlage

Stecksysteme DIN EN 60309 (CEE-Steckvorrichtungssystem)

Kennfarbe	Frequenz	Spannungsebene
violett	50/60 Hz	20 V - 25 V
weiß	50/60 Hz	40 V - 50 V
gelb	50/60 Hz	100 V - 130 V
blau	50/60 Hz	200 V - 250 V
rot	50/60 Hz	380 V - 480 V
schwarz	50/60 Hz	500 V - 690 V
grün	über 60 Hz - 500 Hz	
grau	alle anderen	alle anderen

Frontansicht der Kontaktbuchsen von Steckdosen oder Kupplungen

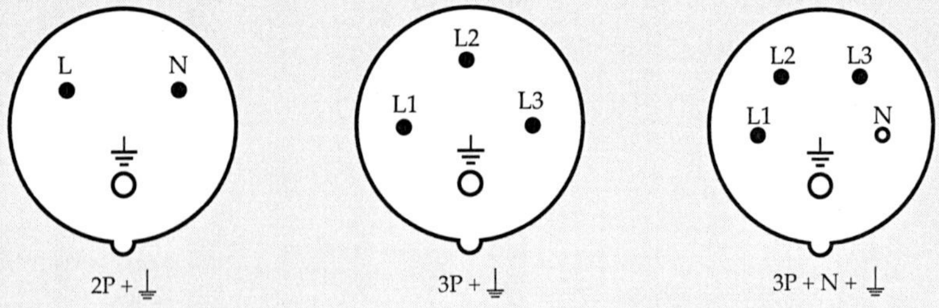

Multicore Steckverbinder gemäß DIN 15765-2010

Bauarten und Kontaktbelegung von verschiedenen Steckverbindern (Bauart 2 und 3a, z.B. Fabrikat Harting)

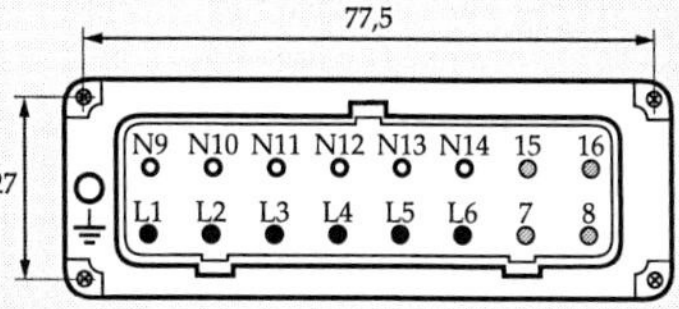

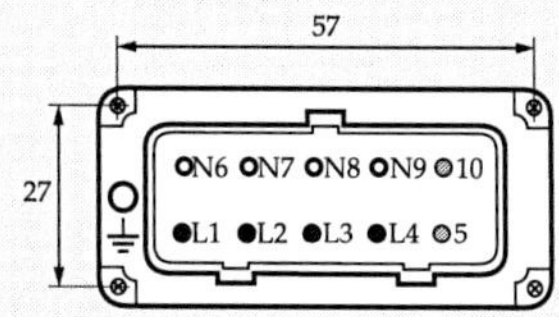

Anschlußleistung 2kW pro Stromkreis
Phase und Neutralleiter je Stromkreis mit L und N bezeichnet. Die Zahl steht für die Kontaktnummer.

Bauarten und Kontaktbelegung von verschiedenen Steckverbindern (Bauart 1a und 1b, z.B. Fabrikat Harting oder Typ CEE)

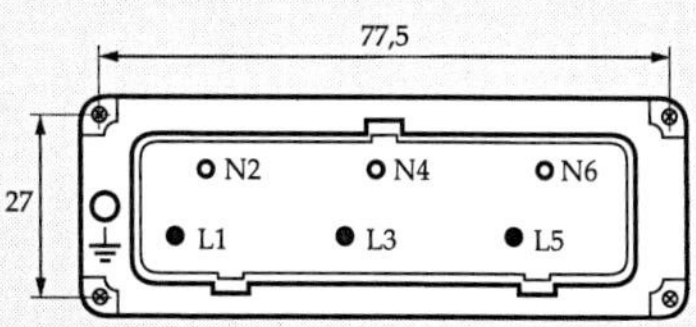

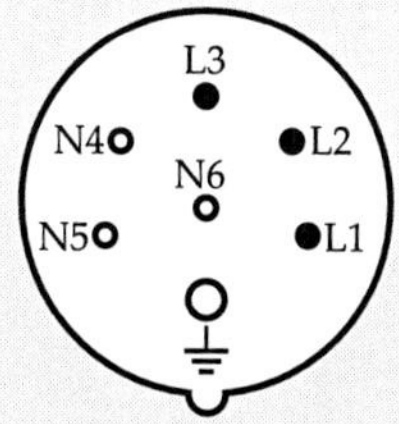

Anschlußleistung 5kW pro Stromkreis
Phase und Neutralleiter je Stromkreis mit L und N bezeichnet. Die Zahl steht für die Kontaktnummer.

Bauarten und Kontaktbelegung von verschiedenen Steckverbindern (Bauart 3b und 4, z.B. Fabrikat Socapex)

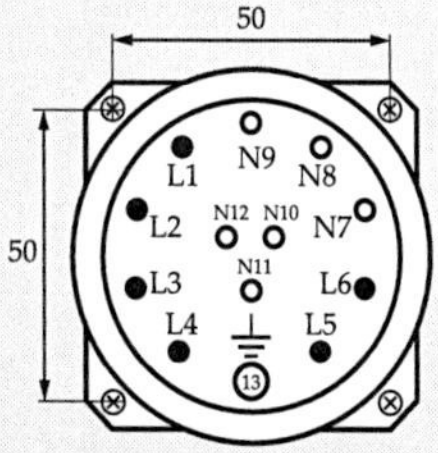

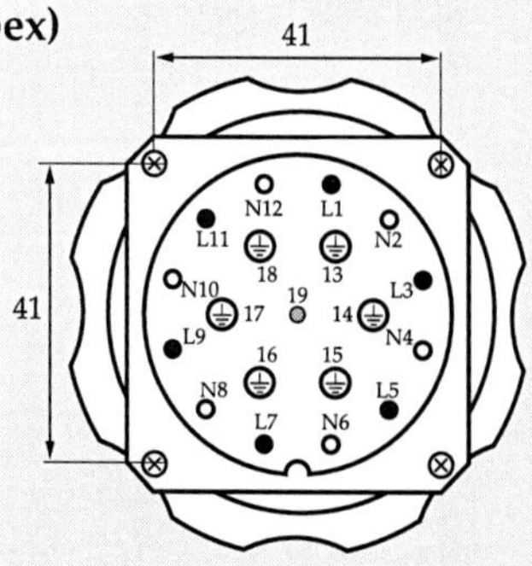

Anschlußleistung 2kW pro Stromkreis
Phase und Neutralleiter je Stromkreis mit L und N bezeichnet. Die Zahl steht für die Kontaktnummer.

Schaltzeichen der Elektrotechnik

	Erdung
	Erdkabel
	Seekabel
	Freileitung
	Leitung in Kabelkanal, Kabeltrasse
	Wartungsschacht
	Neutralleiter *N*
	Schutzleiter *PE*
	Neutralleiter mit Schutzfunktion *PEN*
	Sicherung
	NH Sicherung
0 30A	NH-Sicherung mit Angabe der Größe (0) und des Nennstroms (30 A)
	Sicherung mit Meldekontakt
	Sicherungsschalter
	Sicherungstrennschalter
	Sicherungslasttrennschalter
	Leitungsschutzschalter
4	Fehlerstromschalter
3	(Motor-)Schutzschalter

	Überspannungsableiter
	Überspannungsableiter in einer Gasentladungsröhre
	Buchse
	Schutzkontaktsteckdose
3/N/PE	Schutzkontaktsteckdose für Drehstrom (5-polig)
	Datensteckdose
	Antennensteckdose
	Schalter
	Ausschalter (einpolig);
	Ausschalter (zweipolig);
	Serienschalter
	Wechselschalter
	Kreuzschalter
	Dimmer
	Taster
	Taster mit Leuchte

	Stromstoßschalter
	Schließer
	Öffner
	Wechselkontakt
	Wischkontakt
	Mehrstellungsschalter
	Relais
	Elektromechanischer Antrieb
	Thermorelais
	Elektromechanischer Antrieb mit Ansprechverzögerung
	Elektromechanischer Antrieb mit Rückfallverzögerung
I>	Elektromechanischer Antrieb mit Angabe der Steuergröße

	Primärzelle, -element, Sekundärzelle -element, Batterie von Primär- oder Sekundärzellen, Akkumulator
	Widerstand
	Widerstand, veränderbar
	Potentiometer
U	Spannungsabhängiger Widerstand, Varistor
	Kondensator
+	Elektrolytkondensator
	Drehkondensator
	Glühlampe
	Induktivität
	Elektroherd
	Mikrowellenherd
	Backofen
	Wärmeplatte
	Heißwasserspeicher, Boiler
	Durchlauferhitzer

	Waschmaschine
	Wäschetrockner
	Geschirrspüler
	Speicherheizer
	Infrarotstrahler
	Infrarotgrill
*	Klimagerät
***	Kühlschrank
* ***	Gefrierschrank
	Zeiterfasser, Zeitstempel
	Türöffner
	Gegensprechanlage
	Diode, allgemein
	Schottky-Diode
	Zener-Diode, Z-Diode
	Fotodiode
	Leuchtdiode
	Fotowiderstand

	Fotoelement, Fotozelle
	Optokoppler
B C E	NPN-Transistor mit Gehäuse
B E C	PNP-Transistor mit Gehäuse
	Lautsprecher
	Monokopfhörer
	Mikrofon
	Antenne

Mobile Stromerzeuger

1. Kraftstoffverbrauch (Faustformel)
Ein mobile Stromerzeuger ("Generator") verbraucht pro angeschlossenem kVA (Scheinleistung) ca. 0,25 l Diesel pro Stunde.
$$Betriebsdauer(h) \cdot \frac{S(kVA) \cdot 0,25l}{kVA \cdot h} = Verbrauch(l)$$

2. Dimensionierung für Dauerbetrieb (Faustformel)
Die vom Generator zu erbringende Scheinleistung muss mit einem Generatorbemessungszuschlag berechnet werden. Dabei ist auch der Einschaltstrom von Elektromotoren, Lampengruppen und eine kleine Leistungsreserve zu berücksichtigen.
$$\frac{Anschlussleistung\ P(kW)\ (GF = 1)}{0,64} = Mindestbemessungsleistung\ (kVA)$$

3. Prüfung vor Inbetriebnahme (Prinzip "Wolke")	
W	ist ausreichend Kühl**w**asser vorhanden?
O	ist der **O**elstand korrekt?
L	sind **L**uftfilter und Ansaugstutzen sauber?
K	wie hoch ist der **K**raftstoffstand?
E	ist die **e**lektrische Anlage in Ordnung? Dies betrifft auch Schutzeinrichtungen, bzw. die Starterbatterie der Maschine, zugehörige Hauptschalter etc.

h = Stunden (Betriebsdauer), S = Drehstromscheinleistung [S] = VA (kVA), l = Kraftstoffverbrauch
P = Drehstromwirkleistung [P] = W (kW), GF = Gleichzeitigkeitsfaktor

Kapitel 11

Optik und Lichttechnik

Dieses Kapitel widmet sich dem physikalischen Phänomen Licht. Zusammen mit den optischen Grundlagen wie etwa zu Linsen werden praktische Themen behandelt, z.B. Beleuchtungsstärken oder Farbmischsysteme.

Lichtgeschwindigkeit c in km/s (gerundet)

Vakuum/Luft	300.000	**Flintglas**	186.000
Wasser	225.000	**Kronglas**	198.000

Reflexionsgesetz

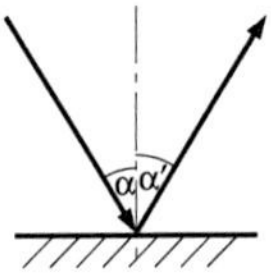

Einfallswinkel = Reflexionswinkel

$\alpha = \alpha'$

Ebener Spiegel

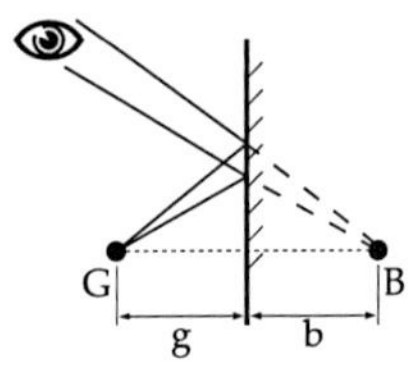

Der ebene Spiegel liefert virtuelle (scheinbare) Bilder, die so weit hinter dem Spiegel liegen, wie der Gegenstand davor.

$g = -b$

Brechungsgesetz, Brechzahl

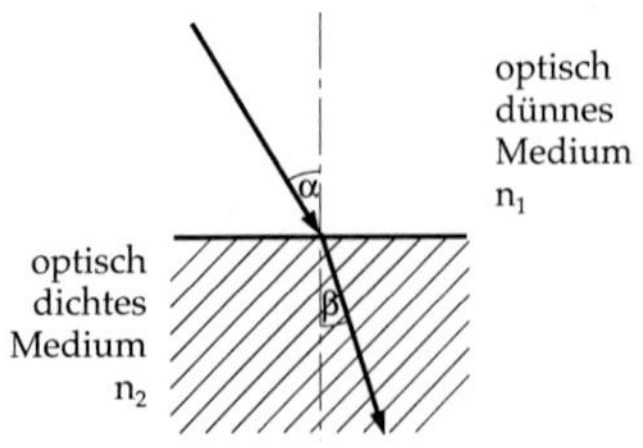

$$\frac{\sin\alpha}{\sin\beta} = \frac{n_2}{n_1}$$

α Einfallswinkel β Brechungswinkel

Die Brechzahl n_m ist für ein Medium definiert als

$$n_m = \frac{c_{Vakuum}}{c_{Medium}}$$

Planparallele Platte

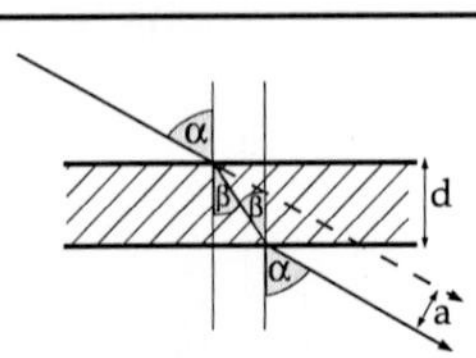

Parallelverschiebung des Strahls

$$a = \frac{d \cdot \sin(\alpha - \beta)}{\cos\beta}$$

c = Lichtgeschwindigkeit [c] = km/s, G: Original, B: Abbildung, g und b = Entfernungen; Brechzahlen für gelbes Natriumlicht λ = 589 nm beim Übergang von Vakuum in: Luft n = 1,0003; Alkohol n = 1,36; Wasser n = 1,333; Kronglas n = 1,515, d = Dicke der Platte, = Einfallswinkel an der 1. Grenzfläche, = Brechungswinkel an der 1. Grenzfläche

Linsengleichung

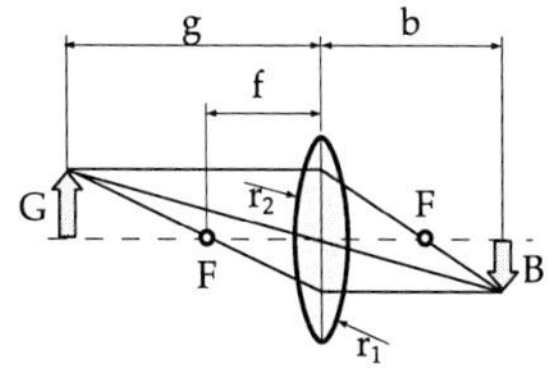

$$\frac{1}{f} = \frac{1}{b} + \frac{1}{g} \qquad v = \frac{B}{G} = \frac{b}{g}$$

Befinden sich zwei Linsen mit den Brennweiten f_1 und f_2 unmittelbar hintereinander, dann beträgt die Gesamtbrennweite:

$$\frac{1}{f} = \frac{1}{f_1} + \frac{1}{f_2}$$

Objektivratio*, Zoomfaktor

$$b = \frac{a}{p} \qquad p = \frac{f}{b_{Chip}}$$

$$h = \frac{3}{4} \cdot b \qquad h = \frac{9}{16} \cdot b$$

Objektiv- o. Projektionsverhältnis *p*

Projektionsabstand *a* / Bildbreite *b*/-höhe *h*

bei 4:3 gilt: $b_{Chip} = d_{Chip} \cdot 0,8$

bei 16:9 gilt: $b_{Chip} = d_{Chip} \cdot 0,87$

Zoomfaktor

längste Brennweite / kürzeste Brennweite

Hohlspiegel (Konkavspiegel)

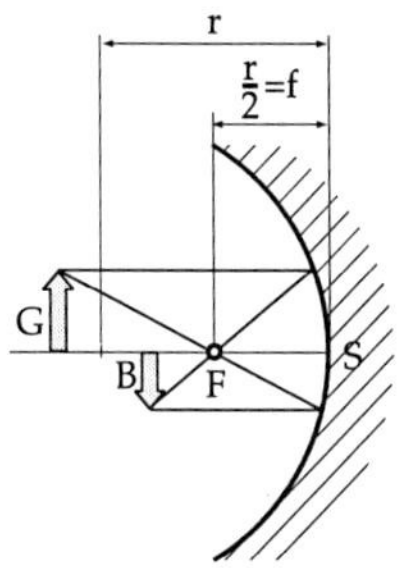

$$\frac{1}{f} = \frac{1}{g} + \frac{1}{b}$$

Wölbspiegel (Konvexspiegel)

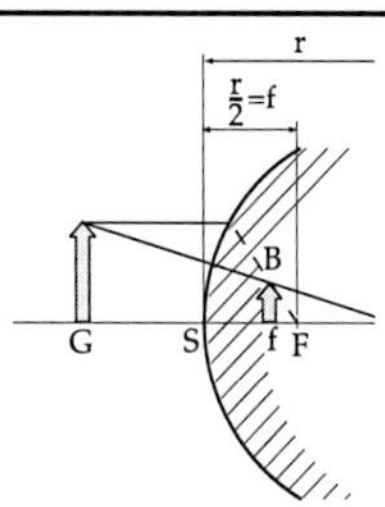

$$f = -\frac{r}{2}$$

f = Brennweite, g und b = Entfernungen, B = Bildgröße, G = Gegenstandsgröße, F = Brennpunkt, r = Radius
*Objektiv: b = Bildbreite, h = Bildhöhe, a = Projektionsabstand, p = Projektionsverhältnis
b_{Chip} = Breite des Abbildungschips, d_{Chip} = Diagonale des Abbildungsschips

Wellenlängen (in Luft)

Strahlenart		**Wellenlänge λ = c/f**
Röntgenstrahlung	hart weich ultraweich	0,0057 nm ... 0,08 nm 0,08 nm ... 2,0 nm 2,0 nm ... 37,5 nm
optische Strahlung	UV-C ... IR-C	100 nm ... 1 mm
Ultraviolettstrahlung	UV-C UV-B UV-A	100 nm ... 280 nm 280 nm ... 315 nm 315 nm ... 380 nm
sichtbare Strahlung, Licht	violett blau grün gelb rot	380 nm ... 420 nm 420 nm ... 490 nm 490 nm ... 530 nm 530 nm ... 650 nm 650 nm ... 780 nm
Infrarotlicht	IR-A IR-B IR-C	780 nm ... 1,4 µm 1,4 µm ... 3,0 µm 3,0 µm ... 1 mm

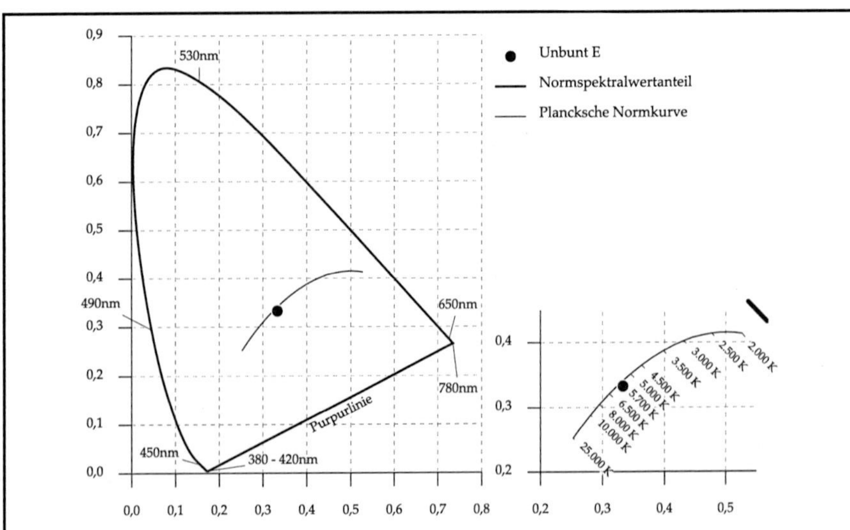

λ = Wellenlänge, c = Lichtgeschwindigkeit, f = Frequenz

Lichtstrom

Der Lichtstrom ist die Lichtleistung der Lichtquelle für allseitig abgestrahltes Licht

$cd \cdot sr$

Raumwinkel

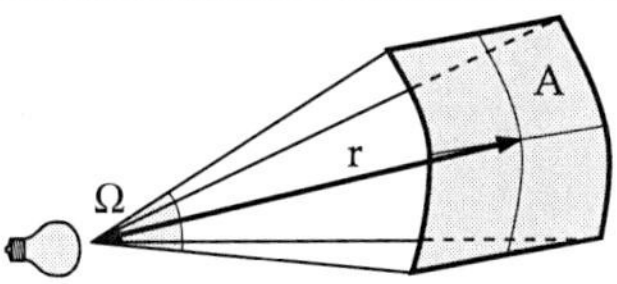

Darunter versteht man das Verhältnis einer Kugelfläche zum Quadrat ihres Radius. Die Einheit dieses Verhältnisses ist der Steradiant (sr)

$$\Omega = \frac{A}{r^2}$$

Lichtmenge

$$Q = \Phi \cdot t$$

Lichtstärke

Ein Candela (cd) ist die Lichtstärke einer monochromatischen Strahlungsquelle mit Frequenz $540 \cdot 10^{12}$ Hz, deren Strahlleistung 1/683 Watt pro Steradiant beträgt.

$$I = \frac{\Phi}{\Omega}$$

Leuchtdichte

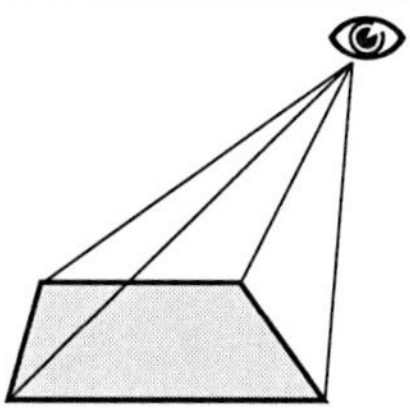

Unter der Leuchtdichte versteht man das Verhältnis der Lichtstärke zur Leuchtfläche

$$L = \frac{I}{A}$$

A = Fläche [A] = m^2, Q = Lichtmenge [Q] = lm s (Lumensekunde), Φ = Lichtstrom [Φ] = lm = cd sr (Lumen), L = Leuchtdichte [L] = cd/m^2, r = Radius, Ω = Raumwinkel [Ω] = sr (Steradiant)

Beleuchtungsstärke

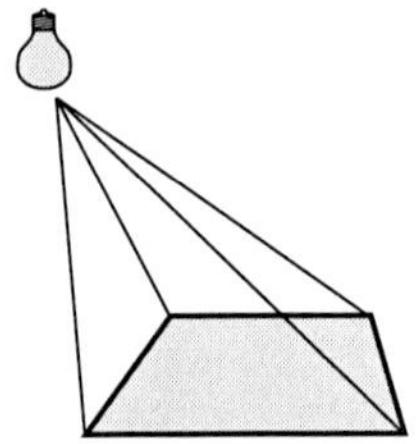

Unter der Beleuchtungsstärke versteht man das Verhältnis des senkrecht auftreffenden Lichtstromes zur Auftreffläche

$$E = \frac{\Phi}{A}$$

Im Zuge der Internationalisierung findet man häufig die Einheit "foot-candle" (fc) in lm/ft².* $1\,fc = 10{,}764\ lx$

Belichtung

Die Belichtung ist das Produkt aus der Beleuchtungsstärke und der belichteten Zeit

$$H = E \cdot t$$

Lichttechnisches Entfernungsgesetz

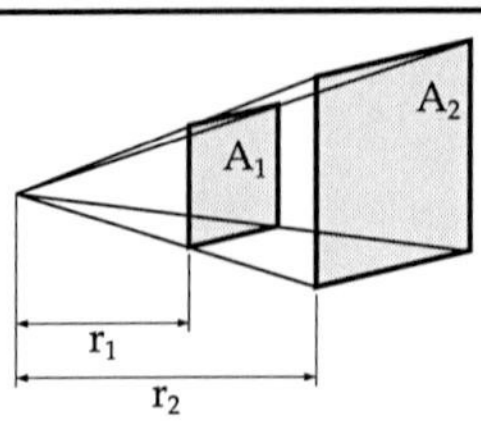

Die Beleuchtungsstärke E einer Fläche A ist dem Quadrat ihres Abstandes r von der Lichtquelle umgekehrt proportional:

$$\frac{E_1}{E_2} = \frac{r_2^2}{r_1^2} = \frac{A_2}{A_1}$$

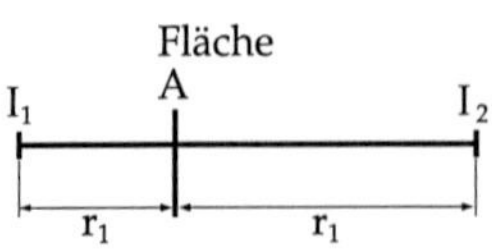

Bei gleicher Beleuchtungsstärke E einer Fläche A verhalten sich die Lichtstärken I zweier Lichtquellen wie die Quadrate ihrer Abstände r von der Fläche:

$$\frac{I_1}{I_2} = \frac{r_1^2}{r_2^2} \qquad E = \frac{I}{r^2}$$

Lichtausbeute

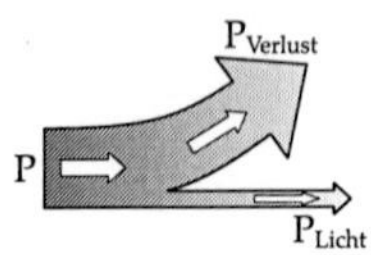

$$\eta = \frac{\Phi_V}{P}$$

E = Beleuchtungsstärke [E] = lx = lm/m² (Lux), Φ = Lichtstrom [Φ] = lm = cd sr (Lumen), A = Fläche [A] = m²
H = Belichtung [H] = lx s, t = Zeit [t] = s, I = Lichtstärke [I] = cd (candela), r = Abstand/Radius [r] = m
e = Lichtausbeute (vgl. Wirkungsgrad), Φ_V = Lichtstrom Verlust, P = Leistung des Leuchtkörpers
*Umrechnung ft in m s.h. Kapitel 1 S. 12

Normalbeleuchtungsstärken E (in lx)

Ansprüche	niedrig	mittel	hoch	
Wohnräume, Allgemeinbeleuchtung	40	80	150	
Art der Arbeit	**grob**	**mittel**	**fein**	**sehr fein**
Arbeitsräume - nur Allgemeinbel. - Allgemeinbel. und Arbeitsplatzbel.	40 20 100	80 30 300	150 40 1000	300 50 5000
Verkehrsaufkommen	**schwach**	**mittel**	**stark**	**sehr stark**
Durchgänge, Treppen Straßen, Plätze Verladeflächen	8 3 3	15 8 8	30 15 15	30 30 30
Nutzungsart	**Speiseräume**	**Küchen**	**Tagungsräume**	**Selbstbedienung**
Hotels, Gaststätten	200	500	300	300
Sicherheitsbeleuchtung	1 (in Fluchtwegen nach ASR A3.4/3 2009)			

Natürliche Beleuchtungsstärken

Sonnenlicht im Sommer	100 000 lx
Sonnenlicht im Winter	10 000 lx
Bedeckter Himmel im Sommer	5 000 ... 20 000 lx
Bedeckter Himmel im Winter	1 000 ... 2 000 lx
Nachts bei Vollmond	0,2 lx
Mondlose klare Nacht	0,0003 lx

Farbtemperatur

Lichtquelle	Farbtemperatur (K)
Kerze	1500
Glühlampe (100W)	2800
Halogenglühlicht	3200
Leuchstofflampe	4000
Xenonleuchtmittel	5000
Tageslichtleuchte	5600
Mittagssonne	5800

E = Beleuchtungsstärke [E] = lx = lm/m² (Lux)

Transmissionsgrad, Reflexionsgrad, Absorptionsgrad

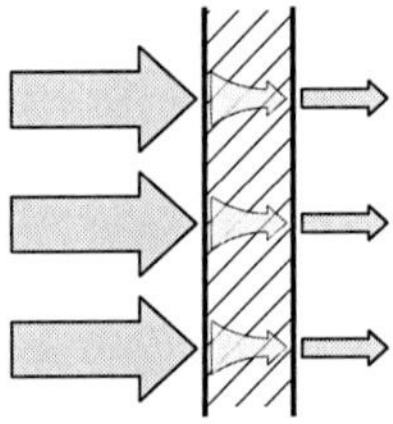

$$\rho = \frac{\Phi_\rho}{\Phi_0} \qquad \tau = \frac{\Phi_\tau}{\Phi_0} \qquad \alpha = \frac{\Phi_\alpha}{\Phi_0}$$

$$\Phi_0 = \Phi_\rho + \Phi_\alpha + \Phi_\tau \qquad \rho + \alpha + \tau = 1$$

Farbmischsysteme

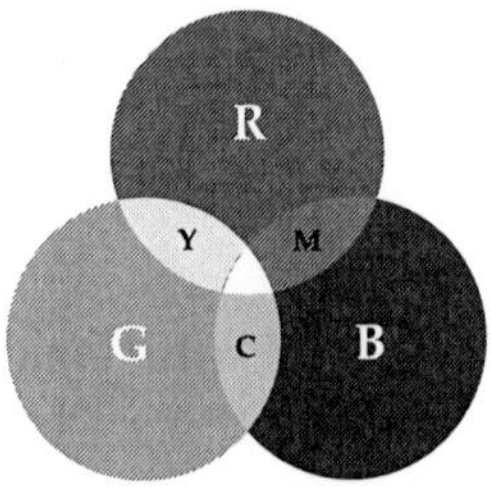

Additive Farbmischung
Aus dem Zusammenfügen von Einzelfarben werden neue Farben erzeugt. Das gängigste System arbeitet mit den Grundfarben rot, grün, blau (RGB), die zusammen weiß ergeben. Anwendung z.B. in der LED-Technik oder bei Horizontbeleuchtung mit Leuchtröhren.

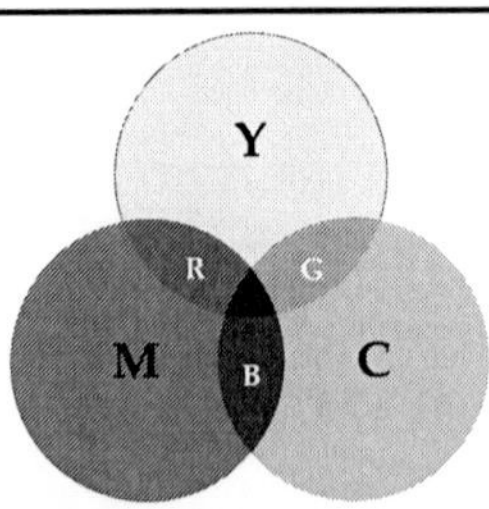

Subtraktive Farbmischung
Mittels Filtern werden Farbanteile aus einer Hauptlichtquelle ausgefiltert. Die Grundfarben sind oft cyan, magenta und yellow. Subtraktive Mischung wird bei Movinglights angewendet; der vor einen weißen Scheinwerfer geschobene Farbfilter arbeitet ebenfalls subtraktiv.

Farbfilter

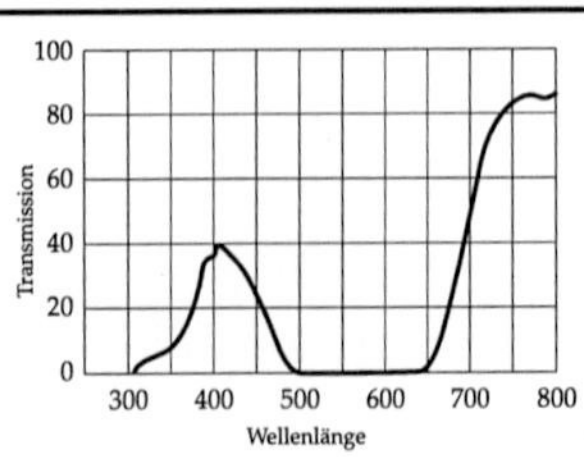

$$\tau = \frac{\Phi_\tau}{\Phi_0}$$

Der Transmissionsgrad (in %) wird in Abhängigkeit von der Wellenlänge im sichtbaren Spektrum dargestellt. Im Beispiel ein Farbfilter mit hohem Blauanteil bei 3200 K (Halogenlicht).

ρ = Reflexionsgrad, α = Absorptionsgrad, τ = Transmissionsgrad, Φ_P = reflektierter Lichtstrom, Φ_a = absorbierter Lichtstrom, Φ_T = transmittierter Lichtstrom, Φ_0 = insgesamt einfallender Lichtstrom $[\Phi]$ = lm = cd sr (Lumen)

Kapitel 12

Akustik und Audiotechnik

Die Akustik ist kein eigenständiges Gebiet der Physik, dennoch ist sie in der Veranstaltungstechnik unabdingbar. Neben Grundlagen zu Schall, Schalldruck und Pegel ergänzen einige praktische Anmerkungen dieses Kapitel.

Akustische Wahrnehmung des menschlichen Ohres

Wahrnehmung	**Lautstärke**	**Schall-druck**	**Schall-leistung**	**Schall-intensität**
Hörschwelle	0...10 dB	$2 \cdot 10^{-5}\,N/m^2$	$10^{-12}\,W$	$10^{-12}\,W/m^2$
Unterhaltung	50...60 dB	$6 \cdot 10^{-3}\,N/m^2$	$\sim 10^{-7}\,W$	$\sim 10^{-7}\,W/m^2$
Schmerzgrenze	130 dB	$60\,N/m^2$	$\sim 10\,W$	$\sim 10\,W/m^2$

Schallpegel, Geräuschsituation und Empfindung

Schallpegel (dB)	**Geräuschsituation**		**Empfindung**
0 0-10 10-20	Absolute Stille, Beginn des Hörbereichs Hörschwelle Blätterrascheln, Ticken einer Uhr		ruhig
30 40 50	Flüstern Leise Radiomusik Obergrenze für geistige Arbeit		leise
50-70 75 80 85 90 90-100	Büroarbeit, Gespräche zwischen Personen, Fröschequaken Beginn eines störenden Einflusses auf das Nervensystem Starker Straßenverkehr Beginn der Gehörgefährdung Lkw-Fahrerhaus Auto-Hupe		mäßig laut sehr laut extrem laut
100-110 110 110-120	Discothek, Musik über Kopfhörer Presslufthammer Großer Schmiedehammer		unerträglich
130 140	Düsenflugzeug (100 m), Schmerzgrenze Raketenstart		schmerzhaft

Frequenz und Wellenlänge

$f = \frac{1}{T}$	$\lambda = \frac{c}{f}$

Vorgeschriebene maximale Schallbelastungen in Deutschland liegen für Arbeitsstätten bei 85 dB und für Musikveranstaltungen bei max. 95 dB. Nachtgeräusche in Wohngebieten dürfen 35 dB nicht überschreiten. f = Frequenz [f] = 1/s = Hz, T = Schwingungsdauer [T] = s, λ = Wellenlänge [λ] = m, c = Schallgeschwindigkeit [c] = m/s

Schall, Schalldruck, Pegel

Bezeichnung	Beziehung	Definition
Schallgeschwindigkeit, -laufzeit in Abhängigkeit von Temperatur*	$c = \lambda \cdot f \quad t = \frac{s}{c}$ $c_L = \sqrt{\frac{2 \cdot G \cdot (1-v)}{\rho \cdot (1-2 \cdot v)}}$ $c_T = \sqrt{\frac{G}{\rho}} \quad c_D = \sqrt{\frac{E}{\rho}} \quad c = \sqrt{\frac{X}{\rho}}$ $c = \sqrt{K \cdot R \cdot T}$ $c = 331{,}6 \frac{m}{s} + 0{,}6 \frac{1}{°C} \cdot \Theta$	**allgemein** **feste Stoffe** - Longitudinalwellen in großen Körpern - Transversalwellen in großen Körpern - Dehnwellen in Stäben Stahl: 5000 m/s **Flüssigkeiten** Wasser: 1485 m/s **Gase (1 bar, 0°C)** Luft: 331 m/s Wasserstoff: 280 m/s
Schallschnelle	$v = a_0 \cdot \omega$ $v = a_0 \cdot 2 \cdot \pi \cdot f$	Wechselgeschwindigkeit der schwingenden Teilchen
Schalldruck	p	durch die Schallschwingung hervorgerufener Wechseldruck
Schallleistung	$P = I \cdot A = p \cdot v \cdot A$	Schallenergie pro Zeiteinheit und Fläche
Schallintensität, Schallstärke	$I = \frac{P}{A} = \frac{p^2}{c \cdot \rho}$	Schallleistung pro Flächeneinheit senkrecht zur Ausbreitungsrichtung
Schalldruckpegel, elektr. Leistungspegel, elektr. Spannungspegel**	$L_W = 10 \cdot \lg \frac{P}{P_0} \quad L_P = 10 \cdot \lg \frac{I}{I_0}$ $L_p = 20 \cdot \lg \frac{p}{p_0} \quad L_u = 20 \cdot \lg \frac{s}{1m}$	logarithmisches Maß für den Schalldruck $P_0 = 10^{-12}$ W $p_0 = 2 \cdot 10^{-5}$ Pa $I_0 = 10^{-12}$ W/m² (nach DIN 1320)
Lautstärke	bei 1000 Hz - Sinuston $= 10 \cdot \lg \frac{I}{I_0}$	Maß der subjektiven Empfindung der Schallintensität für das Ohr (Einheit *phon*)

*bei 50 % Luftfeuchtigkeit; **Rundfunkpegel [dBu]: $u_0 = 0{,}775$ V, amerikanischer Pegel [dBV]: $u_0 = 1$V

c = Schallgeschwindigkeit [c] = m/s, λ = Wellenlänge [λ] = m, f = Frequenz [f] = 1/s, G = Gleitmodul, v = Geschwindigkeit [v] = m/s, ρ = Dichte [ρ] = kg/cm³, E = Elastizitätsmodul [E] = N/mm², X = Kompressibilität, R = Gaskonstante [R] = J/kgK, T = absolute Temperatur [T] = K, Θ = Temperatur [Θ] = °C, a_0 = Amplitude, p = Schalldruck [p] = Pa, P = Schallleistung [P] = W, I = Schallintensität [I] = W/m², L = Schallpegel [L] = B, dB, L_W = Leistungspegel

Schall, Schalldruck, Pegel

Bezeichnung	Beziehung	Definition
Schallabsorptionsgrad	$\alpha = \frac{P_a - P_r}{P_r}$ $\alpha = \frac{p_a^2 - p_r^2}{p_r^2}$ a auftreffend r reflektierend	Maß für die Umwandlung der Schallenergie in Wärme durch Reibung, Beispiele für 500 Hz: Beton 0,01 Glas 0,03 Gipskartonplatte (GKP) 0,05 Textilbelag Velours 5cm 0,12 Vorhang Molton 300g/m² 0,38 Person auf Holzstuhl 0,44 GKP gelocht (20% Lochanteil) 0,9
Schalldämmmaß	$R = 10 \cdot \lg \frac{I_1}{I_2}$ I_1: ungedämpft I_2: gedämpft	logarithmisches Maß für die Luftschalldämmung einer Wand, Stahlblech 1 mm: R = 29 dB (frequenzabhängig)
akustischer Wirkungsgrad	$\eta = \frac{P_{akus}}{P_{mech}}$	Verhältnis der akustischen zur mechanischen Leistung

Bündelungsgrad und Bündelungsmaß

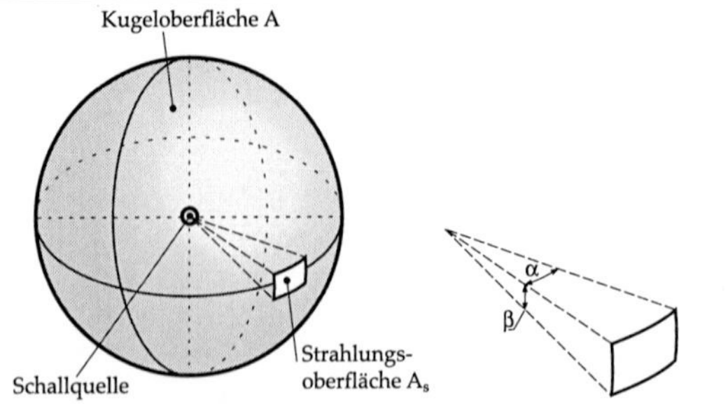

$$\gamma = \frac{A}{A_S}$$

$$\gamma = \frac{180°}{\sin^{-1}(\sin\frac{\alpha}{2} \cdot \sin\frac{\beta}{2})}$$

$$d = 10 \cdot \lg \gamma$$

Akustisches Abstandsgesetz

Schalldruckpegelverlust Punktquelle	$L = 20 \cdot \lg \frac{s}{1m}$
Schalldruckpegelverlust Linienquelle	$L = 10 \cdot \lg \frac{s}{1m}$

α = Schallabsorptionsgrad, P = Schallleistung [P] = W, I = Schallintensität [I] = W/m², R = Schalldämmmaß [R] = dB, η = akustischer Wirkungsgrad; l = Bündelungsgrad [l] = dimensionslos, A = Kugeloberfläche, A_S = Strahlungsoberfläche [A] = m², α, β = Abstrahlwinkel, d = Bündelungsmaß [d] = dB; ΔL = Pegelverlust [L] = dB, s = Entfernung von der Schallquelle [s] = m

Kapitel 13
Hydraulik

Abgeleitet aus den griechischen Worten
für Wassser und Rohr beschreibt die Hydraulik
im Maschinenbau und damit auch in der
Veranstaltungstechnik die Übertragung von
Kräften durch flüssige Medien.

Hydrostatischer Druck

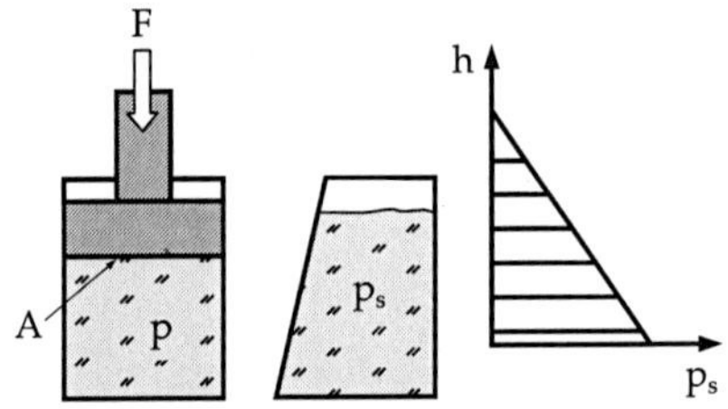

$$p = \frac{F}{A}$$

$$p_s = h \cdot \rho \cdot g$$

Kontinuitätsgleichung

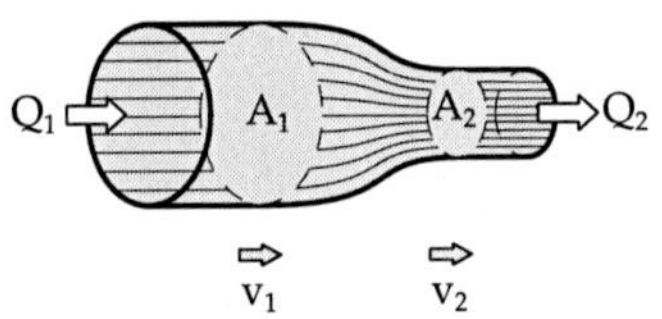

$$Q_1 = Q_2$$

$$Q_1 = A_1 \cdot v_1$$

$$Q_2 = A_2 \cdot v_2$$

$$A_1 \cdot v_1 = A_2 \cdot v_2$$

Kolbenkräfte

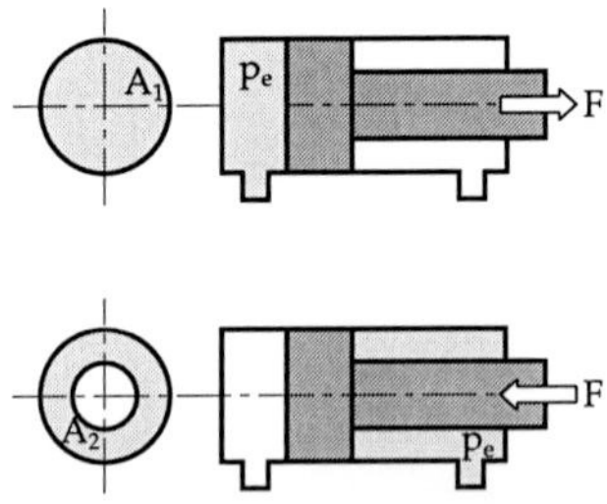

$$F = p_e \cdot A_1 \qquad F = p_e \cdot A_2 \cdot \eta$$

$$A_1 = A_{Kreis} = \frac{d^2 \cdot \pi}{4}$$

$$A_2 = A_{Kreisring} = \frac{(D^2 - d^2) \cdot \pi}{4}$$

Kolbengeschwindigkeit

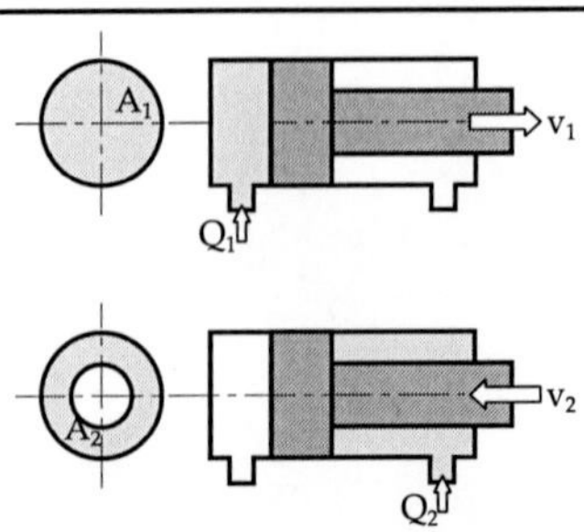

$$v_1 = \frac{Q_1}{A_1} \qquad A_1 = \frac{d^2 \cdot \pi}{4}$$

$$v_2 = \frac{Q_2}{A_2} \qquad A_2 = \frac{(D^2 - d^2) \cdot \pi}{4}$$

p = Druck, p_S = Schweredruck [p] = bar, F = Kraft Kolbenkraft [F] = N, ρ = Dichte der Hydraulikflüssigkeit, g = Erdbeschleunigung, A = Kolbenfläche [A] = cm^2, η = Wirkungsgrad, d D = Durchmesser, v = Strömungsgeschwindigkeit Kolbengeschwindigkeit [v] = m / s, Q = Volumenstrom [Q] = l / min

Hydraulische Presse

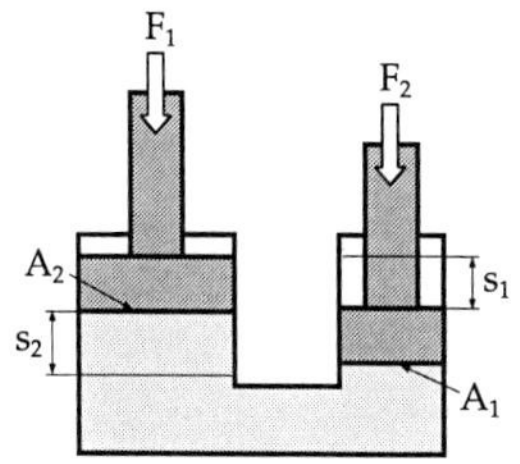

$$\frac{F_1}{A_2} = \frac{F_2}{A_1}$$

$$F_1 \cdot s_2 = F_2 \cdot s_1$$

$$i = \frac{F_1}{F_2} = \frac{A_1}{A_2} = \frac{s_1}{s_2}$$

Pumpenleistung

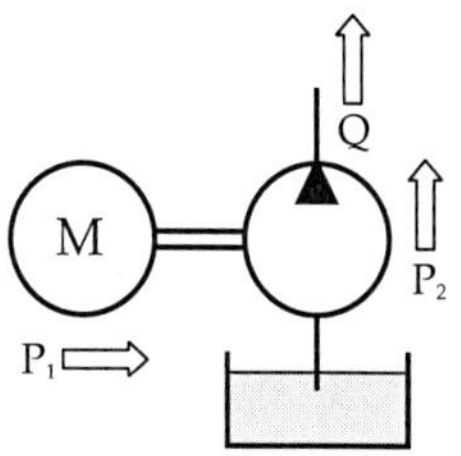

$$P_1 = \frac{Q \cdot p_e}{600 \cdot \eta}$$

$$P_2 = \frac{Q \cdot p_e}{600}$$

$$\eta = \frac{P_2}{P_1}$$

Druckübersetzer

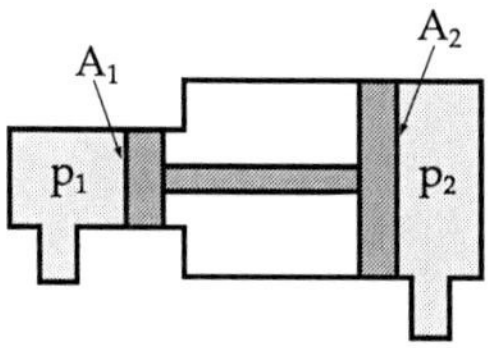

$$p_1 \cdot A_1 = p_2 \cdot A_2$$

Auftrieb

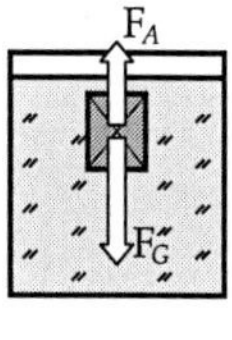

$$F_A = \rho_{Fl} \cdot g \cdot V$$

F = Kraft Kolbenkraft [F] = N, A = Kolbenfläche [A] = cm^2, s = Weg des Pumpenkolbens [s] = m, i = hydraulisches Übersetzungsverhältnis, P_1 = zugeführte Leistung, P_2 = abgegebene Leistung [P] = kW, Q Volumenstrom [Q] = l/min, p = Druck, p_e = Überdruck [p] = bar, η Wirkungsgrad, F_A = Auftriebskraft, ρ = Dichte [ρ] = kg/m^3, g = Fallbeschleunigung [g] = m/s^2, V = Volumen [V] = m^3

Schaltzeichen der Fluidtechnik (Hydraulik und Pneumatik)

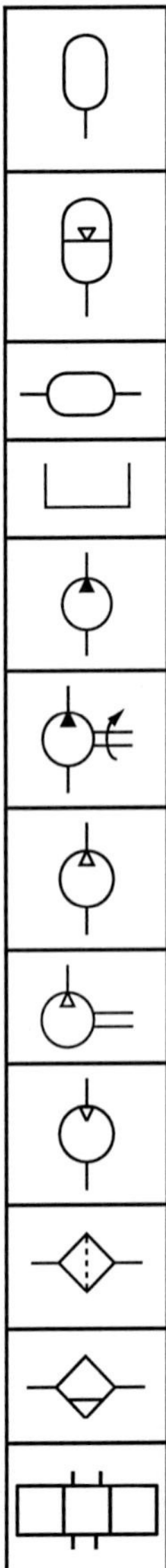

Speicher, Gasflasche
Speicher mit Gasspannvorrichtung
Luftbehälter
Behälter, offen
Hydraulikpumpe
Hydraulikpumpe mit fester Drehrichtung
Pneumatikpumpe
Kompressor oder Verdichter
Pneumatikmotor
Filter
Abscheider mit manueller Entwässerung
Wegeventil mit drei Schaltstellungen und vier Anschlüssen

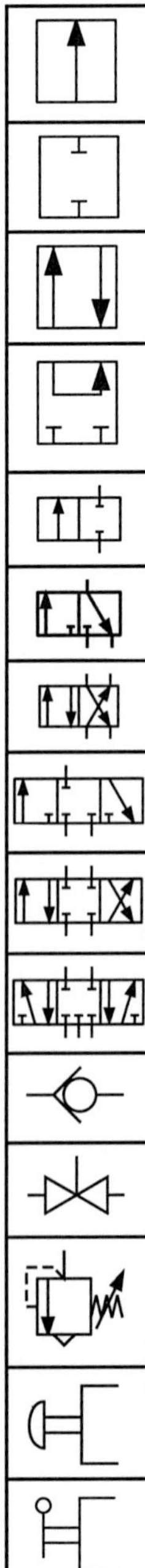

Ein Durchflussweg
Zwei gesperrte Anschlüsse
Zwei Durchflusswege
Ein Durchflussweg in Nebenschlussschaltung
2/2-Wegeventil
3/2-Wegeventil
4/2-Wegeventil
3/3-Wegeventil mit Sperr-Mittelstellung
4/3-Wegeventil mit Sperr-Mittelstellung
5/3-Wegeventil mit Sperr-Mittelstellung
Rückschlagventil
Absperrventil
Druckbegrenzungsventil
manuelle Ventilbetätigung
Hebel

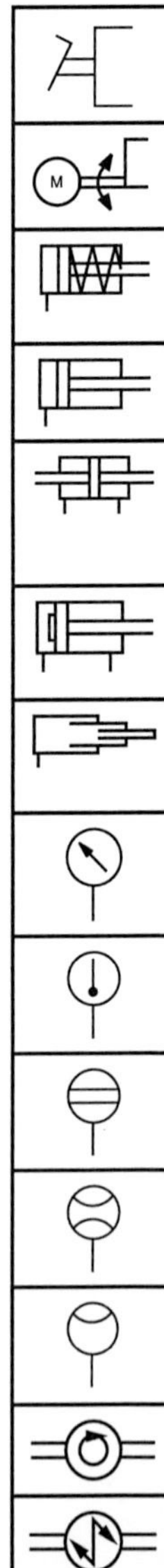

Pedal
Elektrische Betätigung
Zylinder, einfach wirkend mit Rückhub-Feder
Zylinder, doppelt wirkend
Zylinder, doppelt wirkend mit zweiseitiger Kolbenstange
Zylinder mit kolbenseitiger Dämpfung
Teleskopzylinder, einfach wirkend
Manometer, Druckmessgerät
Temperaturmesser (Thermometer)
Flüssigkeitsniveaumesser
Volumenstrommessgerät
Volumenstromanzeiger
Drehzahlmessgerät
Drehmomentmessgerät

Kapitel 14

Werkstofftabellen

Für gängige Werkstoffe der Veranstaltungstechnik sowie bestimmte fertige Profile aus Stahl und Aluminium werden hier relevante Werte in übersichtlichen Tabellen dargestellt.

Im Bereich Bühnenbau und Theatertechnik kommen vorwiegend Massivhölzer, Furnierplatten („Tischlerplatte"), Schichtholz und Holzspanplatten zum Einsatz. Bevorzugte Holzsorten sind harte und tragfähige Holzarten wie z.B. Kiefer oder Longleaf Pine, bzw. leicht zu bearbeitende Sorten, etwa Fichte oder Tanne. Weiterhin wird mit verschiedenen Stahl- und Aluminiumsorten gearbeitet. Dieses Kapitel gibt zudem einen Überblick hinsichtlich Anschlagmitteln und Seilen.

Holz . Bezeichnungen und Abkürzungen

A_n	Nettoquerschnitt	**MS**	Sortierklasse für maschinelle Sortierung
BAZ	Bauaufsichtliche Zulassung		
BFU	Bau-Furniersperrholz*	**Na**	Nagel
Bo	Bolzen	**NH**	Nadelholz
BSH	Brettschichtholz	**PB**	Passbolzen
ef I	Wirksames Flächenmoment 2. Grades	**Pl ‖**	In Plattenebene
Fa	Faser, Faserrichtung	**Pl ⊥**	Rechtwinklig zur Plattenebene
Fa ‖	In Faserrichtung	**Ri**	Richtung
Fa ⊥	Rechtwinklig zur Faserrichtung	**RNa**	Rillennagel
FP	Flachpressplatte**	**S**	Sortierklasse
G	Schubmodul	**SDü**	Stabdübel
HFH	Harte Holzfaserplatte	**SNa**	Schraubnagel
HFM	Mittelharte Holzfaserplatte	**Sr**	Holzschraube
HW	Holzwerkstoff	**vb**	Vorgebohrt
Kl	Klammer	**VH**	Vollholz
Kr	Kraft, Kraftrichtung	**VM**	Verbindungsmittel
KVH	Konstruktionsvollholz	**W_{erf}**	Erforderliches Widerstandsmoment
LH	Laubholz		

* nach DIN 68705, ** nach DIN 68763; siehe auch DIN EN 14081-4 Holzbauwerke

Zulässige Spannung für Voll- und Brettschichtholz (N/mm²)

	Beanspruchung		Vollholz aus Fichte, Kiefer, Tanne, Lärche, Douglasie, Western Hemlock und Southern Pine Güteklasse nach DIN 4074*			Brettschichtholz Güteklasse nach DIN 4074*		Eiche Buche Teak Keruing A	Afzelia Merbau Angelique B	Azobe (Bongossi) Greenhart C
			S 7	S 10	S 13	S 10	S 13	Vollholz (Laubhölzer) ≥ S 10		
1	Biegung	zul σ_B	7	10	13	11	14	11	17	25
2	Zug	zul $\sigma_{Z\parallel}$		8,5	10,5	8,5	10,5	10		15
3	Zug	zul $\sigma_{Z\perp}$		0,05		0,2		0,05		
4	Druck	zul $\sigma_{D\parallel}$	6	8,5	11	8,5	11	10	13	20
5	Druck	zul $\sigma_{D\perp}$	2 [2,5]			2,5 [3,0]		3 [4]	4	8
6	Abscheren	zul τ_a				0,9		1	1,4	
7	Schub Querkraft	zul τ_Q	0,9	0,9		1,2				2
8	Torsion	zul τ_T		1		1,6		1,6		

Zulässige Spannung für Brettschichtholz (N/mm²)

Art der Beanspruchung		Brettschichtholz aus Nadelhölzern			
		BS 11	**BS 14**	**BS 16**	**BS 18**
		Sortierklasse der Lamellen			
		S 10/MS 10	**S 13**	**MS 13**	**MS 17**
Biegung	zul σ_B	11	14	16	18
Zug	zul $\sigma_{Z\parallel}$	8,5	10,5	1	13
Zug	zul $\sigma_{Z\perp}$	0,2	0,2	0,2	0,2
Druck	zul $\sigma_{D\parallel}$	8,5	11	11,5	13
Druck	zul $\sigma_{D\perp}$	2,5 3	2,5 3	2,5 3	2,5 3
Abscheren	zul τ_a	0,9	0,9	1	1
Schub Querkraft	zul τ_Q	1,2	1,2	1,3	1,3
Torsion	zul τ_T	1,6	1,6	1,6	1,6

|| Parallel zur Faser, ⊥ Senkrecht zur Faser; *Sortierung von Holz nach der Tragfähigkeit

Metalle: Spannungen in N/mm^2

Werkstoff	neue Bezeichnung	E	R_m	R_e $R_{p0,2}$	$\sigma_{z\,Sch}$	$\sigma_{z\,W}$	$\sigma_{b\,Sch}$	$\sigma_{b\,W}$	$\tau_{t\,Sch}$	$\tau_{t\,W}$	G
St 37	S235JR	210000	370	240	240	175	340	200	170	140	80000
St 42	P265GH	210000	420	260	260	190	360	220	180	15	80000
St 50	E295	210000	500	300	300	230	420	260	210	180	80000
St 52	S335J2G3	210000	520	320	320	240	430	280	220	190	80000
St 60	E335	210000	600	340	340	270	470	300	230	210	80000
St 70	E360	210000	700	370	370	320	520	340	260	260	80000
50 Cr Mo4	50 Cr Mo4	210000	-	900	860	500	940	540	630	370	80000
20 Mn Cr5	20 Mn Cr5	210000	-	700	700	540	980	600	490	340	80000
AlCuMg	EN AW2017A	72000	420	280	190	110	270	150	130	90	28000

Stahl . Bezeichnungen und Abkürzungen

σ_{zsch}	Schwellfestigkeit	Zug
σ_{zw}	Wechselfestigkeit	Zug
σ_{bsch}	Schwellfestigkeit	Biegung
σ_{bw}	Wechselfestigkeit	Biegung
τ_{tsch}	Schwellfestigkeit	Torsion
τ_{tw}	Wechselfestigkeit	Torsion
R_m	Zugfestigkeit	alte Bezeichnung: σ_{zB}
R_e	Streckgrenze	
$R_{p0,2}$	0,2% Dehngrenze	alte Bezeichnung: $\sigma_{0,2}$

Zulässige Spannungen im Stahlbau in N/mm^2

Spannungsart	St 37 / S 235		St 52 / S 355	
	Lastfall		Lastfall	
	H	HZ	H	HZ
Druck und Biegedruck	140	160	210	240
Zug und Biegezug, Biegedruck	160	180	240	270
Schub	90	105	135	155
Lochleibungsdruck bei Verbindung durch Niete oder Passschrauben	280	320	420	480

Stähle werden grundsätzlich unterschieden in Grundstähle (Massenstähle), Qualitätsstähle und Edelstähle. Je nach Anwendung und Produkt kommen unterschiedliche Stahlsorten zur Anwendung.
H = Hauptlast, HZ = Hauptlast und Zusatzlast

Aluminium . Werkstoffbezeichnungen
Zulässige Spannungen Aluminium in N/mm²

	Zug und Druck		Schub		Lochleibung	
EN-Bezeichnungs-Nr.	H	HZ	H	HZ	H	HZ
EN AW7020 (alt AlZn4,5Mg1)	160	180	95	110	190	215
EN AW6082 (alt AlMgSi1F31/32)	145	165	90	100	170	190
EN AW6082 (alt AlMgSi1F28)	115	130	70	80	130	145
EN AW6060 (alt AlMgSi0,5F22)	95	105	55	60	120	135

Dichte von Stoffen (Normaldichten der wichtigsten Stoffe)

Feststoffe	ρ in kg/dm³				
Aluminium	2,7	Schnee	0,1	**Flüssigkeiten**	ρ in kg/dm³
Beton	2,2	Silber	10,5	Alkohol	0,79
Blei	11,34	Stahl	7,9	Benzin	0,66
Eisen, rein	7,87	Zink	7,13	Ether	0,713
Glas	≈ 2,5	Zinn	7,29	Meerwasser	1,026
Gold	19,3	Sauerstoff	1,429	Wasser	0,998
Grauguss	7,25	Stickstoff	1,250	Schmieröl	0,91
Kupfer	8,96	Wasserdampf	0,804	Trafoöl	0,88
Platin	21,5	Neon	0,90		
Holz	ρ in kg/dm³	**Holz**	ρ in kg/dm³	**Gase**	ρ in kg/m³
Ahorn	≈ 0,75	Esche	≈ 0,75	Ammoniak	0,771
Birke	≈ 0,65	Fichte	≈ 0,45	Acetylen	1,174
Buche	≈ 0,72	Kiefer	≈ 0,75	Kohlendioxid	1,977
Eiche	≈ 0,85	Lärche	≈ 0,75	Luft	1,293
Erle	≈ 0,55	Pappel	≈ 0,50	Propan	2,019

Elastizitäts- und Schubmodule in N/mm²

	Elastizitätsmodul in N/mm²	Schubmodul in N/mm²
Stahl	210.000	81.000
Aluminium	70.000	27.000
Holz	10.000	500

H = Hauptlast, HZ = Hauptlast und Zusatzlast
Die Dichte eines Stoffes ist das Verhältnis seines Volumens zur Masse. Die Dichte ist abhängig von den Umgebungsbedingungen, wie z.B. Temperatur, Druck, usw. , ρ =Dichte [ρ] = kg/dm³

Kanthölzer

(Statisch günstige Kanthölzer haben b/h~1:2)

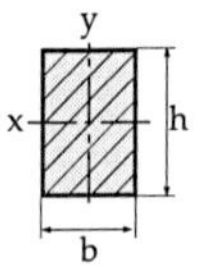

b/h in cm/cm	A in cm^2	m in Kg/m	W_x in cm^3	I_x in cm^4	W_y in cm^3	I_y in cm^4	i_x in cm	i_y in cm
6/6	36	2,2	36	108	36	108	1,73	1,73
6/8	48	2,9	64	256	48	144	2,31	1,73
6/10	60	3,7	100	500	60	180	2,89	1,73
6/12	72	4,4	144	864	72	216	3,46	1,73
6/14	84	5,1	196	1372	84	252	4,04	1,73
6/16	96	5,9	256	2048	96	288	4,62	1,73
6/18	108	6,6	324	2916	108	324	5,2	1,73
6/20	120	7,2	400	4000	120	360	5,77	1,73
6/22	132	8,1	484	5324	132	396	6,35	1,73
6/24	144	8,8	576	6912	144	432	6,93	1,73
6/26	156	9,5	676	8788	156	468	7,51	1,73
7/12	84	5,1	168	1008	98	343	3,46	2,02
7/14	98	6,0	229	1601	114	400	4,04	2,02
7/16	126	7,7	378	3402	147	515	5,2	2,02
7/18	140	8,6	467	4667	163	572	5,77	2,02
7/20	112	6,9	299	2389	131	457	4,62	2,02
7/22	154	9,4	565	6211	180	629	6,35	2,02
7/24	168	10,3	672	8064	196	686	6,93	2,02
7/26	182	11,1	789	10253	212	743	7,51	2,02
8/8	64	3,9	85	341	85	341	2,31	2,31
8/10	80	4,9	133	667	107	427	2,89	2,31
8/12	96	5,9	192	1152	128	512	3,46	2,31
8/14	112	6,9	261	1829	149	597	4,04	2,31
8/16	128	7,8	341	2731	171	683	4,62	2,31
8/18	144	8,8	432	3888	192	768	5,2	2,31
8/20	160	9,8	533	5333	213	853	5,77	2,31
8/22	176	10,8	645	7099	235	939	6,35	2,31
8/24	192	11,7	768	9216	256	1024	6,92	2.31
8/26	208	12,7	901	11717	277	1109	7,51	2.31
9/9	81	5,0	121	547	121	547	2,6	2,6
9/10	90	5,5	150	750	135	608	2,89	2,6
9/16	144	8,8	384	3072	216	972	4,62	2.60
9/18	162	9,9	486	4374	243	1094	5,2	2,6
9/20	180	11,0	600	6000	270	1215	5,77	2,6
9/22	198	12,1	726	7986	297	1337	6,35	2,6
9/24	216	13,2	864	10368	324	1458	6,93	2,6
9/26	234	14,3	1014	13182	351	1580	7,51	2,6
10/10	100	6,1	167	833	167	833	2,89	2,89
10/12	120	7,3	240	1440	200	1000	3,46	2,89
10/14	140	8,6	327	2287	233	1167	4,04	2,89
10/16	160	9,8	427	3413	267	1333	4,62	2,89
10/18	180	11,0	540	4860	300	1500	5,2	2,89
10/20	200	12,2	667	6667	333	1667	5,77	2,89
10/22	220	13,5	807	8873	367	1833	6,35	2,89
10/24	240	14,7	960	11520	400	2000	6,93	2,89
10/26	260	15,9	1127	14647	433	2167	7,51	2,89

A = Fläche, m = Masse, W = Widerstandsmoment, I = Flächenmoment, i = Trägheitsradius

b/h in cm/cm	A in cm²	m in Kg/m	W_x in cm³	I_x in cm⁴	W_y in cm³	I_y in cm⁴	i_x in cm	i_y in cm
12/12	144	8,8	288	1728	288	1728	3,46	3,46
12/14	168	10,3	392	2744	336	2016	4,04	3,46
12/16	192	11,7	512	4096	384	2304	4,62	3,46
12/18	216	13,2	648	5832	432	2592	5,20	3,46
12/20	240	14,7	800	8000	480	2880	5,77	3,46
12/22	264	16,1	968	10648	528	3168	6,35	3.46
12/24	288	17,6	1152	13824	576	3456	6,93	3,46
12/26	312	19,1	1352	17576	624	3744	7,51	3,46
14/14	196	12,0	457	3201	457	3201	4,04	4,04
14/16	224	13,7	597	4779	523	3659	4,62	4,04
14/18	252	15,4	756	6804	588	4116	5,2	4,04
14/20	280	17,1	933	9333	653	4573	5,77	4,04
14/22	308	18,8	1129	12423	719	5031	6,35	4,04
14/24	336	20,6	1344	16128	784	5488	6.93	4,04
14/26	364	22,3	1577	20505	849	5945	7,51	4,04
14/28	392	24,0	1829	25611	915	6403	8,08	4,04
16/16	256	15,7	683	5461	683	5461	4,62	4,62
16/18	288	17,6	864	7776	768	6144	5,2	4,62
16/20	320	19,6	1067	10667	853	6827	5,77	4,62
16/22	352	21,5	1291	14197	939	7509	6,35	4,62
16/24	384	23,5	1536	18432	1024	8192	6,93	4,62
16/26	416	25,5	1803	23435	1109	8875	7,51	4,62
16/28	448	27,4	2091	29269	1195	9557	8,08	4,62
16/30	480	29,4	2400	36000	1280	10240	8,66	4,62
18/18	324	19,8	972	8748	972	8748	5,2	5,2
18/20	360	22,0	1200	12000	1080	9720	5,77	5,2
18/22	396	24,3	1452	15972	1188	10692	6,35	5,2
18/24	432	26,4	1728	20736	1296	11664	6,93	5,2
18/26	468	28,6	2028	26364	1404	12636	7,51	5,2
18/28	504	30,8	2352	32928	1512	13608	8,08	5,2
18/30	540	33,0	2700	40500	1620	14580	8,66	5,2
20/20	400	24,5	1333	13333	1333	13333	5,77	5,77
20/22	440	26,9	1613	17747	1467	14667	6,35	5,77
20/24	480	29,4	1920	23040	1600	16000	6,93	5,77
20/26	520	31,8	2253	29293	1733	17333	7,51	5,77
20/28	560	34,3	2613	36587	1867	18667	8,08	5,77
20/30	600	36,7	3000	45000	2000	20000	8,66	5,77
22/22	484	29,6	1775	19521	1775	19521	6,35	6,35
22/24	528	32,3	2112	25344	1936	21296	6,93	6,35
22/26	572	35,0	2479	32223	2097	28071	7,51	6,35
22/28	616	37,7	2875	40245	2259	24845	8,08	6,35
22/30	660	40,4	3300	49500	2420	26620	8,66	6,35
24/24	576	35,2	2304	27648	2304	27648	6,93	6,93
24/26	624	38,2	2704	35152	2496	29952	7,51	6,93
24/28	672	41,1	3136	43904	2688	32256	8,08	6,93
24/30	720	44,0	3600	54000	2880	34560	8,66	6,93
26/26	676	41,3	2929	38081	2929	38081	7,51	7,51
26/28	728	44,5	3397	47563	3155	41011	8,08	7,51
26/30	780	47,7	3900	58500	3380	43940	8,66	7,51
28/28	784	48,0	3659	51221	3659	51221	8,08	8,08
28/30	840	51,4	4200	63000	3920	54880	8,66	8,08
30/30	900	55,0	4500	67500	4500	67500	8,66	8.66

A = Fläche, m = Masse, W = Widerstandsmoment, I = Flächenmoment, i = Trägheitsradius

Stahl Vierkantrohre

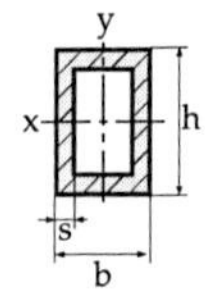

h x b mm	S mm	A cm²	m kg/m	I_x cm⁴	W_x cm³	I_y cm⁴	W_y cm³
15x15	1,5	0,81	0,63	0,24	0,33	0,24	0,33
20x10	1,5	0,81	0,64	0,38	0,38	0,12	0,24
20x20	1,5	1,11	0,87	0,63	0,63	0,63	0,63
	2	1,44	1,13	0,78	0,78	0,78	0,78
25x25	1,5	1,41	1,1	1,3	1,04	1,3	1,04
	2	1,84	1,44	1,63	1,31	1,63	1,31
30x10	1,5	1,11	0,87	1,1	0,73	0,17	0,34
30x15	1,5	1,26	0,99	1,41	0,94	0,45	0,6
	2	1,64	1,29	1,77	1,18	0,55	0,74
30x20	1,5	1,41	1,11	1,71	1,14	0,89	0,89
	2	1,85	1,45	2,16	1,44	1,11	1,11
	2,5	2,25	1,76	2,54	1,7	1,3	1,3
	3	2,64	2,07	2,89	1,92	1,45	1,45
30x30	1,5	1,71	1,34	2,32	1,54	2,32	1,54
	2	2,24	1,75	2,94	1,96	2,94	1,96
34x34	2	2,56	2	4,38	2,58	4,38	2,58
35x20	1,5	1,56	1,22	2,51	1,43	1,02	1,02
	2	2,04	1,6	3,18	1,82	1,27	1,27
	2,5	2,5	1,96	3,78	2,16	1,49	1,49
	3	2,94	2,31	4,31	2,46	1,67	1,67
35x35	2	2,64	2,07	4,8	2,74	4,8	2,74
40x20	1,5	1,71	1,34	3,6	1,8	1,13	1,13
	2	2,24	1,76	4,44	2,22	1,44	1,44
	2,5	2,75	2,16	5,3	2,65	1,68	1,68
	3	3,24	2,54	6,08	3,04	1,89	1,89
40x30	1,5	2,01	1,58	4,65	2,33	2,95	1,97
	2	2,64	2,07	5,9	2,95	3,73	2,49
	2,5	3,25	2,55	7,07	3,54	4,44	2,96
	3	3,85	3,02	8,15	4,07	5,08	3,39
40x40	1,5	2,31	1,81	5,71	2,85	5,71	2,85
	2	3,04	2,38	7,33	3,66	7,33	3,66
50x20	2	2,64	2,07	7,86	3,15	1,76	1,76
	2,5	3,25	2,55	9,44	3,78	2,07	2,07
50x30	2	3,04	2,39	10,16	4,07	4,56	3,04
	2,5	3,75	2,94	12,25	4,9	5,4	3,6
	3	4,44	3,84	14,25	5,7	6,18	4,12
50x34	2	3,2	2,51	11,1	4,44	5,65	3,32
	2,5	3,95	3,1	13,39	5,35	7,23	4,25

A = Fläche, S = Dicke, m = Masse pro Meter, W = Widerstandsmoment, I = Flächenmoment

h x b mm	S mm	A cm^2	m kg/m	I_x cm^4	W_x cm^3	I_y cm^4	W_y cm^3
50x40	2	3,44	2,7	12,5	5	8,82	4,41
	2,5	4,25	3,34	15,1	6,03	16,58	5,29
	3	5,04	3,95	17,5	7,01	12,2	6,1
50x50	2	3,84	3,01	14,7	5,9	14,7	5,9
55x34	2	3,4	2,67	14	5,09	6,52	3,83
	2,5	4,2	3,29	16,9	6,15	7,85	4,61
	3	4,98	3,9	19,6	7,15	9,05	5,32
60x20	2	3,04	2,39	12,6	4,2	2,1	2,1
60x30	2	3,44	2,7	15,95	5,32	5,3	3,53
	2,5	4,25	3,34	19,4	6,47	6,35	4,23
60x33	2,5	4,4	3,45	20,5	6,85	7,9	4,79
	3	5,22	4,09	23,9	7,99	9,11	5,52
60x40	2	3,84	3,02	19,4	6,47	10,3	5,15
	2,5	4,75	3,73	23,5	7,84	12,38	6,19
	3	5,64	4,43	27,39	9,13	14,32	7,16
60x50	2	4,24	3,32	22,6	7,56	17	6,83
	2,5	5,25	4,12	27,6	9,2	20,7	8,29
	3	6,24	4,89	32,2	10,7	24,1	9,66
60x60	2	4,64	3,64	26	8,68	26	8,68
70x40	2	4,24	3,32	28	8,02	11,6	5,83
	3	6,24	4,89	40	11,4	16,3	8,18
70x50	2,5	5,75	4,51	39,9	11,4	23,6	9,44
	3	6,84	5,36	46,8	13,39	27,5	11
80x40	2	4,64	3,64	39	9,75	13,1	6,55
	2,5	5,75	4,52	47,65	11,9	15,8	7,9
	3	6,84	5,38	55,75	13,87	18,5	9,25
80x50	2,5	6,25	4,9	55	13,75	26,2	10,48
	3	7,45	5,83	64,8	16,2	30,82	12,33
80x60	2,5	6,75	5,3	62,65	15,67	39,45	13,24
	3	8	6,31	73,6	18,4	46,8	15,6
80x80	3	9,24	7,25	91,4	22,8	91,4	22,8
100x40	2	5,44	4,27	68	13,6	16	8
	2,5	6,75	5,3	83,33	16,66	19,4	9,7
	3	8,04	6,32	98	19,6	22,54	11,27
	4	10,56	8,29	125,5	25,1	28,2	14,1
100x50	2	5,84	4,58	77,5	15,5	26,3	10,53
	2,5	7,25	5,69	95,5	19,1	32,1	12,83
	3	8,64	6,78	112,1	22,42	37,4	14,97
	4	11,36	8,91	144,1	28,85	47,4	18,95
100x60	2,5	7,75	6,08	107	21,42	48,3	16,1
	3	9,24	7,25	126,7	25,3	56,65	18,9
	4	12,1	9,54	162,5	32,5	72,25	24,05
120x40	2,5	7,75	6,08	132,1	22	22,9	11,45
	3	9,24	7,26	157	26,2	26,6	13,3
	4	12,16	9,54	201	33,5	33,4	16,7

A = Fläche, S = Dicke, m = Masse pro Meter, W = Widerstandsmoment, I = Flächenmoment

Stahl-Hohlprofile mit kreisförmigem Querschnitt

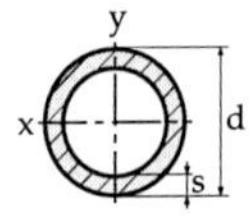

Nennmaße		Masse	Statische Werte		
d x s mm	**A cm²**	**m kg/m**	**I cm⁴**	**i cm**	**W cm³**
33,7 x 2,5	2,45	1,92	3	1,11	1,78
33,7 x 3,0	2,89	2,27	3,44	1,09	2,04
33,7 x 3,2	3,07	2,41	3,6	1,08	2,14
33,7 x 4,0	3,73	2,93	4,19	1,06	2,49
42,4 x 2,5	3,13	2,46	6,26	1,41	2,95
42,4 x 3,0	3,71	2,91	7,25	1,4	3,42
42,4 x 3,2	3,94	3,09	7,62	1,39	3,59
42,4 x 4,0	4,83	3,79	8,99	1,36	4,24
48,3 x 2,5	3,6	2,82	9,46	1,62	3,92
48,3 x 3,0	4,27	3,35	11	1,61	4,55
48,3 x 4,0	5,57	4,37	13,8	1,57	5,7
48,3 x 5,0	6,8	5,34	16,2	1,54	6,69
51 x 2,0	3,08	2,43	9,26	1,73	3,63
51 x 2,6	3,95	3,12	11,6	1,71	4,55
51 x 4,0	5,91	4,66	16,4	1,67	6,44
51 x 5,0	7,23	5,67	19,3	1,64	7,58
60,3 x 2,5	4,54	3,56	19	2,05	6,3
60,3 x 3,0	5,4	4,24	22,2	2,03	7,37
60,3 x 4,0	7,07	5,55	28,2	2	9,34
60,3 x 5,0	8,69	6,82	33,5	1,96	11,1
76,1 x 2,5	5,78	4,54	39,2	2,6	10,3
76,1 x 3,0	6,89	5,41	46,1	2,59	12,1
76,1 x 4,0	9,06	7,11	59,1	2,55	15,5
76,1 x 5,0	11,2	8,77	70,9	2,52	18,6
88,9 x 3,0	8,1	6,36	74,8	3,04	16,8
88,9 x 4,0	10,7	8,38	96,3	3	21,7
88,9 x 5,0	13,2	10,3	116	2,97	26,2
88,9 x 6,0	15,6	12,3	135	2,94	30,4
101,6 x 4,0	12,3	9,63	146	3,45	28,8
101,6 x 5,0	15,2	11,9	177	3,42	34,9
101,6 x 6,0	18	14,1	207	3,39	40,7
101,6 x 8,0	23,5	18,5	260	3,32	51,1
114,3 x 4,0	13,9	10,9	211	3,9	36,9
114,3 x 5,0	17,2	13,5	257	3,87	45
114,3 x 6,0	20,4	16	300	3,83	52,5
114,3 x 8,0	26,7	21	379	3,77	66,4

A = Fläche, S = Dicke, m = Masse pro Meter, W = Widerstandsmoment, I = Flächenmoment, i = Trägheitsradius

Warmgewalzte, breite I-Stahlträger mit parallelen Flanschflächen (IPB-Reihe), nach DIN 1025 Teil 2

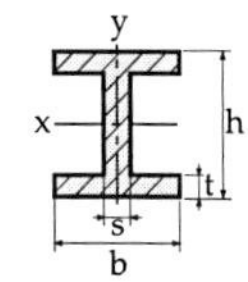

Kurzzeichen IPB HE B h	Maße (mm)			Querschnitt cm²	Masse kg/m	statische Werte für die Biegeachsen					
						x-x			y-y		
	b	s	t			I_x cm^4	W_x cm^3	i_x cm	I_y cm^4	W_y cm^3	i_y cm
100	100	6	10	26	20,9	450	89,9	4,16	167	33,5	2,53
120	120	6,5	11	34	27,4	864	144	5,04	318	52,9	3,06
140	140	7	12	43	34,5	1510	216	5,93	550	78,5	3,58
160	160	8	13	54,3	43,7	2490	311	6,78	889	111	4,05
180	180	8,5	14	65,3	52,5	3830	426	7,66	1360	151	4,57
200	200	9	15	78,1	63	5700	570	8,54	2000	200	5,07
220	220	9,5	16	91	73	8090	736	9,43	2840	258	5,59
240	240	10	17	106	85	11260	938	10,3	3920	327	6,08
260	260	10	17,5	118	95	14920	1150	11,2	5130	395	6,58
280	280	10,5	18	131	106	19270	1380	12,1	6590	471	7,09
300	300	11	19	149	120	25170	1680	13	8560	571	7,58
320	300	11,5	20,5	161	130	30820	1930	13,8	9240	616	7,57
340	300	12	21,5	171	137	36660	2160	14,6	9690	646	7,53
360	300	12,5	22,5	181	146	43190	2400	15,5	10140	676	7,49
400	300	13,5	24	198	159	57680	2880	17,1	10820	721	7,4
450	300	14	26	218	175	79890	3550	19,1	11720	781	7,33
500	300	14,5	28	239	192	107200	4290	21,2	12620	842	7,27
550	300	15	29	254	204	136700	4970	23,2	13080	872	7,17
600	300	15,5	30	270	217	171000	5700	25,2	13530	902	7,08
650	300	16	31	286	231	210600	6480	27,1	13980	932	6,99
700	300	17	32	306	247	256900	7340	29	14400	963	6,87
800	300	17,5	33	334	269	359100	8980	32,8	14900	994	6,68
900	300	18,5	35	371	298	494100	10980	36,5	15820	1050	6,53
1000	300	19	36	400	322	644700	12890	40,1	16280	1090	6,38

A = Fläche, S = Dicke, m = Masse pro Meter, W = Widerstandsmoment, I = Flächenmoment, i = Trägheitsradius

Warmgewalzte, mittelbreite I-Stahlträger (IPE-Reihe), nach DIN 1025 Teil 5

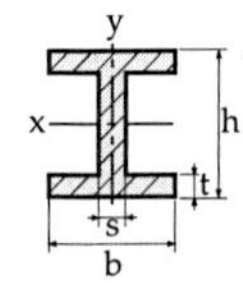

Kurz-zei-chen IPE h	Maße (mm)			Quer-schnitt	Masse	statische Werte für die Biegeachsen					
						x-x			y-y		
	b	s	t	cm^2	kg/m	I_x cm^4	W_x cm^3	i_x cm	I_y cm^4	W_y cm^3	i_y cm
80	46	3,8	5,2	7,64	6,2	80,1	20	3,24	8,49	3,69	1,05
100	55	4,1	5,7	10,3	8,3	171	34,2	4,07	15,9	5,79	1,24
120	64	4,4	6,3	13,2	10,7	318	53	4,9	27,7	8,65	1,45
140	73	4,7	6,9	16,4	13,2	541	77,3	5,74	44,9	12,3	1,65
160	82	5	7,4	20,1	16,2	869	109	6,58	68,3	16,7	1,84
180	91	5,3	8	23,9	19,3	1320	146	7,42	101	22,2	2,05
200	100	5,6	8,5	28,5	23	1940	194	8,26	142	28,5	2,24
220	110	5,9	9,2	33,4	26,9	2770	252	9,11	205	37,3	2,48
240	120	6,2	9,8	39,1	31,5	3890	324	9,97	284	47,3	2,69
270	135	6,6	10,2	45,9	37	5790	429	11,2	420	62,2	3,02
300	150	7,1	10,7	53,8	43,3	8360	557	12,5	604	80,5	3,35
330	160	7,5	11,5	62,6	50,4	11770	713	13,7	788	98,5	3,55
360	170	8	12,7	72,7	58,6	16270	904	15	1040	123	3,79
400	180	8,6	13,5	84,5	68	23130	1160	16,5	1320	146	3,95
450	190	9,4	14,6	98,8	80	33740	1500	18,5	1680	176	4,12
500	200	10,2	16	116	93	48200	1930	20,4	2140	214	4,31
550	210	11,1	17,2	134	109	67120	2440	22,3	2670	254	4,45
600	220	12	19	156	125	92080	3070	24,3	3390	308	4,66

W = Widerstandsmoment, I = Flächenmoment, i = Trägheitsradius

Warmgewalzter gleichschenkliger rundkantiger Winkelstahl nach DIN 1028, 3.94

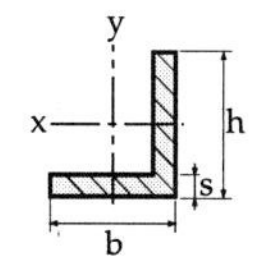

Kurzzeichen L b x s (mm)	Querschnitt cm^2	Masse kg/m	statische Werte für die Biegeachsen x-x = y-y		
			I_x cm^4	W_x cm^3	i_x cm
20x3	1,12	0,88	0,39	0,28	0,59
25x3	1,42	1,12	0,79	0,45	0,75
25x4	1,85	1,45	1,01	0,58	0,74
30x3	1,74	1,36	1,41	0,65	0,9
30x4	2,27	1,78	1,81	0,86	0,89
30x5	2,78	2,18	2,16	1,04	0,88
35x4	2,67	2,1	2,96	1,18	1,05
35x5	3,28	2,57	3,56	1,45	1,04
40x4	3,08	2,42	4,48	1,55	1,21
40x5	3,79	2,97	5,43	1,91	1,2
45x4	3,49	2,74	6,43	1,97	1,36
45x5	4,3	3,38	7,83	2,43	1,35
50x5	4,8	3,77	11	3,05	1,51
50x6	5,69	4,47	12,8	3,61	1,5
50x7	6,56	5,15	14,6	4,15	1,49
55x6	6,31	4,95	17,3	4,4	1,66
60x5	5,82	4,57	19,4	4,45	1,82
60x6	6,91	5,42	22,8	5,29	1,82
60x8	9,03	7,09	29,1	6,88	1,8
65x7	8,7	6,83	33,4	7,18	1,96
70x6	8,13	6,38	36,9	7,27	2,13
70x7	9,4	7,38	42,4	8,43	2,12
70x9	11,9	9,34	52,6	10,6	2,1
75x7	10,1	7,94	52,4	9,67	2,28
75x8	11,5	9,03	58,9	11	2,26
80x6	9,35	7,34	55,8	9,57	2,44
80x8	12,3	9,66	72,3	12,6	2,42
80x10	15,1	11,9	87,5	15,5	2,41
90x7	12,2	9,61	92,6	14,1	2,75
90x9	15,5	12,2	116	18	2,74
100x8	15,5	12,2	145	19,9	3,06
100x10	19,2	15,1	177	24,7	3,04
100x12	22,7	17,8	207	29,2	3,02

W = Widerstandsmoment, I = Flächenmoment, i = Trägheitsradius

Warmgewalzter ungleichschenkliger rundkantiger Winkelstahl nach DIN 1029, 3.94

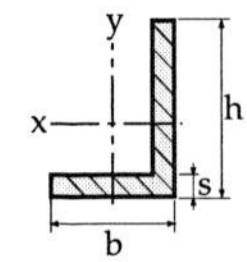

Maße (mm) h x b x s	Querschnitt cm^2	Masse kg/m	statische Werte für die Biegeachse					
			x-x			y-y		
			I_x cm^4	W_x cm^3	i_x cm	I_y cm^4	W_y cm^3	i_y cm
80x65x8	11	8,66	68,1	12,3	2,49	40,1	8,41	1,91
80x65x10	13,5	10,7	82,2	15,1	2,46	48,3	10,3	1,89
90x60x6	8,69	6,82	71,7	11,7	2,87	25,8	5,61	1,72
90x60x8	11,4	8,96	92,5	15,4	2,85	33	7,31	1,7
100x50x6	8,73	6,85	89,7	13,8	3,2	15,3	3,86	1,32
100x50x8	11,5	8,99	116	18	3,18	19,5	5,04	1,31
100x50x10	14,1	11,1	141	22,2	3,16	23,4	6,17	1,29
100x65x7	11,2	8,77	113	16,6	3,17	37,6	7,54	1,84
100x65x9	14,2	11,1	141	21	3,15	46,7	9,52	1,82
100x65x11	17,1	13,4	167	25,3	3,13	55,1	11,4	1,8
100x75x7	11,9	9,32	118	17	3,15	56,9	10	2,19
100x75x9	15,1	11,8	148	21,5	3,13	71	12,7	2,17
100x74x11	18,2	14,3	176	25,9	3,11	84	15,3	2,15
120x80x8	15,5	12,2	226	27,6	3,82	80,8	13,2	2,29
120x80x10	19,1	15	276	34,1	3,8	98,1	16,2	2,27
120x80x12	22,7	17,8	323	40,4	3,77	114	19,1	2,25
130x65x8	15,1	11,9	263	31,1	4,17	44,8	8,72	1,72
130x65x10	18,6	14,6	321	38,4	4,15	54,2	10,7	1,71
130x65x12	22,1	17,3	376	45,5	4,12	63	12,7	1,69
130x90x12	25,1	19,7	420	48	4,09	165	24,4	2,56
150x75x9	19,5	15,3	455	46,8	4,83	78,3	13,2	2
150x75x11	23,6	18,6	545	56,6	4,8	93	15,9	1,98
150x100x10	24,2	19	552	54,1	4,78	198	25,8	2,86
150x100x12	28,7	22,6	650	64,2	4,76	232	30,6	2,84
150x100x14	33,2	26,1	744	74,1	4,73	264	35,2	2,82
160x80x12	27,5	21,6	720	70	5,11	122	19,6	2,1
180x90x10	26,2	20,6	880	75,1	5,8	151	21,2	2,4
180x90x12	31,2	24,5	1040	89,3	5,77	177	25,1	2,38
200x100x10	29,2	23	1220	93,2	6,46	210	26,3	2,68
200x100x12	34,8	27,3	1440	111	6,43	247	31,3	2,67
200x100x14	40,3	31,6	1650	128	6,41	282	36,1	2,65

W = Widerstandsmoment, I = Flächenmoment, i = Trägheitsradius

Aluminium quadratische Profile, EN AW6060, warm ausgehärtet, gepresst, in Herstellungslängen (alte Bezeichnung AlMgSi0,5)

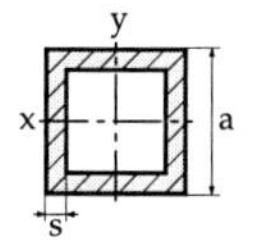

Maße a x s (mm)	Masse kg/m	Abwicklung (mm)	statische Werte der Biegesachen					
			x-x			y-y		
			I_x cm^4	i_x cm	W_x cm^3	I_y cm^4	i_y cm	W_y cm^3
10x1	0,097	40	0,049	0,37	0,098	0,049	0,37	0,098
15x2	0,281	60	0,3	0,537	0,4	0,3	0,537	0,4
20x2	0,389	80	0,787	0,739	0,787	0,787	0,739	0,787
25x 1,5	0,381	100	1,303	0,961	1,042	1,303	0,961	1,042
25x2	0,497	100	1,635	0,943	1,308	1,635	0,943	1,308
30x2	0,605	120	2,942	1,146	1,961	2,942	1,146	1,961
30x3	0,875	120	3,985	1,109	2,657	3,985	1,109	2,657
34x2	0,691	136	4,386	1,309	2,58	4,386	1,309	2,58
34x3	1,004	136	6,014	1,271	3,538	6,014	1,271	3,538
35x2	0,713	140	4,809	1,35	2,748	4,809	1,35	2,748
40x2	0,821	160	7,337	1,553	3,668	7,337	1,553	3,668
40x2,5	1,013	160	8,828	1,534	4,414	8,828	1,534	4,414
40x3	1,199	160	10,197	1,515	5,099	10,197	1,515	5,099
40x4	1,555	160	12,595	1,479	6,298	12,595	1,479	6,298
50x2	1,037	200	14,771	1,961	5,908	14,771	1,961	5,908
50x3	1,523	200	20,849	1,923	8,34	20,849	1,923	8,34
50x4	1,987	200	26,153	1,885	10,461	26,153	1,885	10,461
60x3	1,847	240	37,141	2,33	12,38	37,141	2,33	12,38
60x4	2,419	240	47,07	2,292	15,69	47,07	2,292	15,69
70x4	2,851	280	76,947	2,699	21,985	76,947	2,699	21,985
80x3	2,495	320	91,445	3,146	22,861	91,445	3,146	22,861
80x4	3,283	320	117,385	3,107	29,346	117,385	3,107	29,346
100x4	4,147	400	236,339	3,923	47,268	236,339	3,923	47,268

W = Widerstandsmoment, I = Flächenmoment, i = Trägheitsradius

Aluminium Rechteckprofile, EN AW6060 warm ausgehärtet, gepresst, in Herstellungslängen (alte Bezeichnung AlMgSi0,5)

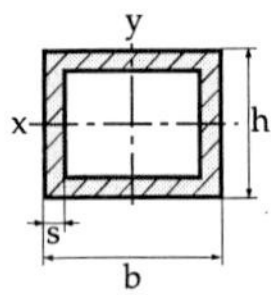

Maße h x b x s (mm)	Masse kg/m	Abwicklung (mm)	statische Werte der Biegesachen x-x			y-y		
			I_x cm^4	i_x cm	W_x cm^3	I_y cm^4	i_y cm	W_y cm^3
20x10x2	0,281	60	0,138	0,364	0,276	0,462	0,666	0,462
20x15x2	0,335	70	0,385	0,557	0,513	0,625	0,71	0,625
25x15x1,5	0,3	80	0,386	0,59	0,515	0,888	0,895	0,711
25x20x2	0,443	90	0,95	0,761	0,95	1,369	0,914	1,095
30x15x2	0,443	90	0,555	0,582	0,74	1,764	1,037	1,176
30x20x2	0,497	100	1,113	0,778	1,113	2,157	1,083	1,438
30x25x2	551	110	1,9	0,965	1,52	2,549	1,118	1,699
35x20x2	0,551	110	1,275	0,791	1,275	3,174	1,247	1,814
35x25x2	0,605	120	2,165	0,983	1,732	3,719	1,288	2,125
40x15x2	0,551	110	0,726	0,596	0,968	3,723	1,351	1,862
40x20x2	0,605	1120	1,438	0,801	1,438	4,446	1,409	2,223
40x20x3	0,875	120	1,889	0,764	1,889	6,08	1,37	3,041
40x30x3	1,037	140	5,083	1,151	3,389	8,139	1,456	4,07
40x30x4	1,339	140	6,161	1,114	4,107	9,993	1,419	4,996
50x20x2	0,713	140	1,763	0,817	1,763	7,855	1,725	3,142
50x20x4	1,339	140	2,729	0,742	2,729	13,425	1,645	5,37
50x30x2	0,821	160	4,513	1,218	3,008	10,161	1,828	4,064
50x30x3	1,199	160	6,181	1,18	4,121	14,213	1,789	5,685
50x40x4	1,771	180	15,198	1,522	7,599	21,91	1,828	8,764
60x20x2	0,821	160	2,089	0,829	2,089	12,585	2,035	4,195
60x30x2	0,929	180	5,298	1,241	3,532	15,95	2,153	5,317
60x30x3	1,361	180	7,279	1,202	4,853	22,507	2,113	7,502
60x40x3	1,523	200	14,313	1,593	7,157	27,385	2,204	9,128
60x40x4	1,987	200	17,801	1,555	8,9	34,505	2,165	11,502
80x20x2	1,037	200	2,739	0,845	2,739	26,803	2,642	6,701
80x30x3	1,685	220	9,475	1,232	6,317	46,955	2,743	11,739
80x40x3	1,847	240	18,429	1,641	9,215	55,853	2,858	13,963
80x40x4	2,419	240	23,006	1,602	11,503	71,134	2,818	17,783
80x50x4	2,635	260	38,881	1,996	15,552	82,697	2,911	20,674
80x60x3	2,171	280	46,897	2,415	15,632	73,649	3,027	18,412
100x18x2	1,231	236	2,665	0,764	2,961	46,781	3,203	9,356
100x40x4	2,851	280	28,211	1,634	14,106	125,683	3,45	25,137
100x50x4	3,067	300	47,366	2,042	18,946	144,946	3,562	28,825
120x40x4	3,283	320	33,417	1,658	16,708	201,353	4,069	33,559
120x50x4	3,499	340	55,851	2,076	22,34	228,275	4,197	38,046
150x40x4	3,931	380	41,225	1,683	20,612	361,457	4,983	48,194
150x50x4	4,147	400	68,579	2,113	27,432	404,099	5,129	53,88
180x40x4	4,579	440	49,033	1,7	24,516	587,081	5,884	65,231
180x50x4	4,795	460	81,307	2,14	32,523	649,043	6,045	72,116
200x50x4	5,227	500	89,793	2,154	35,917	856,073	6,65	85,607

W = Widerstandsmoment, I = Flächenmoment, i = Trägheitsradius

Aluminium Rundrohre, EN AW6060, warm ausgehärtet, gepresst, in Herstellungslängen (alte Bezeichnung AlMgSi0,5)

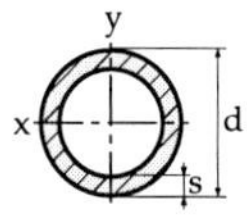

Abmessung d x s (mm)	Masse kg/m	Abwicklung (mm)	statische Werte der Biegesachen					
			x-x			y-y		
			I_x cm^4	i_x cm	W_x cm^3	I_y cm^4	i_y cm	W_y cm^3
60x2	0,984	188	15,342	2,052	5,114	15,342	2,052	5,114
60x2,5	1,219	188	18,699	2,035	6,233	18,699	2,035	6,233
60x3	1,45	188	21,878	2,018	7,293	21,878	2,018	7,293
60x5	2,333	188	32,938	1,953	10,979	32,938	1,953	10,979
70x3	1,705	220	35,504	2,371	10,144	35,504	2,371	10,144
70x5	2,757	200	54,242	2,305	15,498	54,242	2,305	15,498
76x3	1,858	239	45,907	2,583	12,081	45,907	2,583	12,081
80x3	1,959	251	53,866	2,724	13,466	53,866	2,724	13,466
80x5	3,181	251	83,203	2,658	20,801	83,203	2,658	20,801
90x3	2,214	283	77,67	3,078	17,26	77,67	3,078	17,26
90x5	3,605	283	121	3,01	26,889	121	3,01	26,889
100x3	2,468	314	107,625	3,431	21,525	107,625	3,431	21,525
100x5	4,029	314	168,812	3,363	33,762	168,812	3,363	33,762
110x5	4,453	346	227,815	3,717	41,421	227,815	3,717	41,421
120x5	4,877	377	299,188	4,07	49,865	299,188	4,07	49,865
130x5	5,301	408	384,109	4,423	59,094	384,109	4,423	59,094
140x5	5,726	440	483,756	4,776	69,108	483,756	4,776	69,108
150x5	6,15	471	599,308	5,13	79,908	599,308	5,13	79,908

W = Widerstandsmoment, I = Flächenmoment, i = Trägheitsradius

Aluminium T-Profile, EN AW6060, warm ausgehärtet, in Herstellungslängen (alte Bezeichnung AlMgSi0,5)

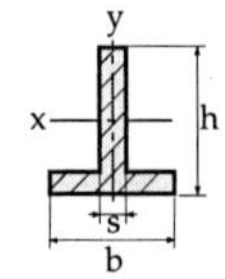

Abmessung h x b x s (mm)	Masse kg/m	Abwicklung (mm)	statische Werte der Biegesachen x-x I_x cm^4	x-x i_x cm	x-x W_x cm^3	y-y I_y cm^4	y-y i_y cm	y-y W_y cm^3
20x20x2	0,205	80	0,288	0,616	0,202	0,135	0,421	0,135
20x40x2	0,313	120	0,348	0,548	0,219	1,068	0,959	0,534
25x25x2	0,259	100	0,579	0,776	0,321	0,262	0,522	0,21
25x25x3	0,381	100	0,82	0,763	0,465	0,396	0,53	0,316
30x30x3	0,462	120	1,458	0,923	0,681	0,681	0,631	0,454
35x35x3	0,543	140	2,363	1,084	0,94	1,079	0,733	0,617
40x40x3	0,624	160	3,582	1,245	1,24	1,608	0,834	0,804
40x40x4	0,821	160	4,608	1,231	1,615	2,153	0,841	1,076
50x50x4	1,037	200	9,261	1,553	2,571	4,191	1,045	1,676
50x50x5	1,283	200	11,25	1,539	3,155	5,255	1,052	2,102
60x60x4	1,253	240	16,313	1,875	3,749	7,23	1,248	2,41
60x60x6	1,847	240	23,329	1,847	5,452	10,897	1,262	3,632

W = Widerstandsmoment, I = Flächenmoment, i = Trägheitsradius

Aluminium U-Profile mit scharfen Kanten,
EN AW6060, warm ausgehärtet, gepresst, in Herstellungslängen
(alte Bezeichnung AlMgSi0,5)

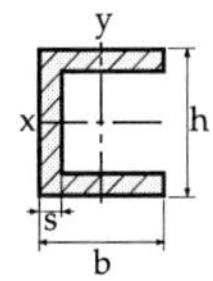

Abmessung h x b x s (mm)	Masse kg/m	Abwicklung (mm)	statische Werte der Biegesachen					
			x-x			y-y		
			I_x cm^4	i_x cm	W_x cm^3	I_y cm^4	i_y cm	W_y cm^3
10x10x2	0,14	56	0,069	0,364	0,138	0,049	0,305	0,082
15x15x2	0,221	86	0,278	0,582	0,37	0,181	0,47	0,196
20x20x1,5	0,231	117	0,576	0,821	0,576	0,354	0,643	0,277
20x20x2	0,302	116	0,719	0,801	0,719	0,453	0,636	0,36
20x20x3	0,437	114	0,945	0,764	0,945	0,628	0,623	0,515
20x40x2,5	0,641	195	1,612	0,824	0,612	3,779	1,261	1,646
25x25x2	0,383	146	1,48	1,021	1,184	0,913	0,802	0,574
25x25x3	0,559	146	1,998	0,982	1,598	1,285	0,788	0,828
30x20x2	0,356	136	1,864	1,188	1,242	0,524	0,63	0,387
30x30x2	0,464	176	2,649	1,241	1,766	1,613	0,968	0,839
30x30x3	0,68	174	3,64	1,202	2,426	2,293	0,954	1,216
35x35x3	0,802	204	6,001	1,422	3,429	3,725	1,12	1,679
40x20x2	0,41	156	3,668	1,553	1,834	0,576	0,616	0,404
40x20x2,5	0,506	155	4,414	1,534	2,207	0,695	0,609	0,494
40x30x3	0,761	194	7,157	1,593	3,578	2,544	0,95	1,28
40x40x2,5	0,776	235	7,935	1,661	3,967	4,811	1,294	1,872
40x40x3	0,923	234	9,215	1,641	4,607	5,657	1,286	2,217
40x40x4	1,21	232	11,503	1,602	5,751	7,246	1,272	2,882
50x30x3	0,842	214	12,084	1,968	4,833	2,748	0,938	1,327
50x50x4	1,534	292	23,683	2,042	9,473	14,614	1,604	4,595
50x50x5	1,89	290	28,083	2,003	11,233	17,69	1,59	5,629
60x20x2	0,518	196	9,658	2,243	3,219	0,648	0,581	0,425
60x40x3	1,085	274	23,449	2,415	7,816	6,522	1,274	2,376
60x40x5	1,755	270	35,542	2,338	11,847	10,097	1,246	3,777
65x25x2,5	0,743	225	16,714	2,465	5,143	1,522	0,744	0,817
65x55x2,5	1,148	345	31,37	2,717	9,652	13,628	1,791	3,707
80x30x3	1,085	274	36,825	3,027	9,206	3,178	0,889	1,145
80x40x3	1,247	314	45,723	3,146	11,431	7,164	1,245	2,48
80x40x4	1,642	312	58,692	3,107	14,673	9,216	1,231	3,231
86x40x3	1,296	326	54,152	3,359	12,593	7,325	1,235	2,504
88x50x3	1,474	370	67,994	3,529	15,453	13,733	1,586	3,859
100x 40x3	1,409	354	77,237	3,847	15,447	7,659	1,211	2,553
100x 50x5	2,565	390	143,292	3,884	28,658	22,501	1,539	6,31
106x 40x3	1,458	366	88,672	4,052	16,731	7,786	1,201	2,571

W = Widerstandsmoment, I = Flächenmoment, i = Trägheitsradius

Aluminium Winkel-Profile, ungleichschenklig, EN AW6060, warm ausgehärtet, gepreßt, in Herstellungslängen (alte Bezeichnung AlMgSi0,5)

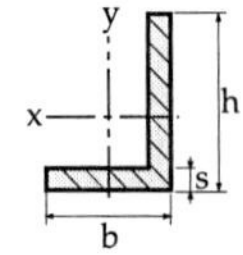

Abmessung h x b x s (mm)	Masse kg/m	Abwicklung (mm)	statische Werte der Biegeachsen					
			x-x			y-y		
			I_x cm^4	i_x cm	W_x cm^3	I_y cm^4	i_y cm	W_y cm^3
15x10x2	0,124	50	0,101	0,468	0,103	0,036	0,278	0,049
20x10x2	0,151	60	0,226	0,636	0,18	0,038	0,262	0,051
20x15x2	0,178	70	0,262	0,63	0,193	0,127	0,438	0,115
20x15x3	0,259	70	0,365	0,617	0,277	0,174	0,426	0,163
25x15x2	0,205	80	0,488	0,801	0,297	0,135	0,421	0,118
25x20x2	0,232	90	0,538	0,791	0,311	0,308	0,599	0,208
30x10x2	0,205	80	0,698	0,958	0,389	0,042	0,235	0,053
30x15x2	0,232	90	0,806	0,968	0,419	0,141	0,404	0,12
30x15x3	0,34	90	1,146	0,954	1,608	0,188	0,385	0,164
30x20x2	0,259	100	0,892	0,964	0,441	0,324	0,581	0,213
30x20x3	0,381	100	1,272	0,95	0,64	0,455	0,568	0,306
35x20x3	0,421	110	1,954	1,119	0,86	0,474	0,551	0,311
40x10x2	0,259	100	1,549	1,27	0,668	0,045	0,215	0,055
40x15x2	0,286	110	1,776	1,294	0,72	0,15	0,376	0,123
40x20x2	0,313	120	1,964	1,301	0,758	0,348	0,548	0,219
40x20x3	0,462	120	2,829	1,286	1,109	0,49	0,535	0,316
40x20x4	0,605	120	3,623	1,272	1,441	0,615	0,524	0,406
40x25x3	0,502	130	3,062	1,283	1,153	0,941	0,711	0,493
40x25x4	0,659	130	3,929	1,269	1,5	1,191	0,699	0,637
40x30x2	0,367	140	2,258	1,288	0,811	1,11	0,903	0,486
40x30x3	0,543	140	3,261	1,274	1,188	1,589	0,889	0,708
40x30x4	0,713	140	4,189	1,26	1,546	1,025	0,876	0,917
45x30x3	0,583	150	4,517	1,446	1,487	1,641	0,872	0,717
50x15x2	0,34	130	3,273	1,612	1,093	0,156	0,352	0,125
50x20x2	0,367	140	3,609	1,629	1,151	0,365	0,518	0,223
50x20x3	0,543	140	5,231	1,613	1,689	0,515	0,506	0,322
50x25x2	0,394	150	3,9	1,634	1,198	0,698	0,692	0,348
50x25x3	0,583	150	5,661	1,619	1,759	0,994	0,678	0,505
50x25x4	0,767	150	7,307	1,604	2,298	1,26	0,666	0,653
50x30x2	0,421	160	4,153	1,632	1,235	1,177	0,869	0,498
50x30x3	0,624	160	6,036	1,616	1,816	1,687	0,855	0,726
50x30x4	0,821	160	7,8	1,602	2,373	2,152	0,841	0,941
50x30x5	1,013	160	9,453	1,588	2,909	2,578	0,829	1,146
50x40x4	0,929	180	8,615	1,582	2,488	4,931	1,197	1,664

W = Widerstandsmoment, I = Flächenmoment, i = Trägheitsradius

Index